"十二五"国家重点图书出版规划项目

智能电网研究与应用丛书

新能源电力系统随机过程分析与控制

林　今　陈晓爽
宋永华　刘　锋　著

科 学 出 版 社

北　京

内 容 简 介

面向高比例新能源电力系统的运行分析与控制，本书引入一类基于随机过程构建的建模、分析与控制理论，分为频域与时域两个部分介绍。在频域部分，提出了基于平稳随机过程与功率谱密度描述的“时频”变化方法，结合 Wiener-Khinchine 定理，将频域随机过程理论从机械与空气动力学领域，拓展应用于大型风电场的建模、电力系统频率偏差与 AGC 问题的分析之中；在时域部分，提出了基于伊藤过程的新能源功率随机性建模方法，结合 Feynman-Kac 定理，在该模型基础上提出了收敛级数逼近与矩优化方法，避免了偏微分方程数值求解过程中的组合爆炸问题，可以应用于大型新能源电力系统的 AGC、配电网与输电网调峰等一系列典型的分析与控制问题求解之中。

本书可为从事新能源电力系统运行与控制的研究人员和工程师提供理论及实践参考。

图书在版编目（CIP）数据

新能源电力系统随机过程分析与控制 / 林今等著. —北京：科学出版社，2020.7

（智能电网研究与应用丛书）

ISBN 978-7-03-065531-8

Ⅰ. ①新…　Ⅱ. ①林…　Ⅲ. ①新能源－电力系统－随机过程－研究
Ⅳ. ①TM7

中国版本图书馆CIP数据核字（2020）第103290号

责任编辑：范运年　王楠楠 / 责任校对：王萌萌
责任印制：吴兆东 / 封面设计：陈　敬

科学出版社 出版
北京东黄城根北街 16 号
邮政编码：100717
http://www.sciencep.com
北京建宏印刷有限公司 印刷
科学出版社发行　各地新华书店经销
*
2020 年 7 月第　一　版　开本：720 × 1000　1/16
2022 年 5 月第三次印刷　印张：13 1/4
字数：250 000

定价：158.00 元

（如有印装质量问题，我社负责调换）

《智能电网研究与应用丛书》编委会

《智能电网研究与应用丛书》序

迄今为止，世界电网经历了“三代”的演变。第一代电网是第二次世界大战前以小机组、低电压、孤立电网为特征的电网兴起阶段；第二代电网是第二次世界大战后以大机组、超高压、互联大电网为特征的电网规模化阶段；第三代电网是第一、二代电网在新能源革命下的传承和发展，支持大规模新能源电力，大幅度降低互联大电网的安全风险，并广泛融合信息通信技术，是未来可持续发展的能源体系的重要组成部分，是电网发展的可持续化、智能化阶段。

同时，在新能源革命的条件下，电网的重要性日益突出，电网将成为全社会重要的能源配备和输送网络，与传统电网相比，未来电网应具备如下四个明显特征：一是具有接纳大规模可再生能源电力的能力；二是实现电力需求侧响应、分布式电源、储能与电网的有机融合，大幅度提高终端能源利用的效率；三是具有极高的供电可靠性，基本排除大面积停电的风险，包括自然灾害的冲击；四是与通信信息系统广泛结合，实现覆盖城乡的能源、电力、信息综合服务体系。

发展智能电网是国家能源发展战略的重要组成部分。目前，国内已有不少科研单位和相关企业做了大量的研究工作，并且取得了非常显著的研究成果。在智能电网研究与应用的一些方面，我国已经走在了世界的前列。为促进智能电网研究和应用的健康持续发展，宣传智能电网领域的政策和规范，推广智能电网相关具体领域的优秀科研成果与技术，在科学出版社“中国科技文库”重大图书出版工程中隆重推出《智能电网研究与应用丛书》这一大型图书项目，本丛书同时入选“十二五”国家重点图书出版规划项目。

《智能电网研究与应用丛书》将围绕智能电网的相关科学问题与关键技术，以国家重大科研成就为基础，以奋斗在科研一线的专家、学者为依托，以科学出版社“三高三严”的优质出版为媒介，全面、深入地反映我国智能电网领域最新的研究和应用成果，突出国内科研的自主创新性，扩大我国电力科学的国内外影响力，并为智能电网的相关学科发展和人才培养提供必要的资源支撑。

我们相信，有广大智能电网领域的专家、学者的积极参与和大力支持，以及编委的共同努力，本丛书将为发展智能电网，推广相关技术，增强我国科研创新能力做出应有的贡献。

最后，我们衷心地感谢所有关心丛书并为丛书出版尽力的专家，感谢科学出版社及有关学术机构的大力支持和赞助，感谢广大读者对丛书的厚爱；希望通过大家的共同努力，早日建成我国第三代电网，尽早让我国的电网更清洁、更高效、更安全、更智能！

周孝信

前　言

高比例的新能源电源接入给电网安全优化运行带来了严峻的挑战。如何在必须实现实时动态平衡的电力系统运行中精确考虑新能源功率出力的随机性与波动性的影响，提升电力系统的调频、调峰和自动发电控制等环节的能力，已成为学术界与工业界共同关注的焦点问题。该问题的核心难点在于新能源电力系统是一个异常复杂的随机动力学对象，经典的控制理论与概率理论难以在统一的框架下对这一复杂对象进行精确有效的建模、分析与优化控制。

为了解决这一兼具广泛工程应用与理论探索价值的问题，本书作者所带领的研究团队历经十余年的时间，在自由理论探索的基础上，结合工程实践经验，引入随机过程这一新的理论工具，试图为新能源电力系统探寻一条统一描述的随机动力学技术路线。对此，研究团队提出了一系列新的建模、分析与控制方法，初步建立了基于频域与时域随机过程描述的新能源电力系统随机过程分析与控制基础理论，并开展了部分实践应用研究。

本书理论的发现、提出与研究过程主要分为以下三个阶段。

第一阶段，作者作为国家公派留学生于 2009 年赴丹麦访学，受原丹麦 Risø 新能源国家实验室(现并入丹麦技术大学)Poul Sørensen 教授的启发，开始将描述风电机组机械载荷与风电场波动性的功率谱密度方法，应用于电力系统频率动态过程的研究之中。功率谱密度方法的引入是本书随机过程理论体系的思想萌芽。然而，该方法来源于机械、空气动力学等交叉学科，难以直接解决许多电力系统的实际工程技术问题(如频域模型难以精准反映时域指标等)。为此，从丹麦回国后，作者在博士生导师孙元章教授的悉心指导下，将这一交叉学科的研究方法“电力系统化”，结合国内外的工程实测数据，提出了一系列基于平稳随机过程的“时频”变换方法，逐步建立了一套理论自洽的新能源电力系统平稳随机过程分析与控制的方法，并基于此完成了博士学位论文《风电波动性时频特征分析及对系统频率偏差的评估与控制》。这也是本书上篇频域部分的主体内容。

第二阶段，作者于 2012 年获得博士学位，随即加入了宋永华教授(本书第三作者)在清华大学的研究团队，开始博士后研究工作。在此期间，作者逐步尝试将博士研究工作中的成果应用于多项工程实践中，包括孙元章教授、宋永华教授与原中国电力投资集团公司在内蒙古通辽研发的风电弧网电解铝的控制系统、河北保定涞源“风光钢”工业微电网的控制系统以及北京电力公司在亦庄构建的主动配电网态势感知系统等一系列国家重点工程。通过工程实践的应用和检验，一方面作者确认了频域方法在新能源电力系统分析方面具有重要优势，可以较好地指导工程的可行性分析与初步设计；另一方面，作者也发现了频域方法在在线应用，特别是参与系统控制器设计方面的一些内在缺陷。这些缺陷包括但不限于难以考虑初值、难以考虑非线性环节以及难以设计反馈控制律等多个方面。由于频域方法在数学领域的进展有限，这些缺陷主要依靠工程简化来部分弥补，缺少充分、系统的理论基础及设计方法。为此，作者在宋永华教授的支持下，与团队的江浩博士、郭万方硕士、万灿博士以及蔡宇博士合作，直接面向工程问题的实际解决方案，引入了以可达集为代表的时域分析技术和以模型预测控制为代表的时域控制技术。这些新方法虽不是直接建立在随机过程理论体系的基础上，但为研究团队理解时域方法的理论与应用特点，进而为后续理论的形成在模型、数据与算法等方面提供了关键的积累。

第三阶段，作者在 2014 年底留校工作，并在 2016 年参与清华大学电机系的第一批人事制度改革，成为具有博士生指导资格的青年教师。陈晓爽博士(本书第二作者)是作者协助宋永华教授从本科毕业设计开始指导的第一位博士研究生。他在宋永华教授主持的中丹合作项目的支持下，赴丹麦短期访问学习。在丹麦期间，他初步学习了基于频域描述的平稳随机过程模型，并对这一研究方向产生了浓厚的兴趣，开始与作者共同探讨是否可能在时域中形成完善的随机过程分析与控制理论。在攻读博士学位期间，他研修了一系列艰深的数学基础理论课程，发现基于维纳过程建立的伊藤过程理论有望用于新能源电力系统的统一建模与分析。在此启发下，作者意识到由 Feynman-Kac 定理描述的偏微分方程组或许是破解时域随机过程控制问题的关键。在 2017 年一次与英国帝国理工大学、华威大学共同申报国家自然科学基金中英合作项目“环境交互下的海上风电系统：多物理场模型与大数据研究”的过程中，作者受到英方在流场优化方面的基础理论成果启发，提出了可通过偏微分方程的优化将原始的随机控制问题转换为确定性优化控制问题的思路，并在陈晓爽博士的创造性工作与刘锋副教授(本书的第四作者)的完备性工作支撑下，共同完成了随机评估函数的收敛级数逼近定理与方法，给出了基于全纯函数与 Cauchy-Kovalevskaya 定理两种严格的理论证明。该定理的发现为整个基于伊藤过程时域描述的新能源电力系统随机过程分析与控制理论奠定了理论基础，陈晓爽博士基于此完成了博士学位论文《基于伊藤过程的新能源电力系统随机分析和优化控制方法》。这也是本书下篇时域部分的主体内容。

本书是研究团队十年磨一剑的产物，从 2009 年至今，经历了理论和实践的螺旋式迭代上升，经历了交叉学科的灵感冲击与碰撞，经历了拓荒无人区与深陷泥潭瓶颈交织中的兴奋与痛苦，验证了坚守信念、交叉合作和等待幸运在基础理论研究与发现过程的决定性作用。理论的原创来之不易，但原创的理论具有蓬勃的生命力。研究团队的邱一苇博士结合伊藤过程的理论与正交多项式混沌理论，正在将理论拓展至新能源电力系统的暂态和动态研究中；研究团队的多位同学正在进一步将理论应用于氢能与新能源电网的交叉领域研究之中。在宋永华教授的鼓励下，在家人与团队成员的支持下，在余志鹏、程祥、张雨婧等同学的编撰校对的帮助下，本人能够有幸代表研究团队将该理论较为系统地整理并出版，感到莫大的荣耀。

本书大部分内容的整理与编辑工作都是在四川开展研究过程中完成的。本书的基础性研究工作得到了国家自然科学基金(51577096、51207077、51761135015)的支持与帮助，国家自然基金的资助是青年学者开展理论拓荒工作的重要支持。本书的出版还得到国家重点研发计划(2018YFB0905200)的支持。在此一并表示衷心的感谢！

鉴于作者的水平有限，本书中难免有不足之处，还望各位读者不吝批评指正。

林　今

2019 年 9 月 27 日

目　录

下篇　基于时域的新能源电力系统随机过程分析与控制方法

第一章 绪 论

随着社会经济的高速发展，风电、光伏发电等新能源发电在电力系统中的重要性日益增加[1,2]。与传统的火电、水电机组的出力特性不同，风电和光伏发电的出力具有较强的随机性，这给电力系统稳态及动态运行控制带来了重大挑战[3, 4]。对此，分析新能源的随机性对电力系统的影响，并设计适当的控制器来降低其负面影响，已成为重要的研究课题[5]。

为研究该问题，理论上的核心挑战之一在于电力系统动态特性和新能源出力随机性难以在统一的框架下构建模型。具体来说，电力系统的动态特性通常由常微分方程（ordinary differential equation，ODE）刻画[6]，而新能源随机性通常通过概率模型描述[7, 8]。经典的方法多将新能源出力在时序上的随机性转化为高维空间中的随机向量，并采用鲁棒优化[9,10]或基于场景集的方法[11-13]分析这些随机变量对电力系统的影响。然而，由于新能源出力的随机性具有较强的时序相关性，理论上更合理的做法是将其视作随机过程，而非随机变量[7]。当前常用的鲁棒优化和随机优化均为基于随机变量的方法，难以精确并简洁地描述随机性的时序相关性，要想在计算代价和计算效果之间取得良好的平衡，基于随机过程的方法逐渐突显出独特的吸引力。

近年来，尽管基于随机过程的方法得到了一定程度的研究，但和基于随机变量的方法（主要是鲁棒优化和随机优化方法）相比，理论门槛较高，研究的系统性尤为欠缺。究其原因，主要在于基于随机变量的方法可以通过一些简化手段相对容易地将新能源出力的随机性纳入优化模型中，而新能源出力的随机过程特性与电力系统模型的结合则要困难得多。针对这一问题，本书作者在过去十年中，对基于随机过程的方法进行了系统化的研究，在频域方法和时域方法上取得了一定的成果。其中，频域方法描述了随机性的不同频率分量的特征，可用于研究各分量对新能源电力系统的影响。时域方法将新能源不确定性和电力系统动力学建模为统一的随机微分方程，并通过随机分析的相关工具进行综合分析，在此基础上较为系统地形成了“时频”变换[14]和级数展开等方法[15, 16]，可较为方便地实现考虑随机过程的新能源电力系统快速分析和优化控制。

作为全书的绪论部分，本章将简要介绍基于随机过程的分析和控制方法的主要思路，并讨论为什么这些方法比传统的基于随机变量的方法具有更强的吸引力。

第一节　背景及问题

新能源电力系统分析和控制的主要挑战是如何考虑新能源随机性对电力系统运行和控制的影响。为了更好地阐明这一点，本节首先给出该问题的一般表达，然后简要讨论介绍处理随机性的经典方法，即鲁棒优化方法和基于场景集的随机优化方法，最后讨论上述方法的主要缺点以及使用基于随机过程的方法的必要性。

一、新能源电力系统的运行控制相关问题

电力系统的一个关键特征是发电和负荷需要实时平衡。当新能源出力存在随机性时，需要通过电力系统中的可调资源(如发电机组与灵活负荷等)平抑其随机性。为了分析新能源随机性对电力系统的影响，并设计适当的控制方案以减轻随机性的影响，首先需要建立合适的电力系统模型。然而，新能源随机性的存在使得新能源电力系统的建模和分析更具挑战性。一般来说，传统电力系统的特性可以写成以下微分代数方程(differential algebraic equation，DAE)：

$$\begin{cases}\dot{\boldsymbol{x}}_t=\boldsymbol{b}(\boldsymbol{x}_t,\boldsymbol{y}_t)\\ \boldsymbol{g}(\boldsymbol{x}_t,\boldsymbol{y}_t)=0\end{cases}\tag{1.1}$$

其中，$\boldsymbol{x}_t$为系统的状态变量，如系统频率、各个发电机的输出功率等；$\boldsymbol{y}_t$为系统的输出；$\boldsymbol{b}$和$\boldsymbol{g}$为$\boldsymbol{x}_t$的函数，描述了$\boldsymbol{x}_t$满足的动态规律和代数约束。该种形式的DAE模型在电力系统动态分析中有着广泛的应用[17,18]。由于新能源的渗透率越来越高，有必要考虑新能源随机性对新能源电力系统运行和控制的影响[9,12]。在式(1.1)中考虑随机性，可以得到如下模型：

$$\begin{cases}\dot{\boldsymbol{x}}_t=\boldsymbol{b}(\boldsymbol{x}_t,\boldsymbol{y}_t,\boldsymbol{\xi}_t)\\ \boldsymbol{g}(\boldsymbol{x}_t,\boldsymbol{y}_t,\boldsymbol{\xi}_t)=0\end{cases}\tag{1.2}$$

其中，$\boldsymbol{\xi}_t$为描述新能源出力随机性的向量。式(1.1)和式(1.2)从一般模型上体现了传统电力系统和新能源电力系统的区别。

新能源随机性的统计特征通常很复杂，因而对式(1.2)的分析极具挑战性，当前的研究中，根据对新能源随机性的不同描述，有不同的解决方案。现有的绝大部分成果都采用了基于随机变量的分析方法，主要包括鲁棒优化方法和基于场景集的随机优化方法。

二、基于随机变量的分析方法

基于随机变量的分析方法的一般思路是将新能源随机性转换成某些“中间模

型”，以便于分析。根据中间模型的形式，可以将这些方法大致分为鲁棒优化方法和基于场景集的随机优化方法。

(一)鲁棒优化方法

在鲁棒优化方法中，采用支撑集描述新能源出力随机性，即

$$\xi_t \in \mathcal{K} \tag{1.3}$$

式(1.3)表明，鲁棒优化问题中考虑的唯一信息是新能源出力随机性$\boldsymbol{\xi}_t$，其不会超过支撑集。显然，当新能源出力的随机性取值不同时，系统的运行成本等也不相同。为此，鲁棒优化考虑的是最坏场景下的运行状态和运行效果。当新能源出力预测只有区间信息而没有概率信息时，常采用鲁棒优化方法。

鲁棒优化问题尽管对原始问题进行了简化，但其求解仍然具有挑战性。目前，只有少数几类鲁棒优化问题可以被有效地求解。最常见的是以支撑集为线性集合的情况。此外，两阶段鲁棒优化问题可以等效地转换为混合整数线性编程问题[19]，而对于三阶段鲁棒优化或具有互补松弛约束的两阶段鲁棒优化问题，经常使用分割和约束生成(column and constraint generation，C&CG)算法[20]。

鲁棒优化方法侧重于最坏情况下的性能，可用于关注高安全性问题的电力系统运行。例如，文献[21]提出一种自适应区间优化方法，在考虑风电随机性的情况下考虑能量市场和备用市场的同时出清。文献[22]考虑风电不确定性和网络组件故障的影响，提出了一种适用于能量和备用市场联合调度的鲁棒优化方法。文献[9]考虑了当风电中心和负荷中心在地理上分离时的联络线调度问题，并采用两阶段鲁棒调度方法来减轻风电的不确定性。文献[23]提出了一种鲁棒机组组合方法，可以根据系统的风险等级动态调整鲁棒集。

(二)基于场景集的随机优化方法

在基于场景集的随机优化方法中，新能源出力随机性ξ_t的概率分布信息被一系列随机采样得到的场景所代替，记作$\xi_t^{\omega}, 1 \leqslant \omega \leqslant M$，$M$为所采样的场景数量。此时，每个场景下的新能源出力均可视为确定的情形，而式(1.2)可在每个场景下建模：

$$\begin{cases} \dot{\boldsymbol{x}}_t^{\omega} = \boldsymbol{b}(\boldsymbol{x}_t^{\omega}, \boldsymbol{y}_t^{\omega}, \xi_t^{\omega}) \\ \boldsymbol{g}(\boldsymbol{x}_t^{\omega}, \boldsymbol{y}_t^{\omega}, \xi_t^{\omega}) = 0 \end{cases} \tag{1.4}$$

其中，$\boldsymbol{x}_t^{\omega}$为式(1.2)在第$\omega$个场景下的解。

通过添加更多变量将随机问题转化为确定性问题，可以较为容易地将确定性系统的分析和控制方法扩展到随机系统。因此，该方法被广泛应用于电力系统的

研究中。举例来说，文献[24]给出了两阶段随机优化模型在瑞士备用市场出清中的具体应用。文献[25]讨论了风电和储能联合系统的运行，并提出了一种基于预调度的方法来预先确定市场上储能系统的调度策略，以便在实时市场中进行调整。文献[26]研究了基于条件风险值(conditional value-at-risk，CVaR)的风电场和需求侧响应资源的联合竞价策略，并指出需求侧响应资源可以提高运营商的收入，降低风险。

三、基于随机过程的方法的基本动机

上述鲁棒优化方法和基于场景集的随机优化方法都将新能源出力的随机性视为随机变量而不是随机过程，这种描述方式无法很好地对新能源出力的时序相关性进行建模。具体来说，在鲁棒优化方法中，支撑集只能描述随机性的边界，丢失了概率分布的信息。而在基于场景集的随机优化方法中，为了较为精确地描述新能源出力的随机性(尤其是时序和空间相关性)，通常需要大量的场景，而这样会带来难以承受的计算负担[27]。在此背景下，人们希望研究出如何将新能源出力的随机过程特性用较为简洁的方式纳入新能源电力系统的分析和控制中。这也是本书最主要的动机。

表 1.1 列出了基于随机过程方法的基本要素，包括频域方法和时域方法，表中涉及的各类符号将在本章第二节和第三节介绍。在频域分析中，新能源出力的随机过程特征被建模为频域中的功率谱密度(power spectral density，PSD)，并和电力系统的频域模型相结合，以分析其不同频率的分量对电力系统的影响。在时域分析中，新能源出力的随机过程特征被建模为伊藤过程，即时域中的随机微分方程。频域方法和时域方法的共同特点在于，随机过程特性和电力系统的特性可以用较为统一的方式(即频域模型或时域模型的随机微分方程)进行建模，并对随机性的时序相关性和电力系统的时序相关性进行综合分析，从而为构建快速有效的分析和控制方法提供合适的框架。

表 1.1　基于随机过程方法的基本要素

模型	频域方法	时域方法
随机性模型	$S_\xi(f)$	$\mathrm{d}\xi_t = \boldsymbol{\mu}(\xi_t)\mathrm{d}t + \boldsymbol{\sigma}(\xi_t)\mathrm{d}\boldsymbol{W}_t$
电力系统模型	$X(f) = H(f)\Xi(f)$	$\dot{\boldsymbol{x}}_t = \boldsymbol{b}(\boldsymbol{x}_t, \xi_t)$
整体模型	$S_x(f) = \lvert H(f)\rvert^2 S_\xi(f)$	$\mathrm{d}\begin{bmatrix}\xi_t \\ \boldsymbol{x}_t\end{bmatrix} = \begin{bmatrix}\boldsymbol{\mu}(\xi_t) \\ \boldsymbol{b}(\boldsymbol{x}_t, \xi_t)\end{bmatrix}\mathrm{d}t + \begin{bmatrix}\boldsymbol{\sigma}(\xi_t) \\ \boldsymbol{0}\end{bmatrix}\mathrm{d}\boldsymbol{W}_t$

在新能源随机过程特性和电力系统动态特性的统一模型的基础上，进一步引入频谱分析和随机分析等数学工具，即可方便地描述和分析新能源的随机过程特性对新能源电力系统的影响。

第二节 频域方法

本节简要介绍新能源电力系统分析的频域方法，其详细论述将在上篇(第二章至第四章)给出。频域分析的基本思想是采用 PSD 统一处理新能源出力的随机性和由此诱导的电力系统相关变量(如系统频率)的随机性。一方面，PSD 是分析随机过程平稳特性的重要工具，可用于描述新能源出力随机性在秒级到分钟级的波动；另一方面，通过著名的 Wiener-Khinchin 定理，可以方便地将新能源出力随机性和电力系统状态变量的随机性相关联，进而分析新能源出力随机性对电力系统的影响[28]。

一、新能源随机性的频域建模

描述新能源随机性的频域模型是基于 PSD 的概念而建立的，而 PSD 是确定性过程的傅里叶变换在平稳随机过程领域的扩展。具体来说，两个时序随机过程 $\xi_{i,t}$ 和 $\xi_{j,t}$ 的互功率谱密度(correlated PSD，CPSD)定义为

$$S_{ij}(f) = \lim_{T_{\mathrm{w}} \to \infty} \frac{1}{T_{\mathrm{w}}} \mathbb{E}\left\{\Xi_i(f, T_{\mathrm{w}})\Xi_j^*(f, T_{\mathrm{w}})\right\} \tag{1.5}$$

其中，$\Xi_i(f,T_{\mathrm{w}})$ 和 $\Xi_j(f,T_{\mathrm{w}})$ 为随机过程 $\xi_{i,t}$ 和 $\xi_{j,t}$ 在时间窗口 T_{w} 下的傅里叶变换；Ξ_j^* 为 Ξ_j 的共轭复数；$\mathbb{E}$ 为数学期望算子。

根据式(1.5)，PSD 描述了随机性在不同频率分量下的期望特性。在数学上，PSD 可用于描述一类称为“宽平稳随机过程”的随机过程的频域特性(第二章将详细介绍平稳随机过程及其功率谱特性的数学基础)。工程实践表明，秒级到分钟级的风力发电和光伏发电的出力随机性可用 PSD 模型描述[29,30]。此外，尽管新能源出力的时序曲线在不同的场景下可能有显著的区别，但 PSD 可保持相对一致[29]。例如，风电功率出力的随机性是由大气运动的湍流特性引起的，而著名的 Kolmogorov 定律表明湍流具有较平稳的功率谱特性(亦称作“–5/3 律”)[31]。频域中 PSD 较稳定的特性为频域分析的可靠性奠定了基础。

目前，有较多的研究已经论述了新能源随机性的频域建模问题。文献[29]考虑到风机桨叶的惯性以及周期性旋转所引起的塔影效应，在频域内建立了等效风速波动模型。在文献[32]中，研究人员对测得的风速进行了傅里叶变换，同样得到了风速波动的频域模型。文献[33]研究了风力发电的高频和低频分量的 PSD，并考虑了外部环境对这些 PSD 的影响。考查频域分析中的随机因素，文献[34]给出了基于随机种子的频域方法，用于研究风速的频域随机特性，而文献[35]则进一步考虑了随机种子在不同频带所造成的耦合特性。对于光伏发电，文献[30]分

析了全年的光伏发电功率谱特性，发现光伏发电的功率谱在不同的频带分别满足 $f^{-0.7}$ 和 $f^{-1.7}$ 这样与频谱 f 相关的多项式分布规律，后者与“–5/3 律”非常接近。同时，该文献还分析了光伏发电单元的特性，并指出光伏发电单元可看作一阶低通滤波器。文献[36]给出了一种基于小波变换的光伏发电波动性建模方法。综上可见，新能源随机性的频域建模研究已经日趋成熟。第三章和第四章将重点介绍风电出力的频域建模理论及方法。

二、新能源随机性和电力系统状态变量的关系

新能源随机性与电力系统状态变量的关系可以由著名的 Wiener-Khinchin 定理刻画。该定理提供了二者 PSD 之间的等价关系。以一维系统的情况为例，有

$$S_x(f) = \left|H(f)\right|^2 S_\xi(f) \tag{1.6}$$

其中，$S_x(f)$ 和 $S_\xi(f)$ 分别为电力系统状态变量 x_t 的 PSD 和新能源随机性 ξ_t 的 PSD；$H(f)$ 为从新能源随机性到电力系统状态变量的频域传递函数。在实践中，$H(f)$ 可以通过系统模型得到，也可以根据“频率扫描”方法得到[14]，后者将在第三章中详细介绍。

根据式(1.6)，系统变量的功率谱特性可以直接从新能源随机性的功率谱特性得到，无须从随机空间中抽样模拟场景，这也是频域分析相对于传统的场景集方法的主要优点。在系统变量的功率谱特性的基础上，可按照第三章所提出的方法对新能源电力系统进行频域分析(详细内容将在第五章介绍)。以自动发电控制(automatic generation control，AGC)系统为例，该方法使用式(1.6)将新能源出力的随机过程特性转换为系统变量(即系统频率偏差)的功率谱特性；然后，根据获得的功率谱特性即可通过采样等方法得出频率偏差的统计特性。值得注意的是，这种方法与基于场景集的随机优化方法有本质的区别：在场景集方法中，需要基于系统的动力学特性，即式(1.2)，计算每个场景下的系统变量的取值，而微分方程的求解通常较为耗时；而在上述频域法中，式(1.6)计及了电力系统的动力学方程，因此仅需对最终得到的功率谱进行采样，无须求解微分方程。实践表明，这种方法的计算效率较场景集方法有显著的提升。

本方法在本书作者的工作[14]中首次被提出，此后一些学者也进行了跟进研究。例如，Banakar 等在文献[32]中基于风电随机性和同步发电机的频域模型，研究了风电波动引起的电力系统频率偏差；而 Zhang 等在文献[37]中提供了风电波动下频率偏差的风险评估方法。

三、基于功率谱的控制性能分析方法

本节第二部分讨论了基于功率谱的新能源电力系统频域分析方法。应用该方

法在获得系统变量的功率谱之后，可将频域的功率谱再变换为时域的仿真曲线，从而求解其统计特性。尽管这种方法在速度上已经较快，但进一步的研究表明，对于某些类型的性能指标，可直接根据频域的功率谱，通过理论计算得到其统计特性。一个典型的例子是 AGC 系统中的控制性能指标(control performance standard，CPS)[38]。在该指标中，主要的待求对象是如下的期望值：

$$J_1 = \mathbb{E}\left(\langle \text{ACE} \rangle_{T_1} \langle \Delta_f \rangle_{T_1}\right), J_2 = \mathbb{E}\left(\langle \text{ACE} \rangle_{T_2}^2\right) \tag{1.7}$$

其中，ACE 为区域控制偏差(area control error)，是 AGC 系统的重要变量；Δ_f 为系统频率偏差；J_1 和 J_2 为求解 CPS1 和 CPS2 需要用到的两个期望值；$\langle \cdot \rangle$ 为求平均值算符；T_1 和 T_2 为求平均值的时间窗口，对于 CPS1 和 CPS2 指标通常为 $T_1 = 1\,\text{min}$，$T_2 = 10\,\text{min}$。显然，J_1 和 J_2 描述了 AGC 系统在一定的时间窗口内的平均控制性能。

针对这样的系统，可以证明如下公式成立[39]：

$$\mathbb{E}\left(\langle x_1 \rangle_T \langle x_2 \rangle_T\right) = \int_{-\infty}^{\infty} S_{x_1,x_2}(f) \left[\frac{\sin(\pi f T)}{\pi f T}\right]^2 \mathrm{d}f \tag{1.8}$$

式(1.8)给出了基于功率谱的 AGC 性能指标评估的解析方法。需要特别指出的是，式(1.8)具有明确的物理意义。具体来说，$\left[\frac{\sin(\pi f T)}{\pi f T}\right]^2$ 反映了时间窗口 T 在频域上的平均效应。图 1.1 给出了 $\left[\frac{\sin(\pi f T)}{\pi f T}\right]^2$ 在不同 T 值下的波形，由图可以看出，当 T 值增大时，该函数的通带会缩小。这表明，平均效应在频域可以看作低

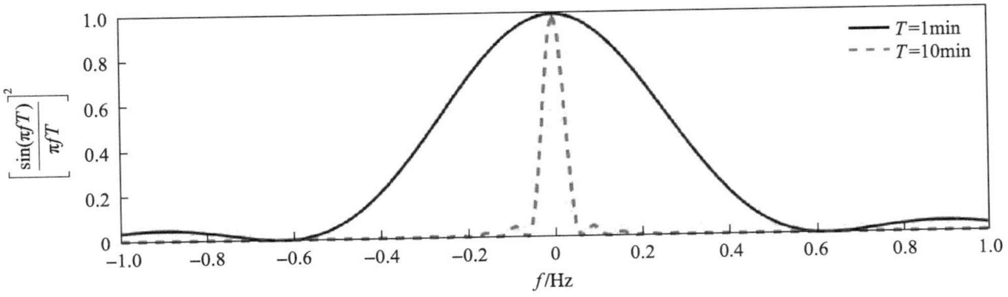

图 1.1　$\left[\frac{\sin(\pi f T)}{\pi f T}\right]^2$ 在不同 T 值下的波形

通滤波，这也和人们的直觉相符。在此意义下，式(1.8)指出了随机性的不同频率分量在平均值意义下应该如何进行结合和统一处理，而由此得到的结果也可以进一步加快AGC系统性能分析问题的求解速度。

综上，频域分析方法使用功率谱来描述新能源随机性和电力系统状态变量的随机特性。该方法的主要优点是可以方便地根据新能源随机性的功率谱信息求取系统变量的随机特性，从而使新能源电力系统的性能分析不再依赖于计算复杂度较高的场景集方法。上篇(第二章至第四章)将详细描述相关基于频域的新能源电力系统功率谱计算方法。然而，频域分析亦存在不足，主要是难以考虑初始值和时变值(如负荷曲线)的影响，这是几乎所有频域方法的缺点。下篇所讨论的时域方法可以有效地解决此类问题。

第三节　时 域 方 法

频域分析方法讨论了新能源出力的不同频率分量对新能源电力系统的影响。但是，该方法以随机过程的平稳性为前提，难以考虑初始值和时变值(如负荷曲线)的影响。与频域分析相比，基于随机过程的时域分析尽管难度通常较大，但能够更好地与运行控制相结合，具有广泛的应用前景。

时域分析方法主要以伊藤过程理论为数学工具。近年来，文献[40]～[44]均基于伊藤过程讨论了含有随机性的电力系统的时域分析。然而，这些研究仅适用于服从高斯分布的随机性和规模较小的系统。作者对此也进行了深入的研究，并给出了更具可扩展性的算法[15, 16]。此处同样简要介绍时域分析的基本方法，而具体内容将在下篇(第五章至第七章)详细介绍。

一、新能源随机性的伊藤过程模型

伊藤过程模型将新能源出力随机性 $\boldsymbol{\xi}_t$ 建模为随机微分方程。随机微分方程的形式与常微分方程类似，而常微分方程是描述电力系统动态的重要工具，这也是随机微分方程这一数学工具受到电力系统研究者重视的重要原因。具体来说，伊藤过程模型采用如下随机微分方程描述新能源出力的随机性：

$$\mathrm{d}\boldsymbol{\xi}_t = \boldsymbol{\mu}(\boldsymbol{\xi}_t)\mathrm{d}t + \boldsymbol{\sigma}(\boldsymbol{\xi}_t)\mathrm{d}\boldsymbol{W}_t \tag{1.9}$$

其中，$\boldsymbol{W}_t$ 为标准维纳过程；$\boldsymbol{\mu}(\boldsymbol{\xi}_t)$ 为漂移项，描述了随机性趋向于期望值的性质；$\boldsymbol{\sigma}(\boldsymbol{\xi}_t)$ 为扩散项，描述了在时刻 t 所引入的随机性的大小。随机微分方程可以看作常微分方程的一种扩展，特别地，当 $\boldsymbol{\sigma}(\boldsymbol{\xi}_t)=\mathbf{0}$ 时，该随机微分方程退化为常微分方程。

著名的鞅表示定理[45]表明，伊藤过程可以描述一类广泛的随机过程，即半鞅过程。在金融工程领域，伊藤过程通常用于描述金融资产价格的长期趋势[46]。通过设置适当的漂移项和扩散项，ξ_t 可以描述不同的概率分布和时空相关性。例如，表 1.2 给出了一些典型的概率分布所对应的伊藤过程[16, 47]。此外，伊藤过程的参数也可以通过极大似然法进行估计，其估计方法可以参考文献[48]～[51]。

表 1.2 不同概率分布所对应的伊藤过程

概率分布	概率密度函数	$\mu(\xi_t)$	$\sigma^2(\xi_t)$
高斯分布	$\frac{1}{\sqrt{2\pi b}}\exp[(\xi-a)^2/(2b)]$	$-(\xi_t-a)$	$2b$
Beta 分布	$\frac{1}{\mathrm{B}(a,b)}\xi^{a-1}(1-\xi)^{b-1}$	$-\left(\xi_t-\frac{a}{a+b}\right)$	$\frac{2}{a+b}\xi_t(1-\xi_t)$
Gamma 分布	$\frac{b^a}{\Gamma(a)}z^{a-1}\exp(-bz)$	$-\left(\xi_t-\frac{a}{b}\right)$	$\frac{2\xi_t}{b}$
Laplace 分布	$\frac{1}{2b}\exp\left[-\lvert\xi-a\rvert/b\right]$	$-(\xi_t-a)$	$2b\lvert\xi_t-a\rvert+2b^2$

伊藤过程模型适合于新能源电力系统分析的主要原因在于，其随机微分方程的形式很容易将电力系统的模型，即式(1.2)，纳入统一的框架进行建模。具体来说，式(1.9)和式(1.2)可以合并为

$$\mathrm{d}\begin{bmatrix}\boldsymbol{x}_t\\ \boldsymbol{\xi}_t\end{bmatrix}=\begin{bmatrix}\boldsymbol{b}(\boldsymbol{x}_t,\boldsymbol{\xi}_t)\\ \boldsymbol{\mu}(\boldsymbol{\xi}_t)\end{bmatrix}\mathrm{d}t+\begin{bmatrix}\boldsymbol{0}\\ \boldsymbol{\sigma}(\boldsymbol{\xi}_t)\end{bmatrix}\mathrm{d}\boldsymbol{W}_t \tag{1.10}$$

进一步地，设增广的状态变量向量为 $\boldsymbol{x}_t'=\begin{bmatrix}\boldsymbol{x}_t\\ \boldsymbol{\xi}_t\end{bmatrix}$，则有

$$\mathrm{d}\boldsymbol{x}_t'=\boldsymbol{\mu}'(\boldsymbol{x}_t')\mathrm{d}t+\boldsymbol{\sigma}(\boldsymbol{x}_t')\mathrm{d}\boldsymbol{W}_t \tag{1.11}$$

这表明，增广后的 $\boldsymbol{x}_t'$ 同样为伊藤过程。由此可见，伊藤过程模型使得新能源随机性和电力系统动态特性的统一描述成为可能。此时，若将常微分方程的相关分析工具替换为随机微分方程的相关分析工具，则可以将新能源随机性和电力系统动态特性纳入统一框架进行分析。当然，由于随机微分方程和常微分方程的本质区别，这样的替换并不容易。为解决该问题，本书将提出基于偏微分方程的分析方法。

二、时域分析方法

上一部分指出，伊藤过程模型为新能源随机性和电力系统动态特性提供了统一的随机微分方程模型。在随机分析中，随机微分方程的一个重要分析工具是偏

微分方程(partial differential equation，PDE)方法。应用相关数学工具，如 Fokker-Planck 方程[52]、Kolmogorov 后向方程[45]、Feynman-Kac 方程[45]等，可以在随机微分方程特性和偏微分方程特性间建立定量联系。举例来说，考虑式(1.12)的期望形式：

$$v(t,\boldsymbol{x}_0') = \mathbb{E}^{\boldsymbol{x}_0'}\int_0^t f(\boldsymbol{x}_s')\mathrm{d}s \tag{1.12}$$

其中，$\boldsymbol{x}_0'$ 为初始值；$\mathbb{E}^{\boldsymbol{x}_0'}\{\cdot\}$ 为在初始值为 $\boldsymbol{x}_0'$ 时的期望值。根据 Feynman-Kac 方程，$v(t,\boldsymbol{x}_0')$ 满足如下偏微分方程：

$$\begin{aligned}&\frac{\partial v}{\partial t} = \frac{\partial v}{\partial \boldsymbol{x}_0'}\boldsymbol{\mu}(\boldsymbol{x}_0') + \frac{1}{2}\mathrm{Tr}\left[\boldsymbol{\sigma}(\boldsymbol{x}_0')\right][\nabla^2 v]\left[\boldsymbol{\sigma}(\boldsymbol{x}_0')\right]^{\mathrm{T}} + f(\boldsymbol{x}_0')\\&v(0,\boldsymbol{x}_0') = 0\end{aligned} \tag{1.13}$$

其中，$\mathrm{Tr}(\cdot)$ 表示矩阵的迹。

与随机微分方程不同，式(1.13)中的偏微分方程不涉及随机性，而是一个确定性的方程，可通过有限差分法等数值方法求解[53]。这意味着，理论上 $v(t,\boldsymbol{x}_0')$ 可直接根据式(1.13)计算得到，而无须像场景集方法那样，先求取式(1.12)在不同场景下的取值再求平均。基于伊藤过程的偏微分方程形式，文献[42]讨论了不确定性对电力系统动态频率安全性的影响；文献[43]、[44]则研究了随机扰动下电力系统的暂态稳定性。

尽管式(1.13)是确定性的偏微分方程形式，但在大规模电力系统中，直接进行偏微分方程数值求解会遇到维数灾难的问题。为此，文献[43]、[44]采用准 Hamilton 系统的理论，通过一维随机微分方程逼近电力系统的能量函数，再应用偏微分方程方法进行求解。本书最重要的理论成果之一，就是证明了上述二阶偏微分方程可以表示为一系列一阶偏微分方程的收敛级数和(该部分将在第六章详细介绍)，即

$$v = \sum_{n=0}^{\infty}\tilde{v}_n \tag{1.14}$$

其中，$\tilde{v}_n$ 满足如下一阶偏微分方程：

$$\begin{aligned}&\frac{\partial \tilde{v}_0}{\partial t} = \frac{\partial \tilde{v}_0}{\partial \boldsymbol{x}_0'}\boldsymbol{\mu}(\boldsymbol{x}_0') + f(\boldsymbol{x}_0')\\&\frac{\partial \tilde{v}_n}{\partial t} = \frac{\partial \tilde{v}_n}{\partial \boldsymbol{x}_0'}\boldsymbol{\mu}(\boldsymbol{x}_0') + \frac{1}{2}\mathrm{Tr}\left[\boldsymbol{\sigma}(\boldsymbol{x}_0')\right]\left[\nabla^2\tilde{v}_{n-1}\right]\left[\boldsymbol{\sigma}(\boldsymbol{x}_0')\right]^{\mathrm{T}}, n \geqslant 1\end{aligned} \tag{1.15}$$

式(1.15)与式(1.13)形式上很相似，唯一的区别在于对未知函数的二阶导数项转化成了对级数前一项的二阶导数。然而，正是该区别极大地简化了式(1.15)的求解，如式(1.16)所示：

$$
\begin{aligned}
\tilde{v}_0 &= \int_0^t f(\tilde{\boldsymbol{x}}_s)\mathrm{d}s \\
\tilde{v}_n &= \frac{1}{2}\int_0^t \mathrm{Tr}\left[\boldsymbol{\sigma}(\boldsymbol{x}_s')\right]\left[\nabla^2 \tilde{v}_{n-1}\right]\left[\boldsymbol{\sigma}(\boldsymbol{x}_s')\right]^{\mathrm{T}} \mathrm{d}s, n \geqslant 1
\end{aligned}
\tag{1.16}
$$

由式(1.16)可知，该级数的每一项都是不含随机性的黎曼积分，可通过数值积分算法有效地求解，不存在有限差分法的指数爆炸问题。经验表明，只需要级数的少数几项即可获得很高的精度。因此，该方法可以显著提高新能源电力系统分析和控制的计算效率，甚至可以使其与确定性系统的分析和控制具有可比拟的效率。

三、在新能源电力系统随机控制问题中的应用

注意到最优控制问题通常也需要在时域下进行建模，所以时域方法可以方便地应用于最优控制问题。这是它相较于频域方法的主要优点。事实上，若要将时域分析方法应用于随机控制，只需将随机控制的决策变量引入时域分析模型中即可。证明基于式(1.16)所述的级数展开方法，可以保持原优化控制问题的凸性。第七章将级数展开方法应用于 AGC 问题，在提升 AGC 性能的同时显著提高了计算效率。该研究结果表明，级数展开方法能够达到与场景集方法相似的控制效果，但计算速度提高了 300 倍，非常适合在线应用。

综上所述，时域分析方法的核心是通过伊藤过程描述新能源出力的随机性。这一方法的吸引力在于伊藤过程的随机微分方程形式是常微分方程在随机领域的推广，而常微分方程是电力系统动态建模的主要工具。因此，伊藤过程模型可以为新能源随机性和电力系统动态特性提供统一的建模框架。之后，可以应用随机分析的相关理论工具将随机微分方程转化为确定性的偏微分方程和常微分方程进行求解。与场景集方法相比，时域分析方法能够更好地考虑新能源的随机过程特性，也能够在保证计算准确度的前提下，显著降低计算复杂度，这是时域分析方法受到重视的原因。下篇将详细论述时域分析方法及其应用。

上篇　基于频域的新能源电力系统随机过程分析方法

第二章　基于“时频”变换方法的风电功率随机波动性模型

风电功率的强随机波动性是长期制约风电规模化开发利用的主要原因之一。从近几年的气候变化情况来看，风速最高且随机波动性最强的冬季，一般天气最为恶劣，且电力负荷较重。在此气候条件下，电力系统对短时间内大规模的功率波动非常敏感。为了研究风电功率的随机波动性，国内外的学者已分别从时域和频域进行了一系列分析。基于时域的研究方法，其优势在于分析计算结果的意义明确，工程应用实现难度低；基于频域的研究方法在描述风能来源分散性与风电机组物理特性方面具有一定的优势。然而，在处理非线性模型时，频域方法难度较大。另外，在实际工程应用中，由于大量的系统指标参数均是在时域中进行定义(如风电功率的爬坡、备用需求等)，频域方法的计算结果的物理意义不够明确，阻碍了其工程应用。

综合时域方法与频域方法的优势，本章提出一种基于“时频”变换方法的风电功率随机波动性建模方法。该“时频”变换模型是原丹麦 Risø 新能源国家实验室(现已并入丹麦技术大学，以下简称 Risø 实验室)及作者的联合研究成果，其中频域模型的建立主要基于 Risø 实验室对风速及风电功率随机波动性的长期观测结果。通过发掘风速波动性在频域中的一般特性，Risø 实验室最早提出了使用 PSD 函数在频域中建立风速的随机波动性模型[54]，并在频域中考虑了风电机组的物理特性以及地理分散性对风电随机波动性的影响[55]。同时，Risø 实验室还对风速在频域中的随机性进行了深入分析，提出了风速随机波动性在频域中的随机种子[35]以及实现“时频”变换方法的模型框架[34]，为实现风电功率随机波动性从频域向时域的变换奠定了坚实的基础。

为了方便读者理解，本章第一节给出平稳随机过程在时域和频域中的基本特性，作为基础知识；第二节简要概述 Risø 实验室在频域建模方面的工作；第三节给出该模型从频域到时域的反变换算法，并针对风电机组分布式接入电网与集中式接入电网两种主要接入方法，提出简化模型及其求解算法；第四节通过实际算例，验证该模型的计算精度与算法效率。

第一节　平稳随机过程的基本概念

一、平稳随机过程的时域特性

时域中，平稳随机过程的定义如下。

定义 2.1　若一个随机过程 $\{x(t),t\in T\}$ 满足

(1) $\{x(t),t\in T\}$ 是二阶矩过程；

(2) 对任意 $t\in T$，$\mathbb{E}[x(t)]=m_x$ 为常数；

(3) 对任意 $s,t\in T,\ s\geqslant t$，设 $\tau=s-t$，则 $R_x(s,t)=\mathbb{E}\left[x(s)x(t)\right]=R_x(s-t)=R_x(\tau)$；

则称 $\{x(t),t\in T\}$ 为广义平稳随机过程，简称平稳随机过程。

定义 2.1 中，$\mathbb{E}[x(t)]$ 表示平稳随机过程 $x(t)$ 的期望；$R_x(\tau)$ 表示平稳随机过程 $x(t)$ 的相关函数。定义 2.1 指出了 $R_x(\tau)$ 的特殊之处，即在统计时间 T 内，平稳随机过程任意两点间的统计相关性仅与这两点的时间差 τ 相关，而与这两点所在的位置无关。

使用相关函数 $R_x(\tau)$ 容易刻画一个平稳随机过程的“惯性”，这是平稳随机过程最重要的统计特征之一。惯性平稳随机过程的定义如下。

定义 2.2　设 $\{x(t),t\in T\}$ 是平稳随机过程。若满足

(1) $x(t)$ 的相关函数 $R_x(\tau)$ 连续可微；

(2) 对任意 $\tau_1,\tau_2\in T$，若 $\tau_2>\tau_1$，则 $R_x(\tau_2)<R_x(\tau_1)$，即 $R_x(\tau)$ 是关于时间差 $\tau=\tau_2-\tau_1$ 的减函数；

则称 $\{x(t),t\in T\}$ 为惯性平稳随机过程。

定义 2.2 可用于描述风速的随机波动性：两个时间点的时间差 τ 较小时，这两点风速的概率相关性较高；而当任意两个时间点的时间差 τ 较大时，这两点风速的概率相关性较低。以上两点均与风速不会瞬时突变的实验观测结果相吻合。同时，由于 $R_x(\tau)$ 在统计时间 T 内仅与任意两点间的时间差 τ 相关，整个平稳随机过程 $x(t)$ 在统计时间 T 内的随机特性保持平稳，即风速的波动强度保持平稳。当统计时间 T 较短时，该性质与实验观测结果以及直观体验相一致。

上述分析表明，研究风电功率随机波动性时，惯性平稳随机过程可作为一种重要数学工具。这是本书的重要理论基础之一。在不引起混淆的情况下，后面若无特殊说明，惯性平稳随机过程均简称为平稳随机过程。

在时域中，若已知平稳随机过程的相关函数 $R_x(\tau)$ 及随机过程的初始点 $x(t_0)$，则可以使用定义 2.1 模拟该平稳随机过程。对于随机过程 $x(t)$ 的第 n 点，t_n 点的值 $x(t_n)$ 需满足概率相关性方程组，如式 (2.1) 所示：

$$\begin{cases}\mathbb{E}[x(t_n)x(t_{n-1})]=R_x(t_n-t_{n-1})=R_x(\Delta t)\\ \mathbb{E}[x(t_n)x(t_{n-2})]=R_x(2\Delta t)\\ \qquad\vdots\\ \mathbb{E}[x(t_n)x(t_0)]=R_x(n\Delta t)\end{cases}\tag{2.1}$$

由式 (2.1) 可知，对于任意 t_n 点的求解，均需要涉及前 n 个点 $(t_0,t_1,\cdots,t_{n-1})$ 的

概率相关性方程求解。因此，对于长度为 N 的平稳随机过程序列的模拟，共需求解 $1+2+\cdots+N=N(N+1)/2$ 个概率相关性方程组，这与数值卷积计算有相同的算法复杂度。对确定性信号，在时域中的卷积计算可以在傅里叶频域或是拉普拉斯复频域中得到简化，转化为代数积的计算。对于随机过程信号，平稳随机过程的模拟，也可以使用类似的频域方法简化计算。

二、平稳随机过程的频域特性

频域分析常基于连续傅里叶变换(Fourier transform，FT)技术，即对一个信号 $x(t)$，可通过式(2.2)，计算 $x(t)$ 的频谱分布 $X(f)$：

$$\begin{aligned} X(f) &= \mathrm{FT}[x_T(t)] \\ &= \int_{-\infty}^{+\infty} x_T(t)\mathrm{e}^{-\mathrm{j}2\pi ft}\mathrm{d}t \\ &= \int_{-T}^{+T} x_T(t)\mathrm{e}^{-\mathrm{j}2\pi ft}\mathrm{d}t = X(f,T) \end{aligned} \tag{2.2}$$

其中，$x_T(t)=\begin{cases} x(t), & |t|\leqslant T \\ 0, & |t|>T \end{cases}$，相当于在工程中常用的对信号 $x(t)$ 所做的采样截断操作。式(2.2)已经广泛运用于系统谐波分析等电力系统典型应用之中。随着风电功率接入的增加，一些国内外的学者也开始采用该变换，评估风电功率接入后其随机波动性对电力系统的影响[56]。

然而，文献[56]的研究未能涉及平稳随机过程的频域分析，其主要原因如下。

(1)傅里叶变换是基于确定信号的，而无论是风速还是风电功率的随机波动显然都属于随机过程信号。对于确定信号，任意一个采样截断操作的傅里叶变换结果均是相同的(或是类似的)；而对于随机过程信号，不同采样截断操作的傅里叶变换结果则可能存在较大差别。

(2)傅里叶变换的结果属于信号能量范畴，与截取信号时间序列的长度相关。关于这一点，理论上的解释如下：

$$\int_{-\infty}^{+\infty} x_T^{\,2}(t)\mathrm{d}t = \int_{-T}^{T} x^2(t)\mathrm{d}t = \int_{-\infty}^{+\infty} |X(f,T)|^2\,\mathrm{d}f \tag{2.3}$$

根据式(2.3)所示的 Parseval 定律，若把 $x(t)$ 视作通过 1Ω 电阻上的电流或电压，则式(2.3)左边的积分表示消耗在 1Ω 电阻上的总能量，而右边的被积函数 $|X(f,T)|^2$ 表示这段信号的总能量在频率上的分布，称为能量谱密度。

由式(2.3)易知，若信号的功率不变，信号 $x_T(t)$ 所包含的总能量必然与截断时间 T 相关，T 越长则包含的总能量越多，反之则越少。由于 $|X(f,T)|^2$ 表示能量

谱密度，总能量增加，单位频率上的能量谱密度也必然增加。因此可知，$|X(f,T)|^2$的计算结果必然随着截断时间 T 的增加而增加。

对于谐波分析，只需要计算各个频率段上信号能量的相对值，因此傅里叶变换适用。而若需要对平稳随机过程进行建模(如风电功率随机波动过程的建模)，显然随着实际工程应用的不同，截断时间可能从分钟到小时变化不等，该过程随机性的变化规律将随截断时间变化，无法建立统一模型以描述该过程随机性的变化。

为了解决以上这两个问题，对于平稳随机过程的研究，引入了 PSD 函数，简称 PSD。定义如式(2.4)所示：

$$S_x(f)=\lim_{T\to\infty}\frac{1}{2T}\mathbb{E}\left[|X(f,T)|^2\right] \tag{2.4}$$

式(2.4)中，通过引入期望函数 $\mathbb{E}(\cdot)$，对每一段不同截断时间序列内的傅里叶变换结果取期望，解决了傅里叶变换只能用在确定信号上变换的问题；而通过能量谱密度$|X(f,T)|^2$在截断时间上取平均的操作，得到了信号总功率在频率上的分布，从而功率随机波动功率相同的信号的傅里叶变换结果随截断时间长度变化的问题即可得到解决。需要注意的是，式(2.4)中定义的 PSD 虽然是在截断时间 T 趋向无穷大的极限条件下得到的，但在实际工程中，依然可以通过有限长度的序列截断实现 PSD 的计算，且并不会造成显著的误差，具体的方法在本节的第四部分中将会详细介绍。

综上所述，使用 PSD，可以较好地表征分析平稳随机过程功率波动在频域中的分布情况。

三、平稳随机过程时域描述与频域描述的等效性

定义 2.1 指出，平稳随机过程在时域中的统计特征可以使用相关函数 $R_x(\tau)$ 表示，在频域中的统计特征可以使用 PSD $S_x(f)$ 表示。定理 2.1 与定理 2.2 揭示了两个平稳随机过程的重要性质，并在平稳随机过程的时域和频域间建立了等价关系。

定理 2.1　设 $\{x(t),t\in T\}$ 是平稳随机过程。若其相关函数 $R_x(\tau)$ 满足绝对可积条件，即 $\int_{-\infty}^{\infty}|R_x(\tau)|\mathrm{d}\tau<\infty$，则平稳随机过程 $x(t)$ 的 PSD 是其相关函数 $R_x(\tau)$ 的傅里叶变换，即 $S_x(f)=\mathrm{FT}[R_x(\tau)]=\int_{-\infty}^{\infty}R_x(\tau)\mathrm{e}^{-\mathrm{j}2\pi f\tau}\mathrm{d}\tau$；反之，平稳随机过程 $x(t)$ 的相关函数 $R_x(\tau)$ 是其 PSD 的傅里叶逆变换，即 $R_x(\tau)=\mathrm{IFT}[S_x(f)]=\int_{-\infty}^{\infty}S_x(f)\mathrm{e}^{\mathrm{j}2\pi f\tau}\mathrm{d}f$。

定理 2.2　对于具有频率响应 $H(f)$ 的线性系统，设其输入平稳随机过程 $x(t)$

具有 PSD $S_x(f)$，则其输出平稳随机过程 $y(t)$ 的 PSD $S_y(f)$ 可由式(2.5)计算得到

$$S_y(f) = |H(f)|^2 S_x(f) \tag{2.5}$$

定理 2.1 和定理 2.2 是研究平稳随机过程“时频”变换的重要数学工具，其中定理 2.2 为著名的 Wiener-Khinchine 定理，定理 2.1 及定理 2.2 的相关证明可以参考文献[57]。

由定理 2.1 可知，平稳随机过程 $x(t)$ 的相关函数 $R_x(\tau)$ 和 PSD $S_x(f)$ 对于平稳随机过程随机性的描述是等价的，即使用 PSD 可在频域中准确表征一个平稳随机过程的时域随机波动性；由定理 2.2 可知，对于已知频率响应函数 $H(f)$ 的线性系统，可以很容易地通过式(2.5)计算线性系统对平稳随机过程输入(如随机波动的风电功率)的响应(如频率偏差)。由于大多数的风电机组部件及电力系统部件均有成熟的频域数学模型，以上两个定理构成了研究风电场功率随机波动性及其对电力系统频率偏差影响的“时频”变换方法的重要理论基础。

四、平稳随机过程“时频”变换方法的离散实现算法

式(2.1)～式(2.5)所述关于平稳随机过程相关性质的推导理论均是基于无限、连续系统，以利于精确、严格地描述该模型。然而在实际工程中，绝大多数的计算必须通过计算机实现，而计算机只可能实现有限长的离散算法。因此，有必要对基于离散实现的平稳随机过程“时频”变换方法的离散算法进行必要的推导，以使平稳随机过程的相关理论能够在实际工程中得到应用。

(一)时域至频域的变换方法

对于一段长为 T 的时域随机过程 $x(t)$，其时域的抽样时间间隔为 T_s，则时域抽样点可表示为 $t_k=(k-1)T_s$，其中 k=1, 2,⋯, N。对称拓展 $x(t)$ 为

$$x_T(t) = \begin{cases} x(t), & 0 \leqslant t \leqslant T \\ x(-t), & -T \leqslant t < 0 \\ 0, & |t| > T \end{cases}$$

则根据傅里叶变换的相关性质，随机过程 $x(t)$ 的 PSD $S_x(f)$ 在频域中的抽样可写为式(2.6)：

$$S_x(f_i) = \lim_{T\to\infty} \frac{1}{2T} \mathbb{E}[|X(f_i,T)|^2] \tag{2.6}$$

注意到式(2.6)是基于双边谱的 PSD 表达形式，定义 $f_s = 1/T_s$，则式(2.6)中频

域抽样点可表示为 $f_i = \pm\frac{i-1}{N}f_{\mathrm{s}} = \pm(i-1)\Delta f$ ，其中 i=1, 2,⋯, N。

首先计算 $X(f_i,T)$ ，根据 $x_T(t)$ 的对称性，在频域中抽样连续傅里叶变换的计算结果，有式(2.7)：

$$X(f_i,T) = \int_{-T}^{T} x_T(t)\mathrm{e}^{-\mathrm{j}2\pi f_i t}\mathrm{d}t = 2\int_{0}^{T} x(t)\mathrm{e}^{-\mathrm{j}2\pi f_i t}\mathrm{d}t \tag{2.7}$$

设 $\mathrm{d}t \to \Delta T = T_{\mathrm{s}}$ ，利用黎曼积分表示，式(2.7)可以表示为

$$X(f_i,T) = 2\sum_{k=1}^{N} x(t_k)\mathrm{e}^{-\mathrm{j}2\pi f_i t_k} T_{\mathrm{s}} \tag{2.8}$$

在式(2.8)中分别代入频域抽样点 f_i 和时域抽样点 t_k 的表达式，结果表示如式(2.9)所示：

$$\begin{aligned} X(f_i,T) &= 2T_{\mathrm{s}}\sum_{k=1}^{N} x(t_k)\mathrm{e}^{-\mathrm{j}2\pi f_i t_k} \\ &= 2T_{\mathrm{s}}\sum_{k=1}^{N} x(t_k)\mathrm{e}^{-\mathrm{j}\left(2\pi\frac{i-1}{N}f_{\mathrm{s}}\right)\cdot[(k-1)T_{\mathrm{s}}]} \\ &= 2T_{\mathrm{s}}\sum_{k=1}^{N} x(k)\mathrm{e}^{-\mathrm{j}2\pi\frac{(i-1)(k-1)}{N}} \end{aligned} \tag{2.9}$$

式(2.9)的求和可以采用快速傅里叶变换[58]以加快计算速度，如式(2.10)所示：

$$X(f_i,T) = 2T_{\mathrm{s}} \cdot \mathrm{FFT}[x(k)] \tag{2.10}$$

此时，式(2.6)中的 $\mathbb{E}[|X(f_i,T)|^2]$ 由式(2.11)计算：

$$\mathbb{E}[|X(f_i,T)|^2] = 4T_{\mathrm{s}}^2\mathbb{E}\{|\mathrm{FFT}[x(k)]|^2\} \tag{2.11}$$

考虑到 $T = NT_{\mathrm{s}}$ ，式(2.6)所示的 PSD $S_x(f)$ 在频域中的抽样即可近似表示为式(2.12)：

$$\begin{aligned} S_x(f_i) &= \frac{1}{2NT_{\mathrm{s}}}\cdot 4T_{\mathrm{s}}^2\mathbb{E}\{|\mathrm{FFT}[x(k)]|^2\} \\ &= \frac{2}{Nf_{\mathrm{s}}}\mathbb{E}\{|\mathrm{FFT}[x(k)]|^2\} \end{aligned} \tag{2.12}$$

注意到式(2.12)是基于双边谱的推导结果，实际工程中由于只在正的频率范

围内进行测量，更常用单边谱形式，其表示为 $S_x'(f_i)$ 。根据 $S_x(f_i)$ 是偶函数这一性质，可得到 $S_x'(f_i)$ 的表达式，其为式(2.13)：

$$\begin{aligned}S_x'(f_i) &= 2S_x(f_i) = \frac{4}{Nf_\mathrm{s}}\mathbb{E}\{|\mathrm{FFT}[x(k)]|^2\} \\ &= \frac{\mathbb{E}\{2|\mathrm{FFT}[x(k)]|^2\}}{Nf_\mathrm{s}},\quad f_i \geqslant 0\end{aligned} \tag{2.13}$$

式(2.13)中，FFT(·)的计算结果仅取非负频率部分。式(2.13)利用了快速傅里叶变换，保证了在数据量巨大的情况下模型仍有较高的计算效率。同时，该算法的物理意义十分明确，可等效写成式(2.14)：

$$\begin{aligned}S_x'(f_i) &= \frac{\mathbb{E}\{2|\mathrm{FFT}[x(k)]|^2\}}{Nf_\mathrm{s}} \\ &= \frac{\mathbb{E}\{2|\mathrm{FFT}[x(k)]|^2\}}{N\cdot N\cdot\Delta f} \\ &= \frac{\mathbb{E}\left\{\left|\frac{2}{N}\mathrm{FFT}[x(k)]\right|^2\right\}}{\Delta f},\quad f_i \geqslant 0\end{aligned} \tag{2.14}$$

其中，$\mathbb{E}\left\{\left|\frac{2}{N}\mathrm{FFT}[x(k)]\right|^2\right\}$ 为各个频域抽样点的功率；$\Delta f = f_\mathrm{s}/N$ 为频域中的抽样间隔。二者相除为 PSD。因为仅取快速傅里叶变换 FFT(·) 结果的非负频率部分，故 $\mathbb{E}\left\{\left|\frac{2}{N}\mathrm{FFT}[x(k)]\right|^2\right\}$ 中乘以 2，将双边谱的计算结果转换为单边谱的计算结果。

注意式(2.14)中的运算符号 $\mathbb{E}(\cdot)$ 是对平稳随机过程 $x(t)$ 的期望函数。在实际工程实现中，对于一个有 n 个样本 $(x_1(t), x_2(t),\cdots,x_n(t))$ 的平稳随机过程 $x(t)$，式(2.14)的计算结果可表示为

$$\begin{aligned}S_x'(f_i) &= \frac{\mathbb{E}\left\{\left|\frac{2}{N}\mathrm{FFT}[x(k)]\right|^2\right\}}{\Delta f} \\ &= \frac{\frac{1}{n}\sum_{j=1}^{n}\left\{\left|\frac{2}{N}\mathrm{FFT}[x_j(k)]\right|^2\right\}}{\Delta f},\quad f_i \geqslant 0\end{aligned} \tag{2.15}$$

式(2.15)为平稳随机过程 $x(t)$ 从时域变换到频域的工程实用计算公式。

在本书后续推导中，均采用单边谱的表达形式，不再特别指出 $f_i \geqslant 0$，并继续使用 $S_x(f)$ 代替 $S'_x(f)$ 表示随机过程 $x(t)$ 的 PSD。为简明起见，在不至引起混淆的情况下，不加区别地使用 $X(f)$ 表示 $X(f,T)$，使用 $X(f_i)$ 表示 $X(f_i,T)$。由式(2.2)可知 $X(f)=\mathrm{FT}[x(t)]$，进而综合连续傅里叶变换与快速傅里叶变换的相关性质[59]可知，在单边谱条件下的 $X(f_i)$ 有如式(2.16)的形式：

$$X(f_i)=\frac{2}{N}\mathrm{FFT}[x(k)],\quad f_i \geqslant 0 \tag{2.16}$$

将式(2.16)代入式(2.14)，则有式(2.17)：

$$\begin{aligned} S_x(f_i) &= \frac{\mathbb{E}\left\{\left|\dfrac{2}{N}\mathrm{FFT}[x(k)]\right|^2\right\}}{\Delta f} \\ &= \frac{1}{\Delta f}\mathbb{E}[X(f_i)X^*(f_i)] \end{aligned} \tag{2.17}$$

或如式(2.18)所示：

$$S_x(f)\Delta f=\mathbb{E}[X(f)X^*(f)] \tag{2.18}$$

式(2.17)和式(2.18)中，$X^*(f)$ 表示 $X(f)$ 的共轭。式(2.18)将式(2.17)中的频域抽样间隔 Δf 移至方程左侧。自式(2.18)之后本书后续推导中，离散形式与连续形式均具有同样的表达方式，因此为了叙述简便，后面不加区别地使用符号 f 统一表示连续系统中的频谱 f 以及离散系统中的频域抽样点表达式 f_i。读者可以根据实际的运算符号(如 IFFT(·)处理的肯定是离散形式)，判断所处理的是连续还是离散的情况。在本书的后续推导中，若无特殊说明，均采用如式(2.18)，表示平稳随机过程的 PSD 运算。

式(2.6)～式(2.18)的推导是基于单个平稳随机过程 $x(t)$，对于一个含 n 个平稳随机过程的向量 $\boldsymbol{u}(t)=[u_1(t),u_2(t),\cdots,u_n(t)]$[注意 $u_1(t),u_2(t),\cdots,u_n(t)$ 为 n 个不同的随机过程，而在式(2.15)中 $x_1(t)$，$x_2(t)$，…，$x_n(t)$ 为同一平稳随机过程 $x(t)$的不同实现]，不失一般性，可将式(2.18)推广为如式(2.19)所示：

$$\boldsymbol{S}_u(f)\Delta f=\mathbb{E}[\boldsymbol{U}(f)\boldsymbol{U}^{*\mathrm{T}}(f)] \tag{2.19}$$

其中，$\boldsymbol{S}_u(f)$ 为 $n\times n$ 规模的 CPSD 矩阵；$\boldsymbol{U}(f)$ 为平稳随机过程向量 $\boldsymbol{u}(t)$ 的傅里叶变换；$\boldsymbol{U}^{*\mathrm{T}}(f)$ 为 $\boldsymbol{U}(f)$ 向量的共轭转置。

（二）频域至时域的反变换方法

已知平稳随机过程向量$\boldsymbol{u}(t)$的CPSD矩阵$\boldsymbol{S}_u(f)$，也可将该CPSD矩阵反变换回时域。使用定理2.1，通过傅里叶逆变换计算相关函数矩阵$\boldsymbol{R}_u(\tau)$，并通过定义2.1及式(2.1)计算平稳随机过程序列是可行的，但计算复杂度太高，算法效率很低。文献[60]介绍了一种更为实用的“时频”变换算法，以求得满足式(2.9)的一组平稳随机过程解向量$\boldsymbol{u}(t)=[u_1(t),u_2(t),\cdots,u_n(t)]$。同样为了叙述方便，后面不加区别地使用符号$t$统一表示连续系统中的时间$t$，以及离散系统中的时域抽样点表达式$t_k$。读者可以根据实际的运算符号，判断所处理的是连续还是离散的情况。该算法的原理如下。

因为$\boldsymbol{u}(t)=\mathrm{IFT}[\boldsymbol{U}(f)]$，故仅需求出$\boldsymbol{U}(f)$即可获得$\boldsymbol{u}(t)$。为此，将$\boldsymbol{U}(f)$表示为一个下三角矩阵$\boldsymbol{U}_{\mathrm{LT}}(f)$与一个$N\times 1$随机向量$\boldsymbol{N}(f)$的乘积，如式(2.20)所示：

$$\boldsymbol{U}(f)=\boldsymbol{U}_{\mathrm{LT}}(f)\boldsymbol{N}(f) \tag{2.20}$$

式(2.20)中，随机向量$\boldsymbol{N}(f)$满足式(2.21)，

$$\mathbb{E}\left[\boldsymbol{N}(f)\boldsymbol{N}^{*\mathrm{T}}(f)\right]=\boldsymbol{I} \tag{2.21}$$

其中，$\boldsymbol{I}$为单位矩阵。

将式(2.20)与式(2.21)分别代入式(2.19)后，可以将CPSD矩阵进行分解，如式(2.22)所示：

$$S_{u[r,c]}(f)\Delta f=\sum_{i=1}^{c}U_{\mathrm{LT}[r,i]}U_{\mathrm{LT}[c,i]}{}^{*},\ c\leqslant r \tag{2.22}$$

其中，$S_{u[r,c]}(f)$表示矩阵$\boldsymbol{S}_u(f)$的第r行第c列的元素。

根据式(2.22)，则每一个元素均可以通过迭代计算的方法得到，如式(2.23)所示：

$$U_{\mathrm{LT}[r,c]}=\begin{cases}\dfrac{S_{u[r,c]}(f)\Delta f-\sum\limits_{i=1}^{c-1}U_{\mathrm{LT}[r,i]}U_{\mathrm{LT}[c,i]}{}^{*}}{U_{\mathrm{LT}[c,c]}}, & c<r\\ \sqrt{S_{u[r,r]}(f)\Delta f-\sum\limits_{i=1}^{r-1}\left|U_{\mathrm{LT}[r,i]}\right|^2}, & c=r\end{cases} \tag{2.23}$$

式(2.23)所示的分解，也称为Cholesky分解[60, 61]。

求得矩阵$\boldsymbol{U}_{\mathrm{LT}}(f)$后，综合式(2.16)及式(2.20)，可使用快速傅里叶逆变换计算平稳随机过程解向量的时间序列，如式(2.24)所示：

$$\begin{aligned}\boldsymbol{u}(t) &= \mathrm{IFFT}\left[\frac{N}{2}\boldsymbol{U}(f)\right] \\ &= \mathrm{IFFT}\left[\frac{N}{2}\boldsymbol{U}_{\mathrm{LT}}(f)\boldsymbol{N}(f)\right]\end{aligned} \tag{2.24}$$

式(2.20)～式(2.24)为在实际工程中使用的使平稳随机过程向量的 CPSD 矩阵实现从频域向时域反变换的计算公式。

对于单变量平稳随机过程，式(2.20)～式(2.24)还有更简单的数学形式，使 PSD 实现由频域向时域的反变换，如式(2.25)所示：

$$\begin{cases}\boldsymbol{u}(t) = \mathrm{IFFT}\left[\dfrac{N}{2}U(f)\right] \\ \boldsymbol{U}(f) = \sqrt{\boldsymbol{S}_u(f)\Delta f}\cdot\rho(f)\end{cases} \tag{2.25}$$

式(2.25)中，随机数种子 $\rho(f)$ 满足式(2.26)所示的公式：

$$\begin{cases}\mathbb{E}[\rho(f_j)\rho^*(f_k)] = 1, & f_j = f_k \\ \mathbb{E}[\rho(f_j)\rho^*(f_k)] = 0, & f_j \neq f_k\end{cases} \tag{2.26}$$

需要指出的是，无论是多变量平稳随机过程向量还是单变量平稳随机过程的“时频”变换方法，在本书后续对风电功率随机波动性的研究过程中，均具有重要的应用价值。

第二节　基于频域的风电场等效风速随机波动性模型

风速的随机波动性是风电功率产生随机波动的主要原因。Risø 实验室对风速的长期观测结果显示：风速的短期随机波动在频域中的分布具有较为固定的统计特性。基于这一观测结果，Risø 实验室提出可以使用 PSD 为风速在频域中的随机波动性建立模型，并以此为基础，在频域中进一步考虑了风电机组的惯量以及机组排列的地理分散性对风速随机波动性的影响，并最终在频域中建立了整个风电场的等效风速随机波动性模型。

一、风机轮毂高度处的风速随机波动性模型

对于单台风电机组来说，最具有代表性的风速为风机轮毂高度处所测得的风速，在该位置处风速的观测数据积累也最为丰富。Risø 实验室对风速的长期观测结果显示，对于在时域中并不相似的风速随机波动曲线，可以通过计算风速随机波动的 PSD，在频域中获得较为明显的统计特征。如图 2.1 所示，左图是两段在同一风

机轮毂高度处连续测得的 10min 风速时间序列。显然从时域的角度出发，这两段序列并无明显的相似性；但将其变换进入频域，得到风速随机波动的 PSD 后，可以发现这两段风速随机波动序列的 PSD 在频域中具有相似的形状，如图 2.1 的右图所示。

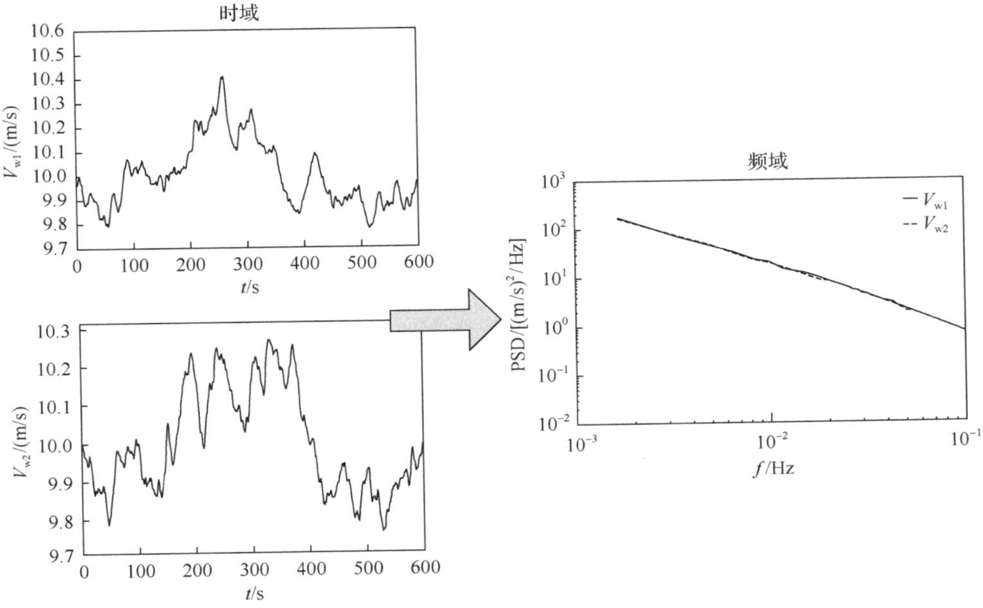

图 2.1　风速的随机波动序列在时域与频域中的描述

相关研究[61, 62]表明，可以使用数学模型拟合表示图 2.1 所示的风机轮毂高度处风速随机波动的 PSD。该 PSD 可以分解为高频波动及低频波动两个部分，如式(2.27)所示：

$$\boldsymbol{S}_u(f)=S_{\text{IEC}}(f)+S_{\text{LF}}(f) \tag{2.27}$$

高频波动的 PSD 模型由 Kaimal 等于 1972 年提出[63]，可描述 0.02～600.00s 周期内的风速随机波动，该波动模型也被国际标准 IEC 61400-1 采用以描述风电场的湍流，如式(2.28)所示：

$$\boldsymbol{S}_{\text{IEC}}(f)=\sigma^2\frac{2\dfrac{L_1}{V_0}}{\left(1+6\dfrac{L_1}{V_0}f\right)^{5/3}} \tag{2.28}$$

其中，V_0 为平均风速；σ 为 10min 内风速的标准差，通常可以由测风系统获得；L_1 为高度系数，IEC 61400-1 标准推荐了一组适合于平坦地表风电场的参数：

$$L_1 = \begin{cases} 5.67z, & z \leqslant 60\text{m} \\ 340.2\text{m}, & z > 60\text{m} \end{cases}$$

式中，z 为风机轮毂高度。

周期在 600s 以上的风速低频随机波动，无法使用 Kaimal 分布描述，根据 Risø 实验室的观测结果[64]，风速低频波动的 PSD 可使用式(2.29)所示的模型加以近似：

$$\boldsymbol{S}_{\text{LF}}(f) = (\alpha_{\text{LF}} V_0 + \beta_{\text{LF}})^2 \frac{\dfrac{z}{V_0}}{\left(\dfrac{zf}{V_0}\right)^{5/3}\left(1+100\dfrac{zf}{V_0}\right)} \tag{2.29}$$

其中，α_{LF}、β_{LF} 分别为模型的结构和尺寸参数，需要通过现场实测的风速数据统计得到 PSD 曲线之后，对式(2.29)进行最大似然估计后获得。

二、风机转轴处的等效风速波动性模型

风机轮毂高度处所测得的风速尚无法直接作为风电机组功率特性曲线的输入以计算风电机组的最终功率波动输出，这是因为风机轮毂及桨叶的惯量能够有效地降低轮毂高度处风速高频波动对风电功率波动性的影响。同时，通过整个风机桨叶扫风平面的风速并不均等于轮毂高度处的风速，因此一般要在时域中对叶片的每一处风速进行积分后取平均得到通过整个风机的等效风速，这也对风速的高频波动具有一定的抑制作用。

根据 PSD 的性质定理 2.2，如图 2.2 所示，Sørensen 等[65]于 2002 年提出了一种利用风机的频域响应模型将风机轮毂高度处测得的风速 $\boldsymbol{u}(t)$ 转化为风机转轴处等效风速 $u_{\text{eq}}(t)$（以下简称等效风速）的方法。经过转化后的风速由于考虑了风机惯量等物理因素的影响，可以直接使用风电机组功率特性曲线将风速的波动性转换为机组的功率输出波动性。文献[65]的研究结果显示，风机等效风速的 PSD $\boldsymbol{S}_{u_{\text{eq}}}(f)$ 与风机轮毂高度处测得的风速 PSD $\boldsymbol{S}_u(f)$ 之间的关系如式(2.30)所示：

$$\boldsymbol{S}_{u_{\text{eq}}}(f) = F_{\text{WT}}(f)\boldsymbol{S}_u(f) \tag{2.30}$$

其中，$F_{\text{WT}}(f)$ 为风机的频域响应模型[65]，其具体形式如式(2.31)所示：

$$F_{\text{WT}}(f) = \frac{1}{\left[1+\left(\sqrt{f^2+f_1^2}\,/\,f_0\right)^{4/3}\right]^{3/2}} \tag{2.31}$$

其中，$f_1 = 0.12\dfrac{V_0}{L_1}$；$f_0 = \dfrac{\sqrt{2}}{A}\dfrac{V_0}{R}$，$R$ 为风机桨叶的半径，A 为相关衰减系数，大

型风电机组的 A 一般取 12 左右。

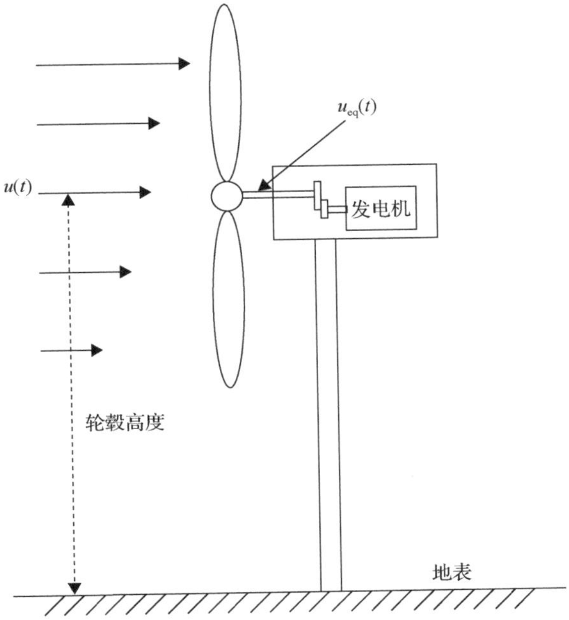

图 2.2　风机转轴处等效风速示意图

一个典型的风机转轴处的等效风速 PSD $\boldsymbol{S}_{u_{eq}}(f)$ 曲线如图 2.3 所示，对比风机轮毂高度处测得的风速 PSD $\boldsymbol{S}_u(f)$ 曲线，可以看出风机轮毂、桨叶的惯量以及风机桨叶扫风平面对风速波动性的平滑作用主要体现在高频段，而对中低频段风速波动性的影响不大。

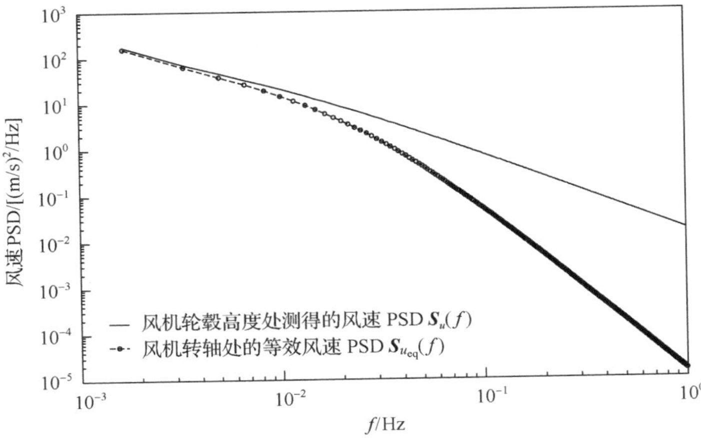

图 2.3　风机轮毂高度处测得的风速 PSD $\boldsymbol{S}_u(f)$ 和风机转轴处的等效风速 PSD $\boldsymbol{S}_{u_{eq}}(f)$

三、考虑风电机组排列地理分散性的风速相关性矩阵

Risø 实验室对于不同位置风速波动相关性的研究[55]表明，同一风电场内各风电机组地理排列位置的不同，也对风电场功率波动性造成了一定影响。其中，风电场内各个风电机组的地理位置及风向的变化，对风电场功率波动性的影响最为显著，如图 2.4 所示。图 2.4(a)中，两台风电机组同时受到阵风风速的影响，此时该风电场总功率波动峰值输出是这两台风电机组功率波动峰值的叠加；而在图 2.4(b)中，两台风电机组依次受到阵风风速的影响，阵风风速需要一定的时间穿越两台风电机组的间隔距离，因此两台风电机组功率波动输出峰值有一定的时间差，显然图 2.4(b)中的风电场总功率波动峰值要小于图 2.4(a)中的风电场总功率波动峰值。

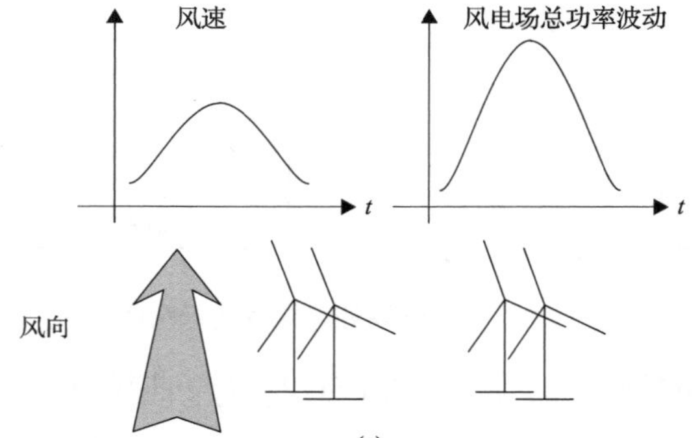

(a)

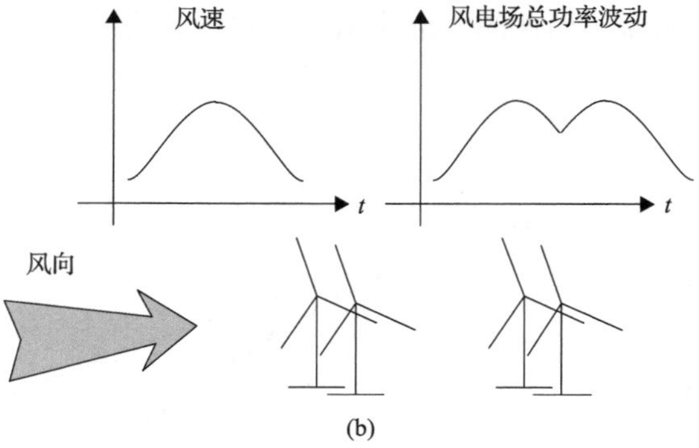

(b)

图 2.4　风电机组的地理位置及风向对风电场功率波动性的影响

Risø 实验室的观测结果[55, 62]发现，使用式(2.32)所示的相关矩阵，可以较为准确地描述风电场内各个风电机组间的风速相关性：

$$\gamma_{[r,c]}(f)=\exp\left[-\left(A_{[r,c]}\frac{d_{[r,c]}}{V_0}+\mathrm{j}2\pi\tau_{[r,c]}\right)f\right] \tag{2.32}$$

其中，$\gamma_{[r,c]}(f)$ 为矩阵元素，表示第 r 台风电机组与第 c 台风电机组之间的风速相关性；$d_{[r,c]}$ 为第 r 台风电机组与第 c 台风电机组间的直线距离；$\tau_{[r,c]}$ 为风速波动从第 r 台风电机组传播至第 c 台风电机组的时间，与当前区域的平均风速及风向有关。

式(2.32)所示的相关性矩阵具有以下物理意义：$A_{[r,c]}\dfrac{d_{[r,c]}}{V_0}$ 表示风速的幅度衰减，其中 $A_{[r,c]}=\sqrt{(A_{\text{long}}\cos\alpha_{[r,c]})^2+(A_{\text{lat}}\sin\alpha_{[r,c]})^2}$ 称为幅值衰减因子，$\alpha_{[r,c]}$ 为风速相对于第 r 台风电机组与第 c 台风电机组连线的入射角，A_{long} 及 A_{lat} 分别表示经度方向与纬度方向的衰减因子，对于平坦的地形表面，一般可以使用国际电工委员会(International Electrotechnical Committee，IEC)推荐的数据 $A_{\text{long}}=4$，$A_{\text{lat}}=\dfrac{V_0}{2\text{m/s}}$ 进行近似；$\text{j}2\pi\tau_{[r,c]}$ 表示波动性的相移，该相移与波动的传播时间相关，通过这一项，可以较好地解释图 2.4 中关于风电机组排列地理分散性对功率波动性的影响问题。

四、风电场等效风速的联合 PSD 矩阵

对于一个由 N 台风电机组组成的风电场，在考虑了风电机组排列地理分散性后可以得到一个 $N\times N$ 规模的 CPSD 矩阵 $\boldsymbol{S}(f)$，以描述各个风电机组等效风速的波动性及其相关性。矩阵 $\boldsymbol{S}(f)$ 的各元素如式(2.33)所示：

$$S_{[r,c]}(f)=\gamma_{[r,c]}(f)\sqrt{\boldsymbol{S}_{u_{\text{eq}}[r]}(f)\boldsymbol{S}_{u_{\text{eq}}[c]}(f)} \tag{2.33}$$

联合式(2.30)、式(2.32)及式(2.33)后所创建的 CPSD 矩阵 $\boldsymbol{S}(f)$ 能够完整描述整个风电场的等效风速波动性。为进一步明确 CPSD 矩阵 $\boldsymbol{S}(f)$ 的建立过程，可整理该矩阵的建立过程，如图 2.5 所示。

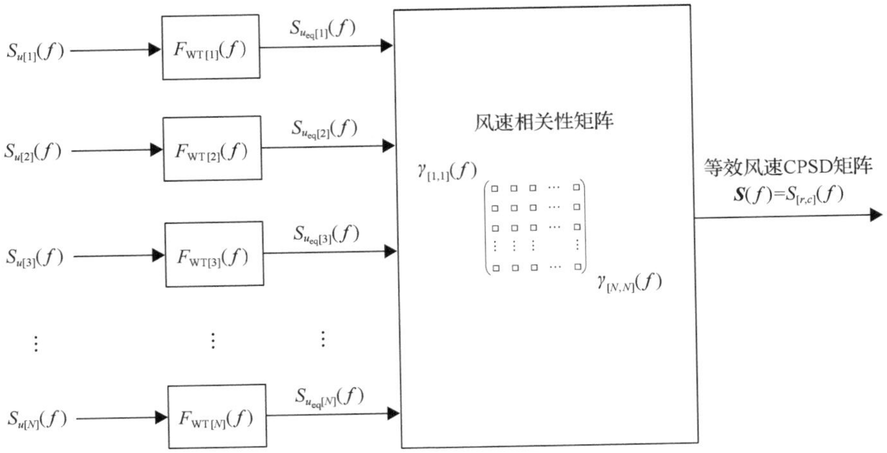

图 2.5　CPSD 矩阵的建立过程

图 2.5 中，对任意第 $i(i=1,2,3,\cdots,N)$ 台风电机组，首先根据当前风速情况（平均风速 V_0，标准差 σ 等），使用式(2.27)～式(2.29)计算风机轮毂高度处测得的风速 PSD $S_{u[i]}(f)$；之后根据风机的频域响应模型 $F_{\mathrm{WT}[i]}(f)$，由式(2.30)及式(2.31)计算风机转轴处的等效风速 PSD $S_{u_{\mathrm{eq}}[i]}(f)$；结合风电场的风速相关矩阵 $\gamma(f)=\gamma_{[r,c]}(f)$，最终得到风电场等效风速 CPSD 矩阵 $\boldsymbol{S}(f)=S_{[r,c]}(f)$，所得到的 CPSD 矩阵 $\boldsymbol{S}(f)$ 是实现风电功率波动性由频域向时域反变换的重要基础。

第三节　风电功率波动的时域计算方法

本章第二节介绍了风电场等效风速频域建模方面的工作，在频域中得到 CPSD 矩阵 $\boldsymbol{S}(f)$ 后，使用平稳随机过程频域向时域反变换公式[式(2.24)]，理论上也可以实现风速波动性由频域向时域的反变换，之后在时域中统计风电场的各项功率波动特征。然而在实际风电场的计算过程中，该反变换算法的复杂度随着所需计算风电机组数量 N 的平方快速增长，且 CPSD 矩阵 $\boldsymbol{S}(f)$ 有时候可能无法分解，造成反变换不可行，因此实用性不强。本节将在介绍风速波动由频域向时域反变换理论算法的基础上，针对风电机组分布式接入电网与集中式接入电网两种主要接入方式，提出相应的简化算法，避免原算法的计算不可行问题，并加快计算速度。

一、风速波动由频域向时域的反变换算法

回顾本章第二节中关于多变量平稳随机过程频域至时域的反变换方法，基于 CPSD 矩阵 $\boldsymbol{S}(f)$ 实现风电场内多台风电机组的等效风速由频域向时域的反变换，即相当于求解一组等效风速向量 $\boldsymbol{u}_{\mathrm{eq}}(t)=\{u_{\mathrm{eq}[1]}(t),u_{\mathrm{eq}[2]}(t),\cdots,u_{\mathrm{eq}[n]}(t)\}$，使得这组解向量的傅里叶变换 $\boldsymbol{U}_{\mathrm{eq}}(f)=\mathrm{FT}[\boldsymbol{u}_{\mathrm{eq}}(t)]$ 满足式(2.34)：

$$\boldsymbol{S}(f)\Delta f=\mathbb{E}[\boldsymbol{U}_{\mathrm{eq}}(f)\boldsymbol{U}_{\mathrm{eq}}{}^{*\mathrm{T}}(f)] \tag{2.34}$$

其中，Δf 为频域中的抽样间隔，其含义已在本章第一节中详细介绍。

当 CPSD 矩阵 $\boldsymbol{S}(f)$ 正定时，容易证明[66]，使用本章第一节中介绍的 Cholesky 分解的方法将 CPSD 矩阵 $\boldsymbol{S}(f)\Delta f$ 分解为一个下三角矩阵 $\boldsymbol{U}_{\mathrm{LT}}(f)$ 及其共轭转置矩阵的乘积，如式(2.35)所示：

$$\boldsymbol{S}(f)\Delta f=\boldsymbol{U}_{\mathrm{LT}}(f)\boldsymbol{U}_{\mathrm{LT}}{}^{*\mathrm{T}}(f) \tag{2.35}$$

此时若引入随机向量 $\boldsymbol{N}(f)=\{N_1(f),N_2(f),\cdots,N_N(f)\}$ 满足式(2.36)：

$$\mathbb{E}[\boldsymbol{N}(f)\boldsymbol{N}^{*\mathrm{T}}(f)]=\boldsymbol{I} \tag{2.36}$$

则可将 $\boldsymbol{U}_{\mathrm{eq}}(f)$ 表示为该下三角矩阵 $\boldsymbol{U}_{\mathrm{LT}}(f)$ 与该随机向量 $\boldsymbol{N}(f)$ 的乘积，如式(2.37)所示：

$$\boldsymbol{U}_{\mathrm{eq}}(f)=\boldsymbol{U}_{\mathrm{LT}}(f)\boldsymbol{N}(f) \tag{2.37}$$

容易证明，由式(2.37)所得到的等效风速向量的傅里叶变换 $\boldsymbol{U}_{\mathrm{eq}}(f)$ 满足式(2.34)的要求。因此，该向量 $\boldsymbol{U}_{\mathrm{eq}}(f)$ 的傅里叶逆变换所对应的等效风速向量 $\boldsymbol{u}_{\mathrm{eq}}(t)$，为满足第二节中风电场等效风速 CPSD 矩阵 $\boldsymbol{S}(f)$ 的一组解向量。获得等效风速向量 $\boldsymbol{u}_{\mathrm{eq}}(t)$ 后，可以容易地使用各台风电机组的功率特性曲线，将等效风速转换为各台风电机组的功率波动输出，之后求和即可得到整个风电场的功率波动输出。综合式(2.34)～式(2.37)所介绍的方法，可整理得到风电场功率波动由频域向时域反变换的算法示意框图，如图 2.6 所示。

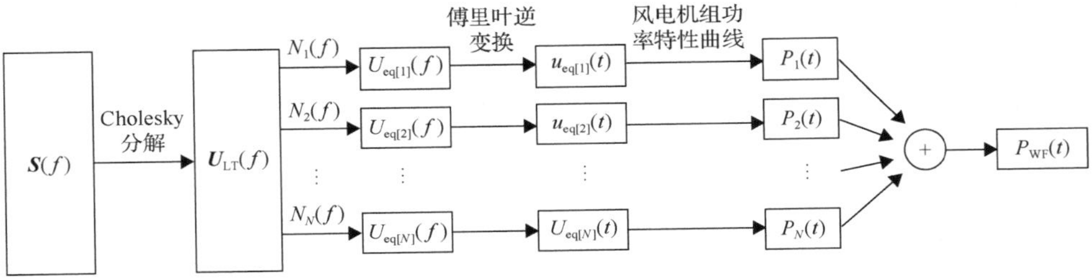

图 2.6　风电场功率波动由频域向时域反变换的算法示意框图

图 2.6 中，$N_1(f)$，$N_2(f)$，…，$N_N(f)$ 为频域随机向量 $\boldsymbol{N}(f)$ 的各元素，可以由频域随机种子 $N(f)$ 产生，该频域随机种子体现了风速波动在频域中的随机分布特性。文献[49]通过风速的历史观测数据，说明对任一频率 f_i，$N(f_i)$ 的幅值服从 Rayleigh 分布，相位服从均匀分布，且 $N(f_i)$ 的随机性与相邻频率 $N(f_{i-1})$ 的随机性具有一定的关联性，该关联性需要结合风速的观测数据具体计算得到。依靠这样的方式所获得的 $\boldsymbol{N}(f)$ 准确性较高但较为复杂，在实际工程应用中可以使用式(2.38)中的随机种子 $N(f)$ 加以近似，即 $N(f)$ 为相位服从均匀分布的单位复相量。文献[35]指出，这种近似所造成的误差小于 3%，本书在后续推导中，将主要使用式(2.38)的随机种子实现风电功率波动由频域向时域的反变换：

$$N(f)=1\angle\phi,\quad \phi\in[0°,360°] \tag{2.38}$$

图 2.6 所介绍的频域向时域的反变换方法，在信号处理中称为谱模拟，即模拟一个或一组时间序列使之与指定的时间序列具有相同的 PSD。该分析方法已被运用于建筑、航天、地质等工程振动研究领域[66]。虽然该方法的工程实用性已经得到了一定程度的证明，但对于本书所涉及的风电场内多台风电机组等效风速波

动性的计算，该变换算法依然具有一定的不足，主要包括两个方面。

(1) 算法复杂度随着所需计算的风电机组数量 N 的平方快速增长，这主要是由于 Cholesky 分解算法所需处理的 CPSD 矩阵元素数量与所需计算的风电机组数量 N 的平方成正比，当需要计算的风电机组较多时，该算法的变换速度非常慢。

(2) 当风电场内风电机组间的距离特别接近时，CPSD 矩阵在低频段可能不正定，此时 Cholesky 分解失效，这就导致了风速波动由频域向时域的反变换算法不可行。

针对风电机组分布式接入电网与集中式接入电网两种主要接入方式，本书提出可以使用一定的工程简化，以解决模型计算不可行与计算速度慢这两个问题。

二、风电机组分布式接入时的风电功率波动简化计算方法

风电场内风电机组分布式接入电力系统是欧洲较为常见的一种接入方式[67]。当风电机组分散地接入一个区域电力系统时，为了适应区域内各位置接入点的特点(如接入容量、地形特征等)，各个风电机组的高度、桨叶长度以及功率特性曲线常常不同。这时应分别计算每台风电机组的等效风速，以得到分布式接入的风电场风电功率波动特点。在该接入条件下，每台风电机组需要一个独立的等效风速时间序列作为风电机组功率特性曲线的输入，需使用到风电场内所有风电机组等效风速波动性的完整频域信息，因而无法在全频率段省略 CPSD 矩阵的 Cholesky 分解过程。

针对以上需求，这里提出可以在高频段及低频段分别省略或简化 CPSD 矩阵的 Cholesky 分解，其中高频段简化主要针对原变换算法计算速度慢的问题，低频段简化主要针对原变换算法反变换不可行的问题。

(一) 高频段简化

图 2.7 及图 2.8 为 Risø 实验室所发表的不同位置处风速波动性的频域相关性的观测结果。

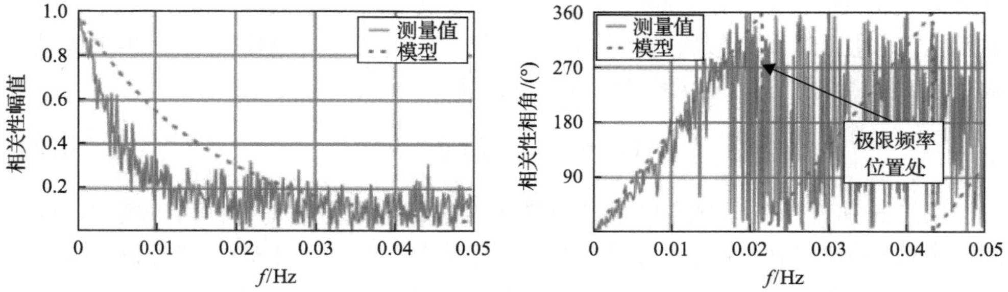

图 2.7 平均风速为 4～8m/s 时，两台测风塔测风数据的频域相关性(原图见文献[55])

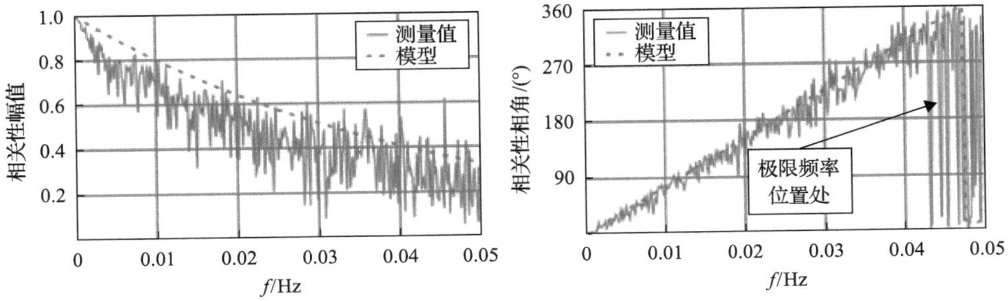

图 2.8　平均风速为 12～20m/s 时，两台测风塔测风数据的频域相关性(原图见文献[55])

分析图 2.7 及图 2.8，可以得到风速高频段波动性。

(1) 风速相关性相位接近 360°的横轴位置对应一个极限频率，在图 2.7 中，该极限频率约为 0.021Hz，在图 2.8 中，该极限频率约为 0.048Hz;

(2) 当高于该极限频率时，风速波动性的频域相关性幅值趋向于零且相位随机分布;

(3) 对比图 2.7 及图 2.8 可知，极限频率随着平均风速的增加而增加。

前两个波动性证明了在高频段，风速波动性的频域相关性幅值趋向于零，从而风电机组间的风速波动性呈现松耦合，特别是当所研究的频率高于极限频率时，这一现象体现得尤其明显。因此，当需要建立高于极限频率的频率段内的相关矩阵时，可以使用式(2.39)所示矩阵代替式(2.32)的完整相关矩阵，以描述风电场风电机组的等效风速相关性：

$$\gamma_{[r,c]}(f)=\begin{bmatrix}1 & 0 & \cdots & 0\\ 0 & 1 & \cdots & 0\\ \vdots & \vdots & & \vdots\\ 0 & 0 & \cdots & 1\end{bmatrix} \tag{2.39}$$

式(2.39)中相关矩阵的物理意义在于，在高频段内，风电机组间的风速波动性呈现松耦合，因此风电机组间的频域相关性幅值近似为 0。基于式(2.39)形成的 CPSD 矩阵 $\boldsymbol{S}(f)$ 是一个正定对角阵，其 Cholesky 分解过程仅需对所有对角元素取平方根即可完成，这简化了 Cholesky 分解的计算过程，从而大幅提升了计算速度。

还需指出的是，由图 2.7 及图 2.8 所得到的风速高频段第三个波动性表明，极限频率一般随平均风速的变化而变化，中低风速时极限频率值较低，高风速时极限频率值较高，风电场需要根据平均风速的实际输入值确定极限频率。由于在中低风速时极限频率值较低，能使用式(2.39)进行简化的频率段更宽，这种高频段简化特别适用于中低平均风速场景下的计算。这符合风电机组分布式接入的特点，因为分布式接入的风电机组一般较为接近人们日常生活、生产区域，该类型区域内的风速均值一般不会太高，使用高频段简化能够取得更好的计算效果。

(二)低频段简化

低频段内可能会发生 Cholesky 分解算法失效的情况[式(2.39)]，导致模型计算无法进行。从数学上看，这主要是由于 Cholesky 分解算法要求待分解的矩阵正定，而当风电场内的风电机组间距离很近时，相关性矩阵 $\gamma(f)$ 在低频段常常不正定。此时，可以使用式(2.40)所示矩阵代替式(2.32)中的完整相关矩阵，以描述风电场内各风电机组间的等效风速相关性：

$$\gamma_{[r,c]}(f)=\begin{bmatrix}1 & 1 & \cdots & 1\\ 1 & 1 & \cdots & 1\\ \vdots & \vdots & & \vdots\\ 1 & 1 & \cdots & 1\end{bmatrix} \tag{2.40}$$

该相关矩阵的物理意义在于，在低频段时，区域内风电机组体现出紧耦合，各个风电机组的功率在该频率段下的波动几乎是同步的，因而可以使用一台风电机组的功率波动，等效整个风电场的功率波动，从而避免使用 Cholesky 分解，使模型在低频段由频域向时域的反变换可行。

(三)高频及低频段简化所引起的误差

需要注意的是，式(2.39)及式(2.40)所示的高频及低频段简化是一种有差简化。这里以一个典型的计算结果说明误差来源。图 2.9 中，实线为式(2.32)完整模型所表示的风速波动在频域中的相关性，虚线为采用简化模型计算后得到的风速波动的频域相关性。观察图 2.9 最初几个频域抽样点(*号所标识处)，可分析高频及低频段简化所引起的误差。

(1)在低频段，由于风电机组间的紧耦合，Cholesky 分解失效，此时的风速波动可以采用单台风电机组的等效风速波动代替，风电机组间的频域相关性幅值为 1，相关相位为 0°，这种误差直到频率约为 0.004～0.005Hz 时才消失。

(2)在高频段，该模型所对应的极限频率约为 0.015Hz(即相关性相位为 360°时对应的频率值)，此时完整模型显示的频域相关性幅值约为 0.05，其大于 0，但使用了高频段简化后，对于大于 0.015Hz 频率段的频域相关性幅值均被简化为 0。

综合分析高频及低频段的简化误差有以下结论。

(1)高频段简化所引发的误差主要在于忽略了风速在高频段的频域相关性，由于在高频段频域相关性幅值已较小，由该简化所引起的误差也相对较小。

(2)低频段简化需在地区内的风电机组排列分布不太密集的情况下使用，否则所需简化的频段太宽，可能引起较大的误差。在实际中，当风电机组的接入方式为分布式接入时，一般情况下默认风电机组间的间距较大，因而低频段简化技术在具体工程中依然有着较大的应用价值。

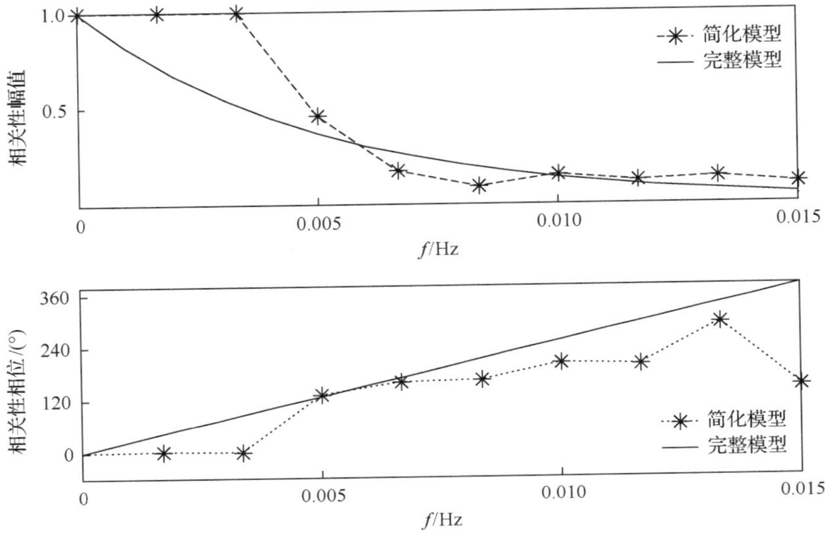

图 2.9　完整模型与简化模型频域相关性区别

三、风电机组集中式接入时的风电功率波动计算方法

风电机组集中式接入电力系统是我国较为常见的一种接入方式[68]。当风电机组在一个区域内较为集中地接入时(例如，以一个大型风电场或多风电场集群的形式接入电网)，风电机组的高度、桨叶长度以及功率特性曲线基本相同，因此可以使用一个集中等效风速计算整个风电场的风电功率波动。在该接入条件下，计算模型无须为每台风电机组提供一个独立的等效风速时间序列作为机组功率特性曲线的输入，因此避免了使用所有风电机组等效风速波动性的完整频域信息，从而显著简化了 CPSD 矩阵。

在时域中，风电场中所有风电机组的集中等效风速 $\boldsymbol{u}_{\text{agg}}(t)$ (以下简称风电场的集中等效风速) 可用式(2.41)表示：

$$\boldsymbol{u}_{\text{agg}}(t)=\frac{1}{N}\sum_{i=1}^{N}u_{\text{eq}[i]}(t) \tag{2.41}$$

在频域中，$\boldsymbol{u}_{\text{agg}}(t)$ 的 PSD $\boldsymbol{S}_{\text{agg}}(f)$ 可用式(2.42)表示。式(2.42)可以由平稳随机过程的谱分析相关定理推导出(证明参考文献[69])：

$$\boldsymbol{S}_{\text{agg}}(f)=\frac{1}{N^2}\sum_{r=1}^{N}\sum_{c=1}^{N}S_{[r,c]}(f) \tag{2.42}$$

若风电场内的各个风电机组处的风速波动状况相似，则式(2.42)还可进一步简化为式(2.43)：

$$\boldsymbol{S}_{\text{agg}}(f)=\frac{\boldsymbol{S}_{u_{\text{eq}}}(f)}{N^2}\sum_{r=1}^{N}\sum_{c=1}^{N}\gamma_{[r,c]}(f) \tag{2.43}$$

其中，$\boldsymbol{S}_{u_{\text{eq}}}(f)$ 为风电机组转轴处的等效风速 PSD。

通过式(2.43)所获得的 PSD $\boldsymbol{S}_{\text{agg}}(f)$ 为一个正数，是由 CPSD 矩阵 $\boldsymbol{S}(f)$ 进行集中等效后得到的。显然一个正数不存在 Cholesky 分解失效的问题，可使用单变量平稳随机过程频域向时域的反变换公式[式(2.25)及式(2.26)]，在时域中得到风电场集中等效风速 $u_{\text{agg}}(t)$，整理这两个公式，如式(2.44)所示。

$$\begin{cases}\boldsymbol{U}_{\text{agg}}(f)=\sqrt{\boldsymbol{S}_{\text{agg}}(f)\Delta f}\cdot\rho(f)\\ \boldsymbol{u}_{\text{agg}}(t)=\text{IFT}[\boldsymbol{U}_{\text{agg}}(f)]\end{cases} \tag{2.44}$$

其中满足式(2.44)所述的随机种子 $\rho(f)$ 的具体实现为：$\rho(f)$ 为相位服从均匀分布的单位复相量，即满足式(2.45)：

$$\rho(f)=1\angle\phi,\ \ \phi\in[0°,360°] \tag{2.45}$$

获得风电场集中等效风速 $u_{\text{agg}}(t)$ 后，可利用风电机组的等效功率特性曲线，得到波动的风电场功率输出 $P_{\text{w}}(t)$。

一个典型的风电场集中等效风速 PSD $\boldsymbol{S}_{\text{agg}}(f)$ 曲线如图 2.10 中“···▫···”线所示，对比风机轮毂高度处测得的风速 PSD $\boldsymbol{S}_u(f)$ 曲线及风机转轴处的等效风速 PSD $\boldsymbol{S}_{u_{\text{eq}}}(f)$ 曲线可以看出，风电场风电机组的地理分散性对等效风速波动性的影响很大，对各个频率段内的风速波动性均有着较好的抑制作用。

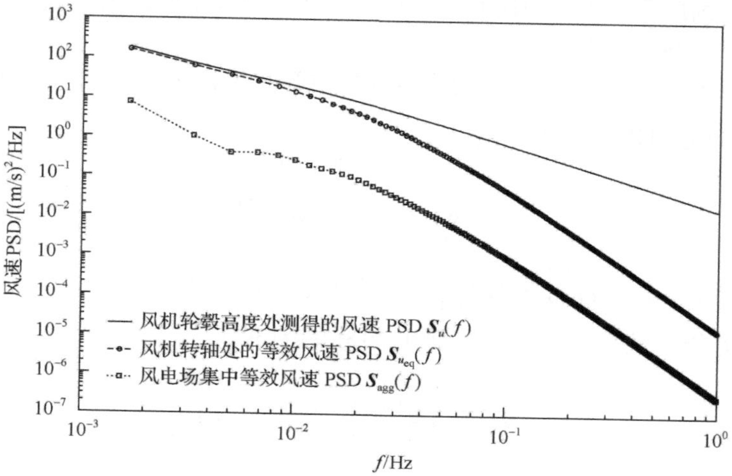

图 2.10　风电场集中等效风速 PSD $S_{\text{agg}}(f)$

集中式接入条件下风电功率波动的计算框图如图 2.11 所示，其计算过程与分布式接入算法的计算框图(该框图与原始变换算法的计算框图图 2.6 相同)相比，主要的区别在于，当获得了风电场等效风速的 CPSD 矩阵 $\boldsymbol{S}(f)$ 后，使用式(2.42)或式(2.43)计算风电场集中等效风速 PSD $\boldsymbol{S}_{\mathrm{agg}}(f)$，从而省略了 CPSD 矩阵的 Cholesky 分解过程。

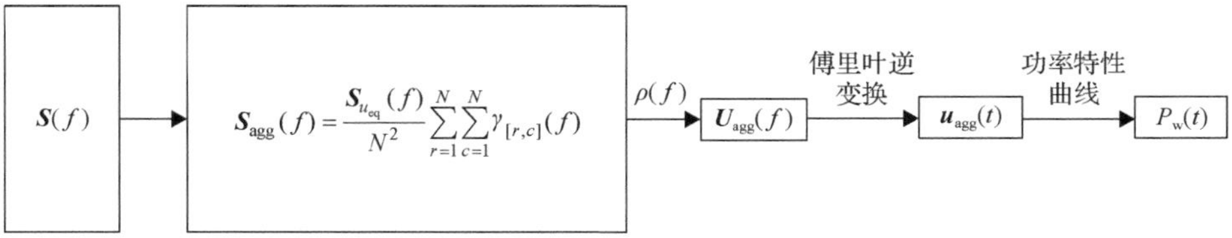

图 2.11　风电机组集中式接入条件下风电场功率波动计算框图

可以从前面的推导中，分析集中式接入时风电功率波动计算方法的优势：①有严格的数学理论基础，是一种无差简化；②使用单变量平稳随机过程由频域向时域的反变换公式，避免了使用多变量平稳随机过程向量由频域向时域反变换公式中所涉及的 Cholesky 分解过程，大幅度降低了计算复杂度。因此，算法具有计算精度和速度上的双重优势。然而对比分布式接入的变换算法可以计算每台风电机组的等效风速，集中式接入的变换算法由于归并了相关性矩阵，损失了一定的信息，无法计算各台风电机组转轴处的等效风速。当一个风电场内有不同类型的风电机组接入，且各个风电机组的功率特性曲线不同时，集中式接入的变换算法将无法使用，而只能使用分布式接入的变换算法。

第四节　风电波动性模型的校验及应用

本章第三节主要从理论的角度讨论了风电功率波动性模型的建模及简化过程。本节将对该模型的具体验证与应用过程做更为深入的探讨。限于篇幅，本节只给出了正常风速条件下的风电波动性模型校验。事实上，该模型亦可用于极端风速条件和考虑风电机组停运情形下的风电出力波动性建模，读者可参考文献[70]、[71]。

一、所研究风电场的相关特性

本节所计算的风电场共装有 49 台风电机组，采用一种 7×7 的矩阵式排列方式。该风电场中各个风电机组的位置分布比较规则，风电机组在平坦地形呈均匀分布，相邻机组的间距均接近 500m，风电场各风电机组的位置分布如图 2.12 所示。

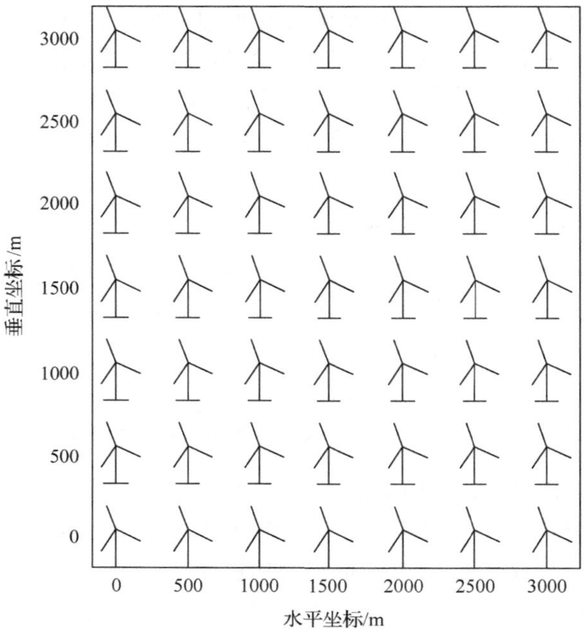

图 2.12　风电场内各风电机组排列结构

风电场采用变速恒频双馈风电机组，各风电机组的参数相同：额定功率为 1.5MW，风机轮毂处高度约为 72m，风机桨叶半径为 37m。该风电机组的功率特性曲线如图 2.13 所示，图中采用标幺值表示风电机组的功率输出，该机组的额定风速约为 11.5m/s，切入风速与切出风速分别为 3.5m/s 与 25m/s。

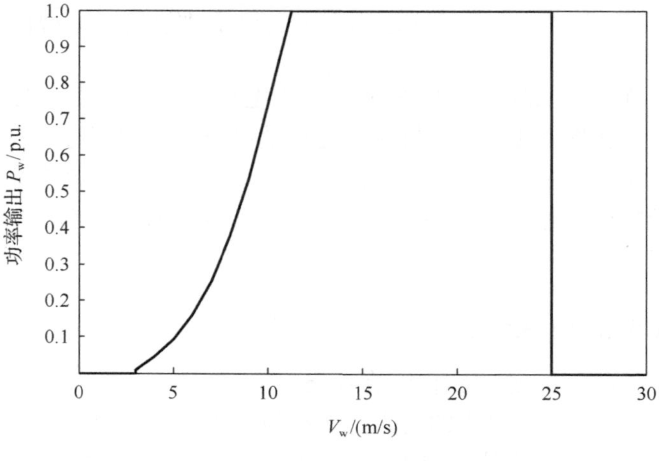

图 2.13　风电机组的功率特性曲线

为验证模型的有效性，需获得风电场的实际风速及风电功率数据，以比较模型计算得到的风电功率波动与实测的风电功率波动的异同。所测量的相关数据及测量区间、时间精度如下。

(1) 测量风速数据的时间区间为2007年4月～2009年4月及2010年2～5月，风速数据记录的时间精度为 10min。所有风速数据由该风电场所安装的一台 70m 高的测风塔测得。

(2) 风电场监控与数据采集系统(supervisory control and data acquisition，SCADA)记录得到的风电场功率输出的时间区间为 2007 年 4 月～2009 年 4 月及 2010 年 2～5 月，其中在 2007 年 4 月～2009 年 4 月风电场 SCADA 记录的时间精度为 10min，在 2010 年 2～5 月风电场 SCADA 记录的时间精度为 1s。

在正常风速条件下，将使用 2007 年 4 月～2009 年 4 月时间段内所测量的风速数据，计算风速波动的 PSD，以拟合计算式(2.29)中的模型参数。拟合结果显示，式(2.29)中风速低频波动性的模型参数为 $\alpha_{\text{LF}}=0.005$ ，$\beta_{\text{LF}}=0.001$ 。因为该风电场位于平坦地形上，本章第三节中频域模型所涉及的其他参数均可采用 IEC 标准所推荐的参数，各参数的具体数值已在本章第二节中分别说明，这里不再赘述。

使用 2010 年 2～5 月的风速数据进行模型计算，模拟该风电场的功率波动输出，输出时间精度与风电场该段时间内 SCADA 记录的时间精度一致，均为 1s。使用该段时间内的风电场实测功率波动输出对比模型计算得到的风电场功率波动输出，以验证模型输出结果的正确性。

本节将从频域和时域两个角度对正常风速条件下的模型的有效性进行验证。

二、频域中的模型验证结果

在正常风速条件下，风电功率的波动性与风电场的平均功率输出密切相关。例如，当风电平均输出功率较低时，风能中也仅能包含较少的波动功率；而当风电功率达到额定值时，由于输入风速已达到或超过额定风速，风电机组桨距控制装置投入，这保证了输出风电功率等于额定功率，此时风电场亦没有太强的波动功率输出。因此，在频域中进行模型验证之前，需要先根据风电场平均输出功率的不同，对 SCADA 实测的功率数据与模型输出的功率数据进行分类，处理方法简单介绍如下：

(1) 为了满足平稳随机过程的要求，首先将 2010 年 2～5 月时间段内实测及模型计算所得到的功率数据按每 10min 进行一次截断，由于 SCADA 记录的时间精度与模型计算精度均为 1s，每一个序列截断包含 600 个数据点；

(2) 对于每一个序列截断，根据该截断的平均功率分为不同的统计区间，统计区间的设置精度为 0.1p.u.，则共有 0～0.1p.u.、0.1～0.2p.u., ……, 0.9～1.0p.u.，10 个统计区间。按照 0.1p.u.设计统计区间间隔，能够让功率波动性相似的序列截断依据其平均功率输出落在同一统计区间内；

(3) 对每个统计区间，分别计算实测风电场功率波动的 PSD 以及模型计算得到的风电场功率波动的 PSD，并分别进行对比。

以图 2.14 给出的平均功率输出为 0.5～0.6p.u.统计区间内的计算结果为例，说明本章第二节所提出的模型与实测数据间的校验结果。

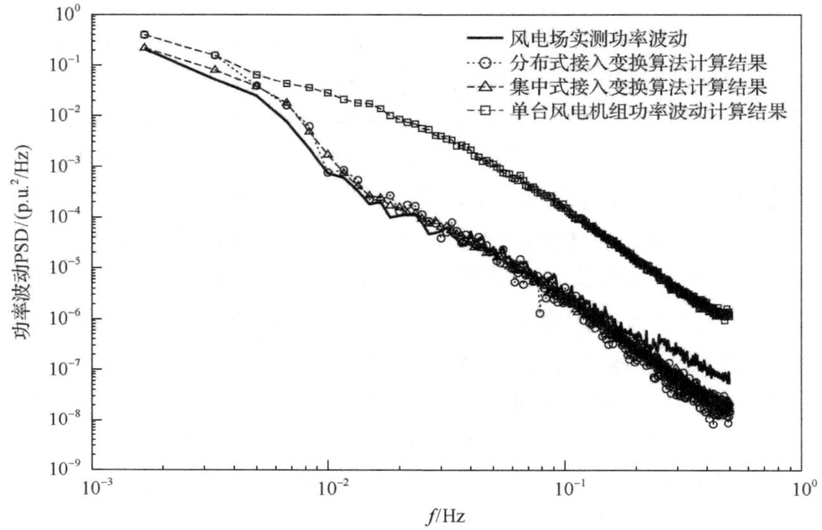

图 2.14　平均功率输出为 0.5～0.6p.u.的风电场功率波动 PSD

分析图 2.14 中的各条 PSD 曲线，有如下结论。

(1) 图 2.14 给出了基于分布式接入变换与集中式接入变换的风电功率波动性模型计算结果，分别如图中的“··○··”线与“-△-”线所示。这两条 PSD 曲线与风电场实测功率波动的 PSD 曲线(实线)非常接近，特别是对电网来说较为重要的 1～10min 的中频段风电功率波动，与实测结果契合得很好。

(2) 图 2.14 中同样给出了单台风电机组的功率波动的计算结果(“-□-”线，基于标幺值以对比风电场功率波动 PSD 的计算结果)。对比模型的计算结果可以看出，由于本章第二节及第三节中提出的模型考虑了风电机组的惯量以及风电机组分散性对风电功率波动的平滑作用，各频率段的风电功率波动性均大幅降低，更符合实际风电场的功率输出波动性。

(3) 对比分布式接入变换算法与单台风电机组的计算结果。在功率波动 PSD 的最初两个频域抽样点处，风电机组间的紧耦合造成了 Cholesky 分解失效，此时分布式接入算法计算得到的风电功率波动采用单台风电机组的波动等效代替，因此分布式接入算法所得到的功率波动PSD曲线在这几个频域抽样点与单台风电机组风电功率波动 PSD 曲线重合，比风电场实测功率波动的 PSD 曲线高。这说明了分布式接入简化是一种有差简化，会造成模型的时域计算结果比实测的风电功率波动性略高。

(4) 分布式接入变换及集中式接入变换的计算结果与现场实测结果相比，在高频段均有一定的误差。该误差的原因与“时频”变换中的截断泄露误差[59]以及本章第三节中提出的高频段简化有关。由于风电功率的高频波动对电力系统的影响不大，该频率段的误差对时域计算结果将不会造成太大的影响。

综上所述，第三节所提出的两种简化模型确实能够较好地反映风电场的功率波动性，对比单台风电机组的计算结果，该模型的计算结果波动性更小，更接近于现场实测值。由此可见，在一些已发表的研究成果中，采用单台风电机组的功率波动性等效代替整个风电场功率波动性的简化假设将会产生较大的误差，最终将难以吻合现场的实测结果。

三、时域中的模型验证结果

与频域中的验证过程相似，在时域中进行模型验证之前，也需要先根据风电场功率波动性的不同，依照各序列截断的平均功率将 SCADA 实测功率数据与模型输出功率数据分类处理。之后根据电力系统的需要引入时域分析工具，如风电场的爬坡功率与备用功率需求等，在时域中比较模型输出数据与实测数据在这些指标上的异同，以验证该模型在时域中计算结果的有效性。

由于涉及部分时域分析工具，时域中的验证方法相对于频域较为复杂，现简要介绍如下。

(1) 与频域中的验证步骤相同，即为了满足平稳随机过程的要求，首先将所有实测及计算得到的功率波动数据按每 10min 进行一次截断，由于 SCADA 的记录精度与模型的计算精度均为 1s，每一个序列截断包含 600 个数据点。

(2) 对于每一个序列截断，计算该截断所对应的风电场爬坡功率及备用功率需求。计算方法可参考文献[72]，现简述如下：

爬坡功率。计算每个序列截断的风电功率输出均值 P_{mean}，则对任意第 n 个截断，定义该截断所对应的爬坡功率，如式(2.46)所示。在式(2.46)中，负的爬坡功率意味着风电功率的下降，则电力系统需要准备足够的正爬坡功率容量以应对风电功率的“负爬坡”：

$$P_{\text{ramp}}(n) = P_{\text{mean}}(n+1) - P_{\text{mean}}(n) \tag{2.46}$$

备用功率需求。计算每个序列截断的风电功率输出均值 P_{mean} 及最小值 $P_{\min}$，则对任意第 n 个序列截断，定义该序列截断所对应的备用功率需求，如式(2.47)所示。在式(2.47)中，正的备用功率需求意味着电力系统需要准备足够的备用容量以应对风电场输出功率的下降：

$$P_{\text{res}}(n) = P_{\text{mean}}(n) - P_{\min}(n+1) \tag{2.47}$$

(3) 对于每一个序列截断，根据该序列截断的平均功率分为不同的统计区间，统计区间的设置精度为 0.1p.u.，则共有 0～0.1p.u., 0.1～0.2p.u., …, 0.9～1.0p.u.，10 个统计区间。划分统计区间的原因与前一部分频域中模型验证的步骤(2) 的原因相同。

(4) 在每个统计区间内，使用该统计区间内的所有序列截断绘制功率持续曲线，以得到该统计区间所对应的风电场爬坡功率与备用功率需求持续曲线。持续曲线的绘制方法与电力系统常用的负荷持续曲线的绘制方法相同，具体步骤如文献[72]所述。为方便读者的阅读与理解，以爬坡功率持续曲线的绘制为例，简单说明如下：

统计该区间内所有数据点的数量，例如，若统计区间共有 1000 个 10min 的序列截断，由于每个序列截断各对应一个爬坡功率 P_{ramp}，则该统计区间共有 1000 个爬坡功率数据点。

将该统计区间内所有数据点按从大到小倒序排序，即对每个序列截断对应的爬坡功率 P_{ramp} 倒序排序。

爬坡功率持续曲线的横坐标为百分比(%)，纵坐标为爬坡功率数值(p.u.)。将爬坡功率 P_{ramp} 倒序排列，并统计各功率区间所占百分比，将爬坡功率 P_{ramp} 绘制在持续曲线上。例如，横轴的 1%位置对应第 1000×1%=10 个点，则将倒序排列的第 10 个爬坡功率 P_{ramp} 的值作为纵坐标值绘制在持续曲线横坐标的 1%位置上；数据点的 2%位置对应第 1000×2%=20 个点，则将倒序排列的第 20 个数据点的值作为纵坐标值绘制在持续曲线横坐标的 2%位置上。依次类推，绘得整条持续曲线。

该持续曲线表示对于该统计区间，共有多少百分比的爬坡功率 P_{ramp} 的数值大于持续曲线该百分比位置处所对应的值。

(5) 对每个统计区间，绘制实测与模型计算得到的风电场功率波动对应的爬坡功率持续曲线与备用功率需求持续曲线，并分别进行对比。

以图 2.15、图 2.16 给出的平均输出功率为 0.5～0.6p.u.统计区间内的计算结果为例，说明本书所述模型与实测数据间的校验结果，其分析结果如下。

(1) 图 2.15、图 2.16 中，模型计算得到的风电场爬坡功率持续曲线和备用功率需求持续曲线与实测曲线较为接近。特别是对比采用单台风电机组功率波动的计算结果可以发现，由于详细考虑了风电机组惯量以及风电机组排列的地理分散性对风电场功率波动性的平滑作用，通过模型计算得到的系统备用功率需求降低了 15%～30%，与实测结果更为接近。

(2) 集中式接入变换算法的计算结果与实测结果最为接近，仅在部分位置有约 10%的差距，属于工程应用上完全可接受的误差范围。集中式接入变换算法的误差主要来源于式(2.38) 及式(2.45) 使用的频域随机种子，该随机种子经过了一定的简化，忽略了随机种子在频域中幅值的随机性，以及相邻频率段间的相关性。

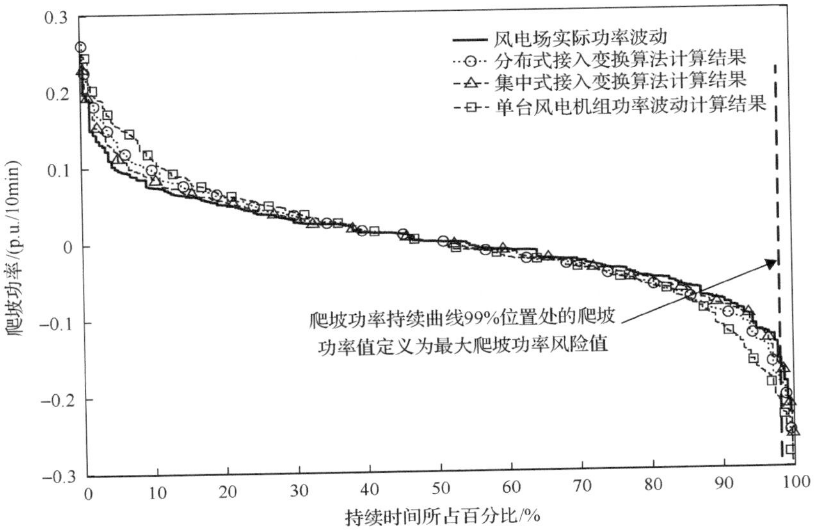

图 2.15　平均功率输出为 0.5～0.6p.u.的风电场爬坡功率持续曲线

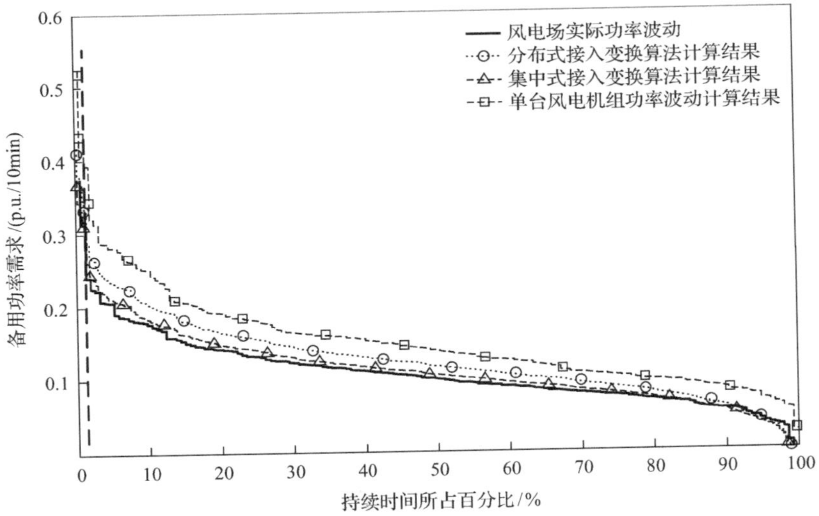

图 2.16　平均功率输出为 0.5～0.6p.u.的风电场备用功率需求持续曲线

(3) 分布式接入变换算法的计算结果所产生的误差相对偏大，但依然远比单台风电机组功率波动的计算结果更接近于实测数据的统计结果。分布式接入变换算法的误差不仅来源于频域随机种子的简化，也与该算法在图 2.14 中最初两个频域抽样点处的 Cholesky 分解失效问题相关，此时的风电场功率波动性采用单台风电机组的波动性简化代替，比风电场实测功率波动的 PSD 曲线高，因而其时域计算结果也将比实测的风电功率波动性略高。图 2.14 中已详细解释了这一误差来源。

功率持续曲线表示了风电场爬坡功率或备用功率需求的概率分布情况，在电力系统的实际工程应用中，更为重要的是了解由风电功率波动所引起的最大爬坡功率风险或最大备用功率需求风险。计算最大爬坡功率风险或最大备用功率需求风险的方法如下。

(1) 由持续曲线的绘制过程可知，最大的负爬坡功率出现在爬坡功率持续曲线100%位置处，而最大的备用功率需求出现在备用功率需求持续曲线 0%位置处。对于随机系统来说，随机数的最大值一般随着样本数量的增长而发散。为了统计方便，一般取爬坡功率持续曲线 99%位置处的爬坡功率值作为最大爬坡功率风险值，并取备用功率需求持续曲线 1%位置处的备用功率需求值作为最大的备用功率需求风险值。

(2) 对全部统计区间，分别计算每个统计区间内实测与模型输出的风电场功率波动所对应的最大爬坡功率风险与最大备用功率需求风险，并分别进行对比。

图 2.17、图 2.18 展示了本书所述模型与实测数据间的校验结果。采用集中式接入变换算法给出的风电场最大爬坡功率风险与实测值相比的平均误差小于10%，风电场最大备用功率需求风险与实测值相比的平均误差小于 5%，这显然能够满足大多数工程的需要。采用分布式接入变换算法的计算结果误差稍大，但依然远比单台风电机组功率波动的计算结果更准确。由图 2.17、图 2.18 中还可看出，若采用单台风电机组的功率波动等效整个风电场的功率波动，而不考虑风电机组分散性对风电功率波动的平滑作用，电力系统运行人员容易高估风电功率波动对系统的影响，进而影响电力系统的经济运行。

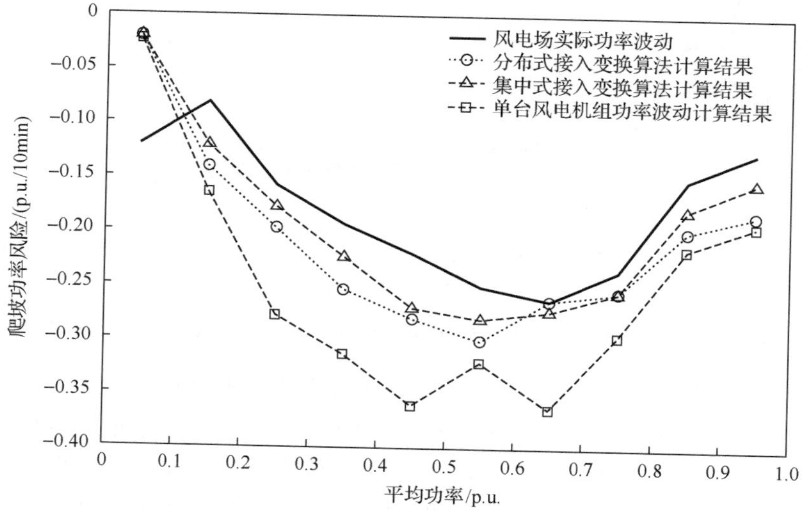

图 2.17　风电场最大爬坡功率风险

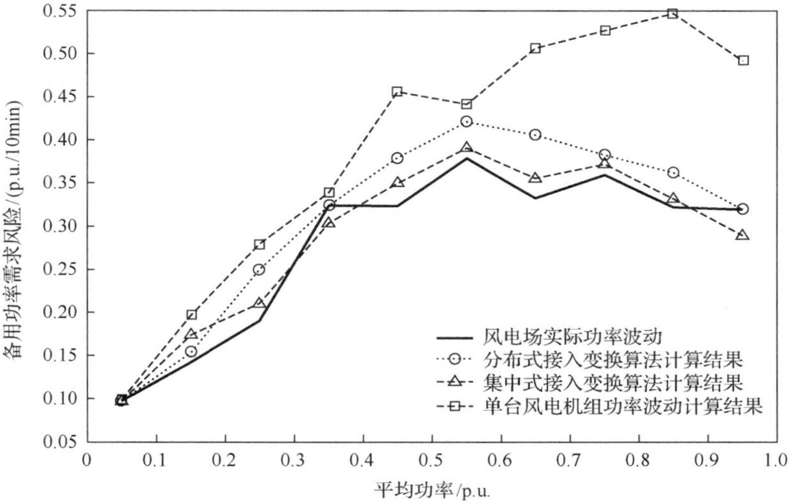

图 2.18　风电场最大备用功率需求风险

需要特别指出的是，图 2.17、图 2.18 的计算结果表明了风电场的最大爬坡功率风险与最大备用功率风险均发生在平均功率为 0.5～0.8p.u.的统计区间，这主要是由于当风电机组功率输出接近额定功率时，风电机组的桨距控制器将投入运行，导致风电机组的功率特性曲线趋于平坦，因而风速的波动对风电机组的功率波动性影响不大。因此，对于电力系统来说，风电机组的随机功率波动并非随着风速的增大而无限增大，最大爬坡功率风险和最大备用功率需求风险需要结合当前的风速波动性与风电机组的功率特性曲线做出综合、全面的判断。

第三章　考虑风电波动性的电力系统频率偏差“时频”变换分析方法

为了更深入地研究风电功率波动性对电力系统频率偏差的影响，本章以第二章提出的风电功率波动性模型为基础，运用“时频”变换技术，提出考虑风电波动性的电力系统频率偏差“时频”变换分析方法。该方法通过分析电力系统频率偏差在时域中的分布特性，引入电力系统频率偏差风险的概念，从而定量刻画由风电功率波动性引起的电力系统频率偏差风险。研究结果表明，该分析方法不但能充分考虑风电功率的波动性，还具有所需电力系统模型参数少、计算速度快等特点。仿真算例的研究结果显示，该方法广泛适用于不同比例风电接入的电力系统频率偏差的分析场景。

第一节　风电功率波动性对电力系统频率偏差的影响

一、分析理论和算法

回顾第二章中平稳随机过程的相关数学性质，其中 Wiener-Khinchine 定理（定理 2.2）说明了线性系统对平稳随机过程信号的响应方式：对于具有频率响应幅值函数$|H(f)|$的线性系统，设其输入平稳过程$x(t)$具有 PSD $S_x(f)$，则其输出平稳过程$y(t)$的 PSD 为

$$S_y(f)=|H(f)|^2\,S_x(f) \tag{3.1}$$

由 Wiener-Khinchine 定理可知，对于已知频率响应幅值函数$|H(f)|$的线性系统，可以很容易地通过式（3.1）在频域中计算线性系统（如电力系统）对平稳随机过程输入（如波动的风电功率）的响应（如电力系统频率偏差）。

基于式（3.1），可使用“时频”变换方法计算电力系统频率偏差对风电功率波动的响应，其主要计算步骤如下。

（1）已知风电功率波动输出的时间序列$x(t)=\Delta P_{\mathrm{w}}(t)$，可使用第二章所述的由时域向频域的变换公式，获得风电功率波动的 PSD $S_x(f)$。

（2）对于式（3.1）的频域响应幅值函数$|H(f)|$，文献[73]、[74]已说明了电力系统频率偏差对系统有功功率变化的响应可以使用线性系统的响应近似描述，并提出了相应的复频域数学模型加以描述。$|H(f)|$可通过文献[75]提出的解析方法计

算得到，或是由本章提出的一种数值方法，通过“频率扫描”的方法得到(如本节第三部分所述)。

(3) 使用式(3.1)可以很容易地计算电力系统频率偏差 $y(t)=\Delta f(t)$ 的 PSD $S_y(f)$。同时使用第二章中提出的单变量平稳随机过程的频域向时域反变换的方法计算系统频率偏差在时域中的响应 $y(t)=\Delta f(t)$。

(4) 使用时域统计分析工具分析时域中的响应 $y(t)=\Delta f(t)$，判断由风电功率波动所导致的电力系统频率偏差风险。

综上所述，考虑风电波动性的电力系统频率偏差“时频”变换分析方法的主要计算框图如图 3.1 所示。图 3.1 所涉及的主要公式及图示将于本节详细说明。

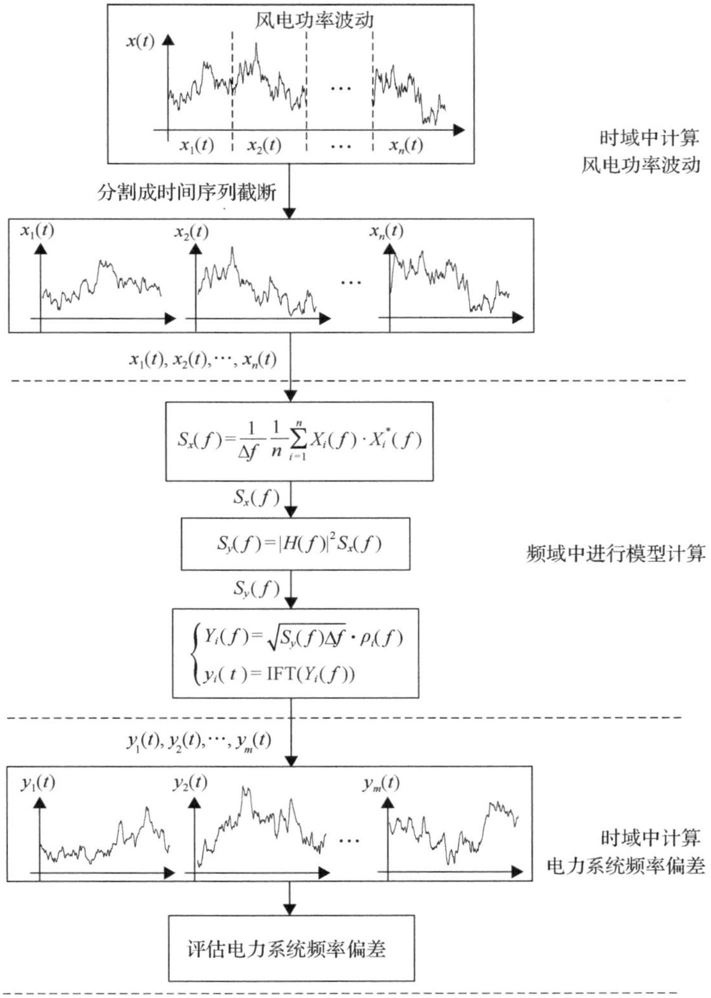

图 3.1 考虑风电波动性的电力系统频率偏差“时频”变换分析方法的主要计算框图

二、风电功率波动的 PSD 计算

风电功率波动性可以使用平稳随机过程来描述。对于表示风电功率波动的时域序列 $x(t)=\Delta P_{\mathrm{w}}(t)$，首先需要计算其 PSD $S_x(f)$，计算过程如下所示：

(1) 对于一段描述风电功率波动性的平稳随机过程 $x(t)$，将其分割为 n 个序列截断，$x_1(t),x_2(t),\cdots,x_n(t)$，每一个序列截断 $x_i(t),i=1,2,\cdots,n$ 有同样的时间长度 T_{seg}，在该段时间长度内 $x_i(t),i=1,2,\cdots,n$ 的波动性具有一定的平稳性；

(2) $x_1(t),x_2(t),\cdots,x_n(t)$ 为该段平稳随机过程 $x(t)$ 的 n 个样本，因而可以使用平稳随机过程由时域向频域变换的工具计算其 PSD $S_x(f)$。综合式(2.15)及式(2.17)容易得到，风电功率波动的 PSD $S_x(f)$ 可由式(3.2)计算得到

$$\begin{aligned}S_x(f)&=\frac{1}{\Delta f}\frac{1}{n}\sum_{i=1}^{n}X_i(f)\cdot X_i^*(f)\\X_i(f)&=\mathrm{FT}[x_i(t)],i=1,2,\cdots,n\end{aligned}\tag{3.2}$$

其中，$X_i(f),i=1,2,\cdots,n$ 为序列截断 $x_i(t),i=1,2,\cdots,n$ 的傅里叶变换。如第二章第一节的第四部分所述，Δf 为频域中的采样间隔，对于时间长度为 T_{seg} 的序列截断，$\Delta f=\dfrac{1}{T_{\mathrm{seg}}}$。

三、电力系统频率偏差的 PSD 计算

根据式(3.2)得到风电功率波动 $x(t)=\Delta P_{\mathrm{w}}(t)$ 的 PSD $S_x(f)$ 后，即可使用 Wiener-Khinchine 定理计算电力系统频率偏差 $y(t)=\Delta f(t)$ 的 PSD $S_y(f)$，如式(3.1)所示。

注意，使用式(3.1)时需要先获得以风电功率波动为输入，以电力系统频率偏差为输出的电力系统频率响应幅值函数 $|H(f)|$。文献[75]中提出了一种解析计算频率响应幅值函数 $|H(f)|$ 的方法，即使用待分析的电力系统各组成部件(如发电机、调速器、励磁器及负荷等)的传递函数，构造出该系统以风电功率波动为输入，以电力系统频率偏差为输出的传递函数 $H(s)$，将 $s=\mathrm{j}2\pi f$ 代入 $H(s)$ 则 $H(f)=H(s)\big|_{s=\mathrm{j}2\pi f}$，$|H(f)|$ 为 $H(f)$ 的幅值。当待分析的电力系统较为简单时，该方法容易获得 $|H(f)|$。然而当电力系统较为复杂时，很难解析获得准确的传递函数 $H(s)$，从而无法计算 $|H(f)|$。本章提出，可以使用一种“频率扫描”的数值方法，获得以风电功率波动为输入，以电力系统频率偏差为输出的电力系统频率响应幅值函数 $|H(f)|$。

“频率扫描”方法的具体实现步骤如下所示。

(1) 在电力系统仿真软件中构建待分析电力系统的完整模型。

(2) 使用一组特定的正弦功率波动输入 $u(t)$ 代替风电功率波动。该正弦功率波动 $u(t)$ 可以表示为 $u(t)=U\cos(2\pi f_{spe}t)$ 。其中，波动的幅值 U 为定值， f_{spe} 为指定的波动频率，其扫描范围及抽样间隔根据电力系统分析的具体需要选取，例如，当需要研究的电力系统频率偏差的时间精度为 4s，每个序列截断的长度为 10 min 时，根据奈奎斯特定理，需扫描的功率波动频率范围为 1/600～0.5Hz，频率的抽样间隔为 1/600Hz。

(3) 对于所选取的频率范围，采用电力系统仿真软件计算每一个指定的波动频率 f_{spe} 对应的正弦功率波动 $u(t)$ 引起的电力系统频率偏差 $\Delta f(t)$ 。

(4) 显然由线性系统的性质可知， $\Delta f(t)$ 亦是相同频率 f_{spe} 的正弦功率波动信号， $\Delta f(t)$ 的波动幅值记为 $|\Delta F(f_{spe})|$ ，则在该指定的波动频率 f_{spe} 下频率响应函数的幅值 $|H(f_{spe})|=\dfrac{|\Delta F(f_{spe})|}{U}$ 。

(5) 对所选择的功率波动频率范围，扫描每一个频率所对应的频率响应函数的幅值，从而得到完整的频率响应幅值函数 $|H(f)|$ 。

由“频率扫描”的过程可以看出，“频率扫描”使用电力系统仿真软件计算得到频率响应幅值函数 $|H(f)|$ 。由于目前电力系统仿真技术已较为成熟，大型复杂电力系统的频率响应幅值函数 $|H(f)|$ 也可以容易地由该方法获得，相对于前述的解析方法，计算难度大幅下降。需要特别指出的是， $|H(f)|$ 相对于传递函数 $H(s)$ 减少了大量的信息，这是因为 $|H(f)|$ 仅包含了幅值信息，而传递函数 $H(s)$ 除幅值外，还包含了极点、零点、相位等信息。这些冗余信息对于仿真电力系统真实的频率偏差轨迹是必需的。但在进行系统频率偏差分析时，调度人员一般仅关注电力系统频率偏差的幅值，而不会关心具体的电力系统频率变化轨迹。从此意义上看，使用 $|H(f)|$ 进行分析，省略了大量的冗余信息，能够大幅提升电力系统频率偏差的分析速度。

四、电力系统频率偏差的时域反变换

为了得到电力系统频率偏差的时域描述，使用 Wiener-Khinchine 定理得到电力系统频率偏差 $y(t)=\Delta f(t)$ 的 PSD $S_y(f)$ 的计算结果后，即可通过第二章中所述的单变量平稳随机过程频域向时域反变换公式，将电力系统频率偏差反变换回时域。综合式 (2.25) 及式 (2.26)，可得到由频域向时域的反变换公式，如式 (3.3) 及式 (3.4) 所示：

$$\begin{cases} Y_i(f)=\sqrt{S_y(f)\Delta f}\cdot\rho_i(f) \\ y_i(t)=\mathrm{IFT}[Y_i(f_i)] \end{cases} \tag{3.3}$$

式(3.3)中，随机种子 $\rho(f)$ 满足式(3.4)：

$$\begin{cases}\mathbb{E}[\rho(f_j)\rho^*(f_k)]=1, & f_j=f_k \\ \mathbb{E}[\rho(f_j)\rho^*(f_k)]=0, & f_j\neq f_k\end{cases} \tag{3.4}$$

式(3.3)中，$y_i(t), i=1,2,\cdots,m$ 为电力系统频率偏差的序列截断；$Y_i(f)$ 为 $y_i(t)$ 的傅里叶变换。$y_i(t), i=1,2,\cdots,m$ 的时间长度与精度由 $S_y(f)$ 在频域中的频率范围与频率抽样间隔所决定，例如，根据奈奎斯特定理，若 $S_y(f)$ 的频率范围为 1/600～0.5Hz，其频率抽样间隔为 1/600Hz，则反变换后得到的电力系统频率偏差的序列截断 $y_i(t), i=1,2,\cdots,m$ 时间精度为 4s，每个序列截断的长度为 10min。

随机种子 $\rho(f)$ 的选择采用了第二章第三节中关于风速波动性频域种子的设置方法，$\rho(f)$ 为相位服从均匀分布的单位复相量，即满足式(3.5)：

$$\rho(f)=1\angle\phi,\ \phi\in[0°,360°] \tag{3.5}$$

第二章第四节已在各种场景下，说明了 $\rho(f)$ 虽然会引起一定的误差，但是总体上看还是能较为准确地反映实际风电功率波动的随机性。使用式(3.3)～式(3.5)求得输出信号 $y(t)$ 的序列截断后，即可运用时域的统计工具，分析由风电功率波动性引起的电力系统频率偏差风险，具体的评估方法将在本章第二节中结合算例分析一同阐述。

注意到输入信号 $x(t)$ 共有 n 个序列截断，即 $x_i(t), i=1,2,\cdots,n$，但输出信号 $y(t)$ 却有 m 个序列截断，即 $y_i(t), i=1,2,\cdots,m$。m 允许不等于 n，这是因为 m 仅取决于频率偏差风险评估所需要的样本数量，这些样本由式(3.5)中频域随机种子的不同随机结果产生，而与输入信号的序列截断数量无关。这也进一步说明，式(3.2)～式(3.5)所进行的电力系统频率偏差计算并非仿真电力系统频率偏差的真实轨迹，而是基于“时频”变换方法，研究电力系统频率偏差幅值分布的统计规律。显然，采用该“时频”变换方法获得的电力系统频率偏差分布需与采用电力系统仿真软件计算得到的结果相一致，以证明该方法的有效性，如本章第二节所述。

第二节　仿真算例及分析方法验证

本节使用电力系统仿真软件的计算结果，验证本章第一节所述分析方法的有效性，并将本章第一节所述分析方法的相关步骤具体化，主要包括以下工作。

(1)通过一个算例阐释如何具体运用式(3.2)～式(3.5)进行分析，并讨论由风电功率波动所导致的电力系统频率偏差风险，以理解式(3.2)～式(3.5)的具体含义；

(2)使用 DIgSILENT Power Factory(以下简称 Power Factory)软件的仿真结果，以验证该分析方法的正确性。

一、算例设置

本节的算例模型如图 3.2 所示，系统中包含了一台同步发电机，其通过输电线路向负荷供电，在负荷节点处同时连接负荷及风电场。同步发电机的额定功率为 50MW，安装有 DEGOV1 型调速器(调速器的相关结构及参数如附录 A 所示)；负荷为 40MW 恒功率负荷，且负荷功率不响应系统频率的变化；风电场额定容量为 30MW，但其功率输出随着风速的波动而变化。

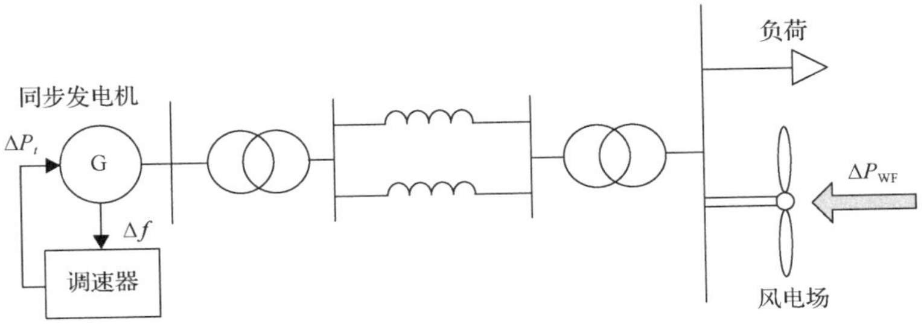

图 3.2　单机 4 节点测试电力系统模型

在本算例研究中，为研究风电功率波动时间序列 $x(t)=\Delta P_W(t)$ 所引起的电力系统频率偏差响应 $y(t)=\Delta f(t)$，采用一组 SCADA 实测的风电功率输出作为仿真研究的输入，该组数据的时间分辨率为 1s，长度为 1 个月；同时还记录有这些功率输出数据所对应的风电场测风塔测得的平均风速，时间分辨率为 10min，长度为 1 个月。

图 3.2 所示的单机单负荷系统结构较为简单，除了方便解释以上方法，也能够代表绝大多数电力系统频率偏差对风电功率波动的响应模型。这是因为在电力系统有功调频的研究[73]中，系统的网络结构对电力系统频率偏差的影响不大，在建模时一般可忽略；此外，已有研究[76]证明，对于独立电力系统，其频率偏差响应有功功率变化的模型，可以被等效为单发电机单负荷模型加以研究，简化模型的仿真结果与完整系统的仿真结果相差不大。

二、风电功率波动的 PSD 计算

在应用式(3.2)计算风电功率波动的 PSD 之前，需要根据风电场平均输入风速的不同对风电功率序列截断进行分类，这是因为风电功率的波动性与风电场的平均输入风速密切相关。例如，当风电场平均输入风速较低时，风能中也仅包含较少的波动功率；而当输入风速已达到或超过额定风速时，风电机组桨距控制装置将投入运行，这保证了风电功率输出等于额定功率，此时风电场亦没有太强的波动功率输出。

风电功率序列截断的产生与分类方法简单介绍如下。

(1) 为了满足平稳随机过程的要求，首先将 SCADA 测得的风电功率每 10min 进行一次截断，由于 SCADA 的记录精度与仿真精度均为 1s，每一个序列截断包含 600 个数据点，对于一个月的数据，共计有 30×24×6=4320 个序列截断。每个序列截断的长度与风速测量的时间分辨率(10min)相同，因此，每个序列截断能够对应一个风速测量结果。

(2) 对于每一个序列截断，根据该截断所对应的风电场测风塔测得的平均风速分为不同的统计区间，统计区间的精度设置为 1m/s。本算例研究的风速区间为 5～16m/s，则共有 5～6m/s, 6～7m/s, 7～8m/s, …, 15～16m/s，11 个统计区间。这里使用平均风速设置统计区间是为了在后续的分析中，能够直观地根据风电场的平均风速预测值判断电力系统频率偏差风险。

对每个统计区间，分别计算风电功率波动的 PSD，图 3.3 给出了平均风速为 10～11m/s 统计区间内风电功率波动 PSD $S_x(f)$ 的计算结果。

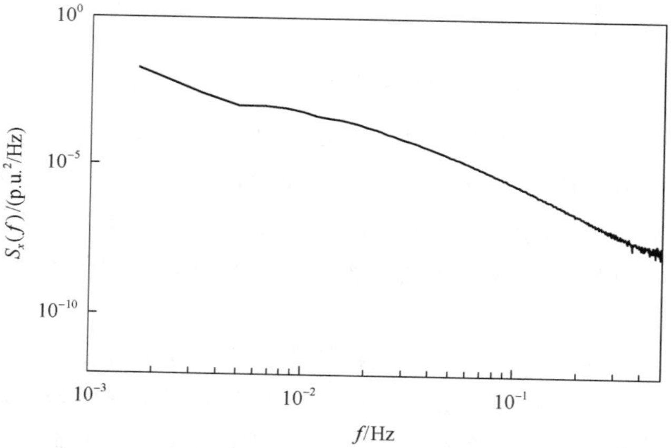

图 3.3　平均风速为 10～11m/s 统计区间内风电功率波动 PSD $S_x(f)$

三、电力系统频率偏差的 PSD 计算

使用本章第一节中介绍的“频率扫描”方法，测得图 3.2 中所示的电力系统以风电功率波动 $x(t)=\Delta P_\text{w}(t)$ 为输入，以电力系统频率偏差 $y(t)=\Delta f(t)$ 为输出的频率响应幅值函数 $|H(f)|$。测得 $|H(f)|$ 的结果如图 3.4 所示。

使用式(3.1)所示的 Wiener-Khinchine 定理，可以计算出电力系统频率偏差的 PSD $S_y(f)$，图 3.5 中的实线给出了平均风速为 10～11m/s 统计区间内风电功率波动 PSD $S_y(f)$ 的计算结果。

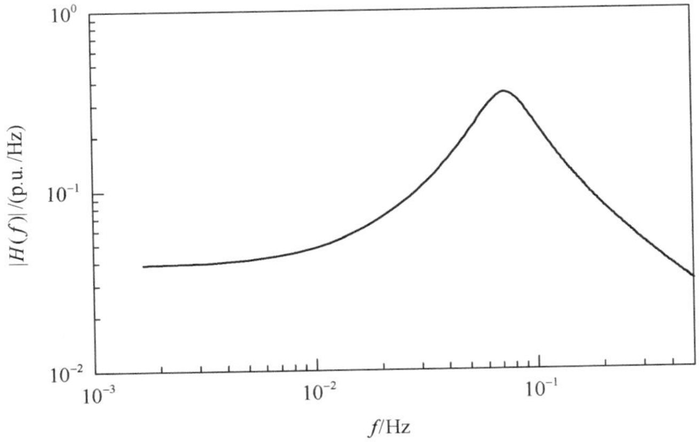

图 3.4　电力系统频率响应幅值函数 $|H(f)|$

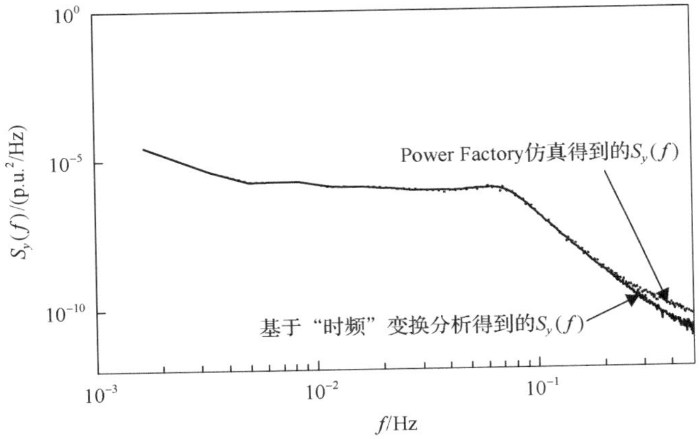

图 3.5　平均风速为 10～11m/s 统计区间内风电功率波动 PSD $S_y(f)$

四、电力系统频率偏差的时域反变换

得到电力系统频率偏差的 PSD $S_y(f)$ 后，可以使用式(3.3)～式(3.5)中的频域向时域反变换方法，首先获得电力系统频率偏差序列截断的傅里叶变换 $Y_i(f)$，之后运用傅里叶逆变换获得序列截断 $y_i(t)$。$Y_i(f)$ 的计算结果如图 3.6 所示。

图 3.6 中，$Y_i(f)$ 的幅值 $|Y_i(f)|$ 由电力系统频率偏差的 PSD $S_y(f)$ 唯一确定，而 $Y_i(f)$ 的相位 $\angle Y_i(f)$ 则由式(3.5)中的频域随机种子随机产生。图 3.6 仅表示了 $Y_i(f)$ 的一个样本，频域随机种子 $\rho(f)$ 的不同随机结果 $\rho_i(f)$ 能得到不同的 $Y_i(f)$ 样本，$Y_i(f)$ 的样本规模与频率风险评估所需的样本数量相关。

图 3.6 所示的 $Y_i(f)$ 的傅里叶逆变换结果 $y_i(t)=\Delta f_i(t)$ 如图 3.7 所示。

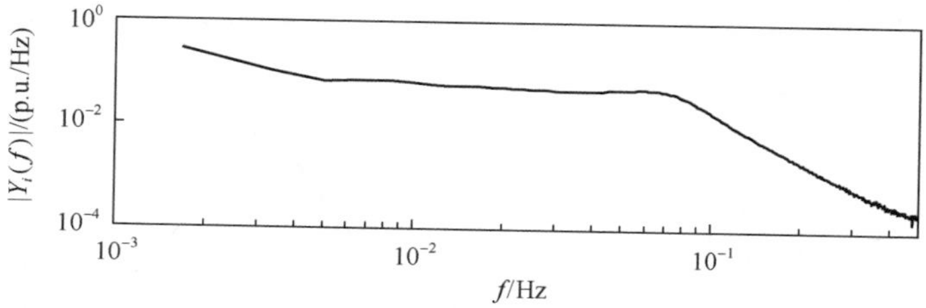

(a) $Y_i(f)$幅值

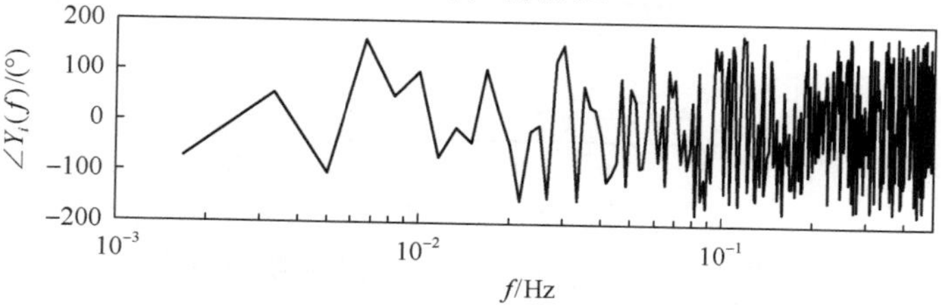

(b) $Y_i(f)$的相位

图 3.6　电力系统频率偏差序列截断的傅里叶变换 $Y_i(f)$

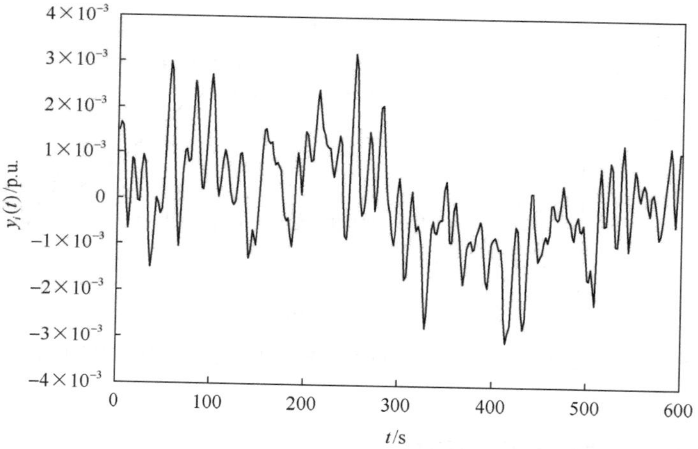

图 3.7　电力系统频率偏差序列截断 $y_i(t)$

五、考虑风电功率波动性的电力系统频率偏差风险评估

通过频域中的随机种子 $\rho(f)$ 可产生 m 个随机结果 $\rho_i(f)$，$i=1,2,\cdots,m$，于是可以获得 m 个电力系统频率偏差序列截断 $y_i(t),\ i=1,2,\cdots,m$。电力系统并不关心这些序列截断中电力系统频率的具体偏差轨迹，而关注于这些频率偏差的最大值，即下简称电力系统频率偏差风险。对于每一个 1m/s 的风速统计区间，可以通过绘制频率偏差持续曲线的方法，获得每个风速统计区间的电力系统频率偏差风险。

持续曲线的绘制方法已在第二章第四节中详细描述，这里不再赘述。

图 3.8 给出了平均风速为 10～11m/s 统计区间内电力系统频率偏差持续曲线(如实线所示)，其横轴表示百分比，纵轴为基于标幺值(基值为 50Hz)表示的系统频率偏差。以点 B 为例说明该持续曲线的物理意义：点 B 位于(50%，0.75‰)位置处，这表示有 50%的概率，电力系统的频率偏差超过额定值的 0.75‰。电力系统运行最关心的是电力系统频率偏差的最大值，该最大值位于持续曲线的 0%位置处。然而对随机系统来说，随机数的最大值一般随着样本数量的增长而发散，为了统计方便，一般将频率偏差持续曲线 1%位置处的频率偏差值定义为由风电功率波动引起的电力系统频率偏差风险值，如 A 点即基于“时频”变换方法分析得到的电力系统频率偏差风险值。

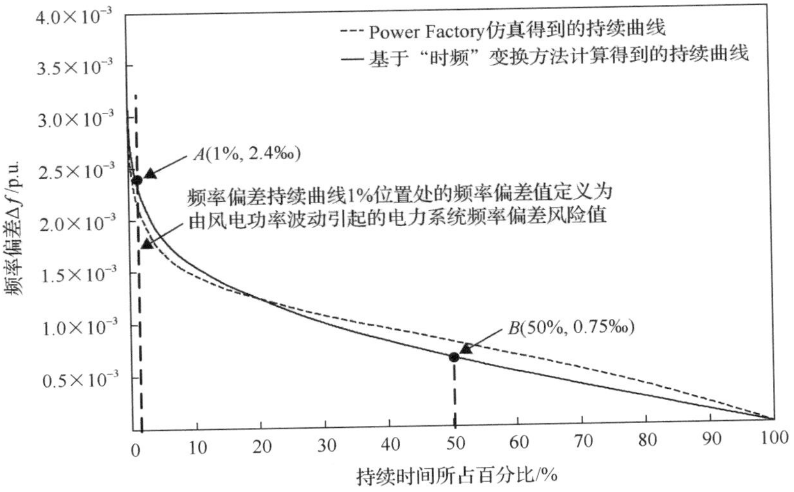

图 3.8　平均风速为 10～11m/s 统计区间内电力系统频率偏差持续曲线

对于 5～16m/s 共 11 个风速统计区间，可以得到共 11 个与图 3.8 中 A 点类似的电力系统频率偏差风险点，将这 11 个点连接后可以得到如图 3.9 所示的电力系统频率偏差风险曲线。

图 3.9 定量描述了各种风速条件下由风电功率波动引起的电力系统频率偏差风险。在图 3.9 中，电力系统频率偏差风险最高值发生在平均风速为 10～11m/s 及 11～12m/s 的统计区间内。这主要是由于风电机组功率特性曲线的梯度 $\mathrm{d}P_\mathrm{w} / \mathrm{d}V_\mathrm{w}$ 在 10～11m/s 及 11～12m/s 的统计区间内最大(可参看图 2.13)，由于风电功率波动与风速波动有关，可由式 $\Delta P_\mathrm{w} \approx \mathrm{d}P_\mathrm{w} / \mathrm{d}V_\mathrm{w} \cdot \Delta V_\mathrm{w}$ 表示，该区间内的风电功率波动性也最强，对电力系统频率偏差的影响也最大；当平均风速超过额定风

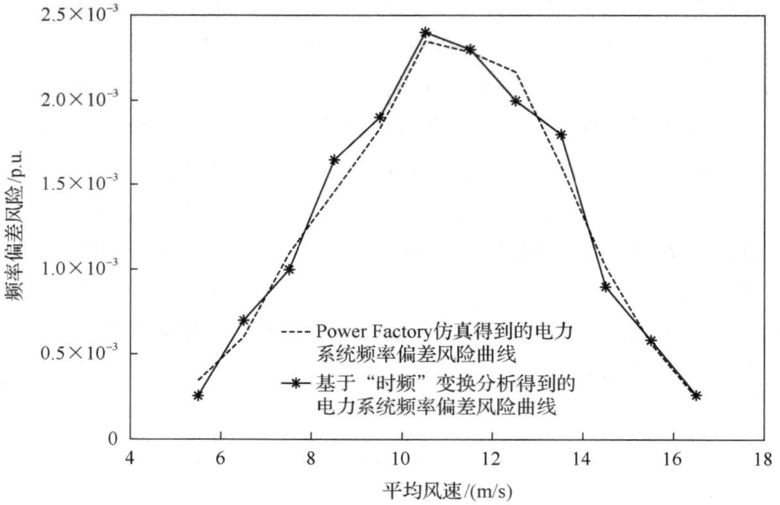

图 3.9　电力系统频率偏差风险曲线

速时，功率特性曲线开始趋于平坦，因而风速的波动对风电机组功率输出波动性的影响不大。对于电力系统来说，风电的随机功率波动并非一直随着风速的增大而增大，电力系统频率偏差风险需要结合当前的风速波动性与风电机组的功率特性曲线做出综合、全面的判断。

六、基于 Power Factory 的仿真验证

根据本节所提出的“时频”变换方法，分析由风电功率波动引起的电力系统频率偏差风险，相关的分析结果如图 3.3～图 3.9 所示。然而，由于该“时频”变换方法并不能计算出电力系统频率偏差的真实轨迹，该方法的正确性需要使用电力系统仿真软件的计算结果加以校验。这里使用 Power Factory 进行模型校验，其计算结果如图 3.5、图 3.8 及图 3.9 中的虚线所示，相关说明如下。

(1) 在图 3.5 中，使用 Power Factory 仿真 10～11m/s 统计区间内所有风电功率波动序列截断 $x_i(t)=\Delta P_{\mathrm{W}}(t), i=1,2,\cdots,n$ 所引起的电力系统频率偏差序列截断 $y_i(t)=\Delta f_i(t), i=1,2,\cdots,n$ 。之后使用式(3.2)将 $y_i(t), i=1,2,\cdots,n$ 转换为电力系统频率偏差 PSD。图 3.5 的计算结果表明，基于“时频”变换方法计算得到的电力系统频率偏差 PSD 曲线与 Power Factory 仿真得到的电力系统频率偏差 PSD 曲线基本吻合，仅在高频段有一定的误差，这主要来自“时频”变换中的高频截断泄露误差。

(2) 在图 3.8 中，使用 Power Factory 仿真得到的 10～11m/s 统计区间内的电力系统频率偏差序列截断 $y_i(t), i=1,2,\cdots,n$ ，进而绘制电力系统频率偏差持续曲线，

如图 3.8 中虚线所示。图 3.8 的计算结果表明，基于“时频”变换方法计算得到的电力系统频率偏差持续曲线与 Power Factory 仿真得到的电力系统频率偏差持续曲线基本吻合，仅在部分位置有小于 5%的误差。该误差主要来源于式(3.5)所使用的频域随机种子，该随机种子并不能完全反映由风电功率波动引起的电力系统频率偏差在频域中的随机分布情况。

(3) 图 3.9 的校验结果说明，采用“时频”变换方法得到的电力系统频率偏差风险曲线与 Power Factory 的计算结果基本吻合。

综上所述，基于“时频”变换的分析方法能够较为真实地反映电力系统频率偏差响应风电功率波动的程度，其计算结果能够作为由风电功率波动所引起的电力系统频率偏差的评估依据。

由图 3.3～图 3.9 中所展示的计算过程看，基于“时频”变换的分析方法能够大幅提升由风电功率波动所引起的电力系统频率偏差的计算分析速度。这是因为电力系统频率响应幅值函数$|H(f)|$不会因为电力系统的潮流分布与网络结构的变化而发生显著改变。因此，$|H(f)|$仅需通过离线计算一次后存储，之后根据风电功率波动性的不同，使用快速傅里叶变换和快速傅里叶逆变换计算电力系统频率偏差。而电力系统仿真软件(如 Power Factory)则需要对每一个风电功率波动序列截断进行仿真，该仿真通过数值求解微分代数方程组进行。显然求解快速傅里叶变换相比求解微分代数方程组在计算效率上有显著提升。

第三节　不同控制方法对电力系统频率偏差的影响

图 3.9 提出了可以使用电力系统频率偏差风险曲线定量地评估由风电功率波动引起的电力系统频率偏差风险。本节将使用该工具，基于“时频”变换方法，分析采用不同控制方法的电力系统频率偏差响应风电功率波动的风险。本节所述的各电力系统均修改自图 3.2 所示的电力系统。

一、不同类型调速器对电力系统频率偏差的影响

下面对比采用 DEGOV1 型与 IEEEG1 型调速器[77](其调速器结构及参数如附录 A 所示)的电力系统频率偏差对风电功率波动的响应。采用 DEGOV1 型与 IEEEG1 型调速器的电力系统频率响应幅值函数$|H(f)|$的对比如图 3.10 所示。注意到图 3.10 中实线与虚线这两条曲线有交点，定义该交点所对应的频率为交叉频率；对于同样强度的风电功率波动 PSD $S_x(f)$ 输入，电力系统频率偏差 PSD $S_y(f)$ 也有同样的“交叉频率”，如图 3.11 所示。

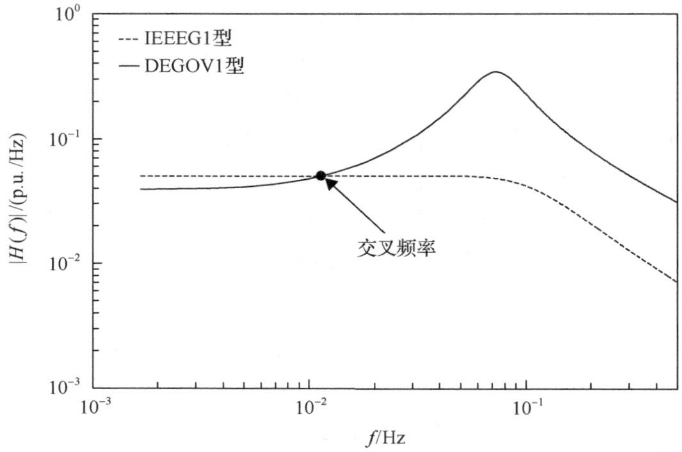

图 3.10 DEGOV1 型与 IEEEG1 型调速器对电力系统频率响应幅值函数 $|H(f)|$ 的影响

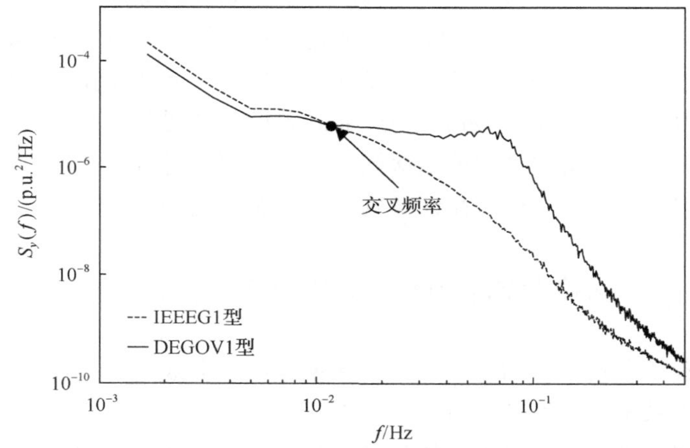

图 3.11 DEGOV1 型与 IEEEG1 型调速器对电力系统频率偏差 PSD $S_y(f)$ 的影响

图 3.10 及图 3.11 的频域对比结果无法判断 DEGOV1 型调速器与 IEEEG1 型调速器在抑制风电功率波动性能上的优劣。这是因为采用 DEGOV1 型调速器时，电力系统频率偏差 PSD $S_y(f)$ 在低频段(比交叉频率低的部分)比 IEEEG1 型低，而在高频段(比交叉频率高的部分)比 IEEEG1 型高。DEGOV1 型调速器与 IEEEG1 型调速器在不同频率段内的性能存在差异，这使得无法在频域中判断二者的性能优劣。需要使用到频域向时域的反变换工具，以在时域中评估不同调速器对电力系统频率偏差的影响。

图 3.12 给出了含不同类型调速器的电力系统频率偏差风险曲线。显然，时域中的评估结果清楚地显示出 IEEEG1 型调速器在抑制系统频率偏差方面的性能要

优于 DEGOV1 型调速器，这是因为 IEEEG1 型调速器在高频段(比交叉频率高的部分)显示出的优越性能弥补了其低频段的不足。按照《电能质量　电力系统频率偏差》(GB/T 15945—2008)规定，图 3.12 所示的容量较小的电力系统频率偏差允许范围可以适当放宽到额定值的 1%。考虑到还需为系统中负荷的变化留出一定的频率偏差裕度，不妨规定以 5‰p.u.作为该系统中由风电功率波动引起的频率偏差最大允许值，如图 3.12 中的虚线所示。显然若采用 DEGOV1 型调速器，由风电功率波动所引起的频率偏差风险将超出系统允许值 5‰，而采用 IEEEG1 型调速器则可使电力系统频率偏差风险被控制在所允许的范围之内。

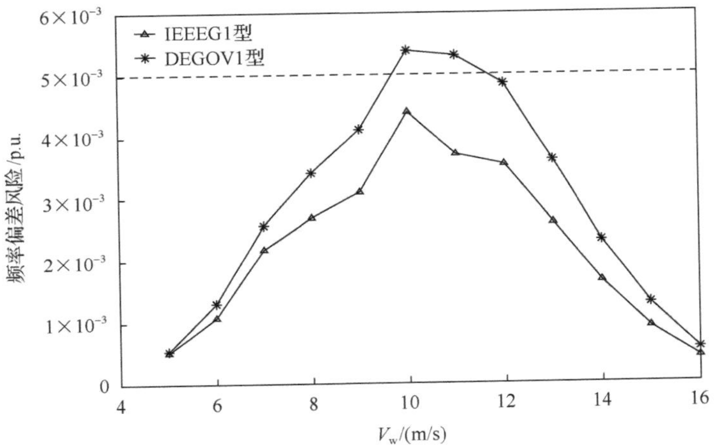

图 3.12　DEGOV1 型与 IEEEG1 型调速器对电力系统频率偏差风险的影响

由本算例的分析结果可知，采用电力系统频率偏差风险曲线的定量评估结果能够辅助高风电接入比例的电力系统对同步发电机调速器类型的选择，这对电力系统中调速器的设计和参数优化具有显著的意义。

二、AGC 对电力系统频率偏差的影响

文献[32]已说明，采用 AGC 能够在一定程度上抑制风电功率波动产生的电力系统频率偏差。图 3.13 及图 3.14 给出了基于“时频”变换分析方法的计算结果。

图 3.13 及图 3.14 的评估结果证明了 AGC 对由风电功率波动引起的电力系统频率偏差的抑制效果。图 3.13 表明，AGC 对电力系统频率偏差的抑制主要体现在低频段，而对高频段的影响不大。图 3.14 表明，在本算例所示电力系统中安装 AGC 后，由风电功率波动引起的电力系统频率偏差风险已小于该系统所规定的频率偏差最大允许值 5‰ p.u.。

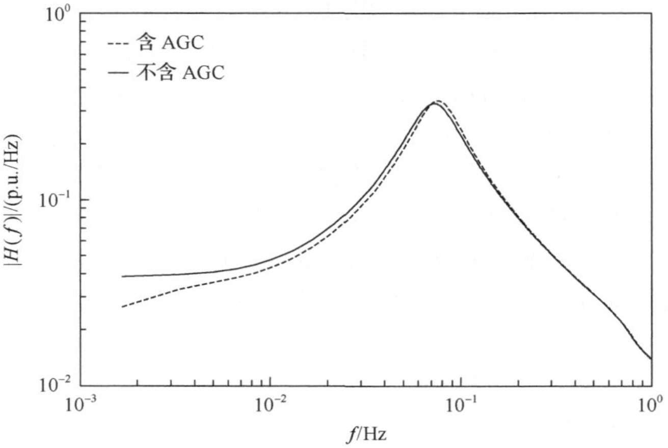

图 3.13 AGC 对电力系统频率响应幅值函数 $|H(f)|$ 的影响

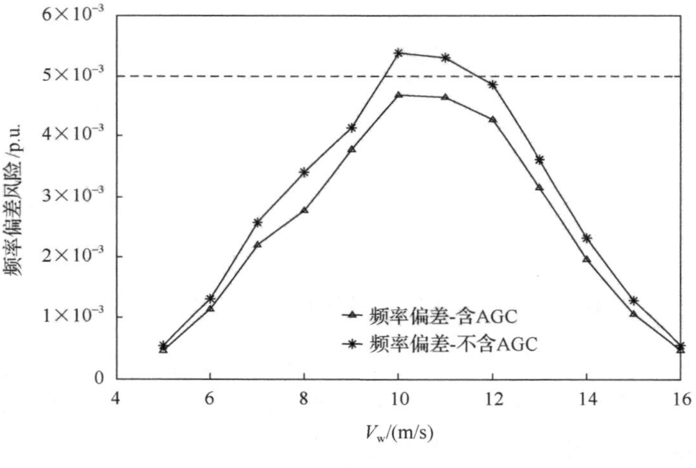

图 3.14 AGC 对电力系统频率偏差风险的影响

三、风电机组恒比例功率减载控制器对电力系统频率偏差的影响

降低风电场功率输出的波动性，能够从源头上抑制风电功率波动对电力系统频率偏差的影响。有学者提出了一种能够降低风电场功率波动性的控制器——恒比例功率减载控制器(或称 De-rating 控制)[78]。该控制器的目标在于实现风电机组的功率输出值等于最大潜在风电功率值(即采用最大功率点追踪(maximum power point tracking，MPPT)控制器时风电机组的功率输出值)乘以一个恒定的功率减载比例，以预留一定的备用功率应对电力系统频率的突然跌落。例如，在所有风速段内实现 90%的最大潜在风能输出，以预留 10%的功率裕度应对系统频率跌落。

在该10%功率减载控制器的影响下，风电机组的功率特性曲线如图3.15所示。图3.15中，在每一个风速下，采用10%功率减载控制器风电机组的输出为最大潜在风能输出的90%。

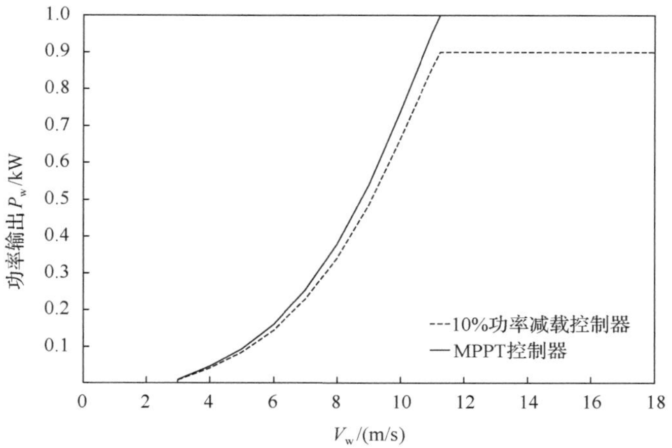

图3.15　10%功率减载控制器对风电机组功率特性曲线的影响

图3.15中，在10%功率减载控制器的影响下，风电机组功率特性曲线的梯度 $\mathrm{d}P_{\mathrm{W}}/\mathrm{d}V_{\mathrm{W}}$ 相应地降低了10%，从而风电功率波动 $\Delta P_{\mathrm{W}} \approx \mathrm{d}P_{\mathrm{W}}/\mathrm{d}V_{\mathrm{W}} \cdot \Delta V_{\mathrm{W}}$ 及其PSD $S_x(f)$ 也相应降低了约10%。风电功率波动 ΔP_{W} 的PSD $S_x(f)$ 如图3.16所示。

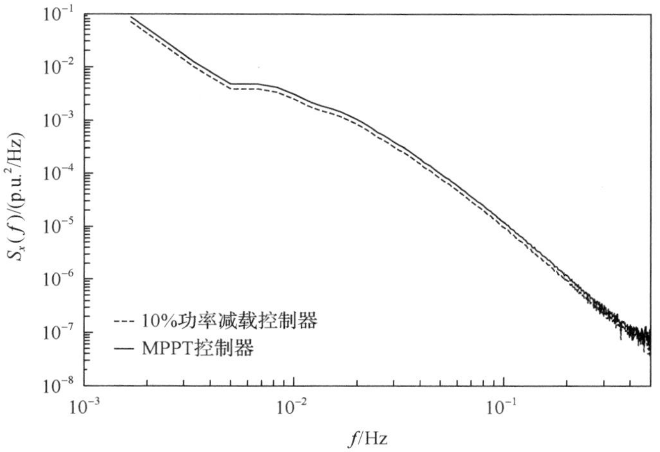

图3.16　10%功率减载控制器对风电功率波动 ΔP_{W} 的PSD $S_x(f)$ 的影响

图3.17显示，在采用10%功率减载控制器后，由风电功率波动引起的电力系统频率偏差风险相应降低了。在本算例中，减载后的频率偏差风险已小于该系统

中由风电功率波动引起的频率偏差最大允许值 5‰p.u.。

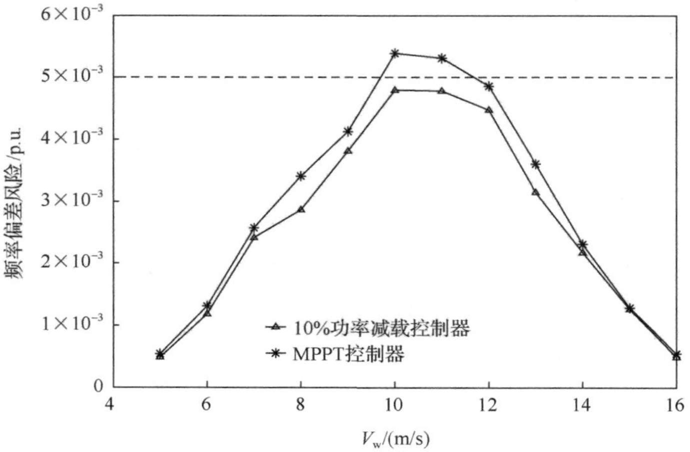

图 3.17　10%功率减载控制器对电力系统频率偏差风险的影响

本节分别研究了同步发电机采用不同类型的调速器、系统是否安装 AGC 及风电场采用恒比例功率减载控制器三类不同的工程应用场景。这说明了基于“时频”变换的分析方法具有较强的通用性，能够在不同的电力系统控制场景下评估风电功率波动对电力系统频率偏差的影响，并且能够定量评估电力系统频率偏差的风险，还可以作为控制器性能的评估标准。该理论和方法的提出为高风电接入比例的电力系统设计、规划与运行提供了评估依据。

第四节　说明与讨论

本章基于“时频”变换方法，提出了电力系统频率偏差响应风电功率波动的分析方法，通过使用 Power Factory 电力系统仿真软件，对该分析方法的计算结果进行了校验，最后使用该分析方法，定量评估了不同控制方法对由风电功率波动所引起的电力系统频率偏差的风险。

基于“时频”变换的分析方法相对于现有的分析方法具有以下优势。

(1) 充分考虑了风电功率波动性的影响。基于“时频”变换方法，使用频域中的随机种子 $\rho(f)$ 在分析计算中考虑了风电功率波动的随机性，基于 Power Factory 的仿真结果验证，基于“时频”变换方法所得到的电力系统频率偏差风险基本吻合电力系统仿真软件的校验结果。

(2) 更高的分析计算速度。基于“时频”变换的分析方法能够大幅提升由风电功率波动所引起的电力系统频率偏差的计算分析速度。这是因为电力系统频率响

应幅值函数$|H(f)|$仅需通过离线计算一次后存储，之后根据风电功率波动性的不同，使用快速傅里叶变换和快速傅里叶逆变换计算电力系统的频率偏差。现有的分析方法则需要通过数值求解微分代数方程组分析电力系统的最大频率偏差，显然求解快速傅里叶变换所需的时间远小于求解微分代数方程组所需的时间。

(3) 频率偏差风险的定量评估。通过定义频率偏差持续曲线 1%位置处的频率偏差值为由风电功率波动引起的电力系统频率偏差风险值，可以使用电力系统频率偏差风险曲线定量评估由风电功率波动引起的电力系统频率偏差风险。算例的研究结果发现，电力系统的频率偏差风险最大值发生在风电机组功率特性曲线梯度dP_w / dV_w最大的风速区间，而非随着风速的增大而无限增大。电力系统频率偏差风险需要结合当前的风速波动性与风电机组的功率特性曲线做出综合、全面的判断。

(4) 较强的通用性。基于“时频”变换的分析方法具有较强的通用性，能够针对不同的电力系统控制场景分析风电功率波动引起的电力系统频率偏差，从而为高风电接入比例的电力系统设计、规划与运行提供评估依据。

(5) 需要注意的是，本章提出的方法仅能够在不同控制条件下，对电力系统的频率偏差进行分析，尚不能根据 AGC 的通用评估指标(如 CPS1 和 CPS2 等)，对系统的 AGC 性能进行分析，该部分的内容，将在第四章详细介绍。

第四章　新能源电力系统 AGC 性能的频域分析方法

本章利用频域模型对新能源电力系统的 AGC 系统性能进行分析。AGC 问题的时间尺度为秒级到分钟级，在该尺度下，新能源功率的随机性呈现出较为显著的平稳特性[29]。本章利用平稳随机过程的功率谱方法，对新能源电力系统的平稳随机过程特性进行频域建模，并在频域给出了电力系统控制目标和相关指标(特别是 CPS1 和 CPS2)的评估方法。本章首先提出 AGC 系统模型和新能源随机性的统一描述模型，再给出基于功率谱的频域分析方法，最后通过算例验证所提出方法的有效性。

第一节　新能源电力系统的 AGC 模型

本节首先给出 AGC 系统的具体模型，再将其转化成向量形式的模型，最后给出 AGC 分析中的相关约束和评估指标等，作为本章的待求解问题。

一、基本模型

一个典型的 AGC 系统模型如图 4.1 所示。图 4.1 给出了一个区域的 AGC 系统运行框图。在 AGC 系统中，随机波动(本书仅考虑新能源的随机波动，但可扩展至其他原因导致的随机波动)造成系统功率偏差。由于系统一次调频的有差

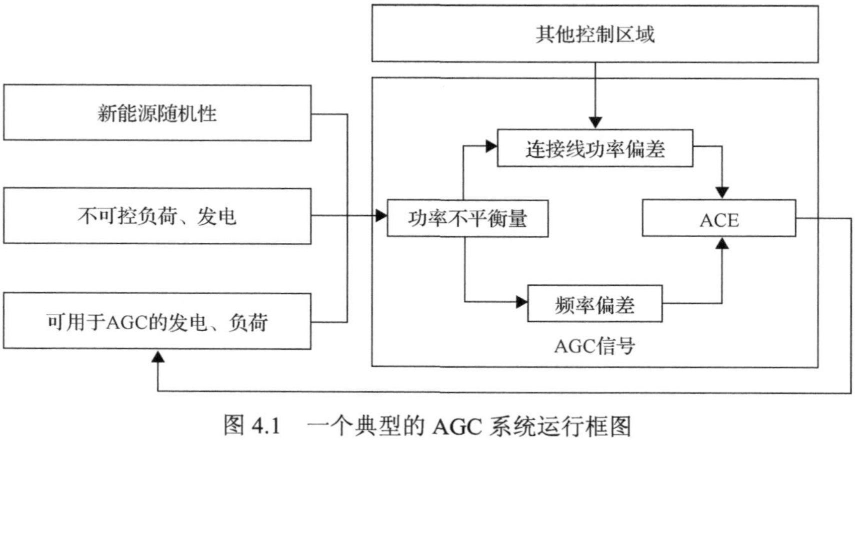

图 4.1　一个典型的 AGC 系统运行框图

调节特性，功率偏差进而造成了频率偏差Δf和联络线功率偏差。AGC 的控制指标通常为 ACE，其含义为本区域应该承担的功率偏差。

（一）发电机组

一个典型的发电机组包括调速器、原动机和发电机，发电机的参考功率 P_i^{ref} 和当前的发电功率之差输入调速器，得到调速器输出信号 P_i^{g}。原动机机械功率和电网功率之差造成发电机转角差，而调速器输出用于调整原动机机械功率 P_i^{m}。

发电机的平衡方程如式(4.1)所示：

$$\begin{aligned}
\dot{P}_{i,t}^{\text{g}} &= -\frac{1}{T_i^{\text{g}}}\left(P_{i,t}^{\text{g}} + \frac{\omega_{i,t}}{R_i} - P_{i,t}^{\text{ref}}\right) \\
\dot{P}_{i,t}^{\text{m}} &= -\frac{1}{T_i^{\text{t}}}\left(P_{i,t}^{\text{m}} - P_{i,t}^{\text{g}}\right) \\
\dot{\omega}_{i,t} &= -\frac{1}{2H_i}\left(D_i\omega_{i,t} - P_{i,t}^{\text{m}} - P_{i,t}^{\text{S}} + P_{i,t}^{\text{L}} + P_{i,t}^{\text{E}} + \sum_{k\in \text{Adj}(i)} P_{ik,t}\right)
\end{aligned} \tag{4.1}$$

其中，$\omega_{i,t}$ 为发电机的转速；$P_{i,t}^{\text{g}}$、$P_{i,t}^{\text{m}}$ 分别为调速器输出指令和原动机机械功率；T_i^{g}、T_i^{t} 分别为调速器和原动机的时间常数；R_i 为下垂系数；D_i 为阻尼系数；H_i 为惯性系数；Adj(i) 为与节点 i 相邻的节点；$P_{ik,t}$ 为从节点 i 到节点 k 的线路功率；$P_{i,t}^{\text{S}}$ 为接入节点 i 的随机功率出力(在本章中仅考虑新能源出力)；$P_{i,t}^{\text{L}}$ 为接入节点 i 的不可控功率(如固定负荷等)；$P_{i,t}^{\text{E}}$ 为接入节点 i 的广义储能。

（二）广义储能

在本章中，广义储能是指不仅具有功率约束，还具有能量约束的元件，如电力储能、热负荷、电动汽车等。根据文献[33]、[79]，可以采用如下的广义电池模型对广义储能的能量特性进行建模：

$$\dot{E}_{i,t}^{\text{E}} = -\lambda_i E_{i,t}^{\text{E}} - P_{i,t}^{\text{E}} \tag{4.2}$$

其中，$E_{i,t}^{\text{E}}$ 为广义储能存储的能量；$P_{i,t}^{\text{E}}$ 为储能的出力功率；λ_i 为损耗系数。该模型表明，广义储能元件持续充电或持续放电时，不但要考虑功率越界问题，也需要考虑能量越界问题。

后面如果不做特殊说明，广义储能简称为储能。

（三）线路功率

从节点 i 到节点 j 的线路功率为

$$P_{ij,t}=\frac{V_{i,t}V_{j,t}}{X_{ij}}\sin(\theta_{i,t}-\theta_{j,t}) \tag{4.3}$$

其中，$V_{i,t}$ 为节点 i 的电压；X_{ij} 为节点 i 到节点 j 的线路电抗（后面为了与控制问题的习惯表述相符，需要用向量形式的 $\boldsymbol{x}_t$ 表示系统的状态变量）；$\theta_{i,t}$ 为节点 i 的功角。在 AGC 系统中，一般需要考虑线路传输的有功功率动态表达式，为此，将式(4.3)在基准点附近做一阶近似，并对时间求导，可以得到

$$\dot{P}_{ij,t}=\frac{V_i^0V_j^0}{X_{ij}}\cos(\theta_i^0-\theta_j^0)(\omega_{i,t}-\omega_{j,t}) \tag{4.4}$$

其中，V_i^0、V_j^0、θ_i^0、θ_j^0 分别表示相应变量的基准值。注意此处考虑了在 AGC 应用中，有功功率和功角差紧耦合，而电压的波动很小，因此可以近似认为 $\dot{V}_{i,t}=\dot{V}_{j,t}=0$ [18]。

式(4.4)是一个线性常微分方程，其系数为 $V_i^0V_j^0\cos(\theta_i^0-\theta_j^0)/X_{ij}$。在 AGC 系统中，有功功率和频率的相关性是核心问题，而电压的变化通常可以忽略，因此，可以简化地采用直流潮流模型，即满足式(4.5)：

$$P_{ij,t}=\frac{1}{X_{ij}}(\theta_{i,t}-\theta_{j,t}) \tag{4.5}$$

此时可以得到动态线路功率表达式：

$$\dot{P}_{ij,t}=\frac{1}{X_{ij}}(\omega_{i,t}-\omega_{j,t}) \tag{4.6}$$

在本章的算例中，均采用直流潮流模型。

（四）频率和 ACE

在 AGC 系统中，系统频率偏差 Δ_f 可以看作各个节点频率的加权平均，如式(4.7)所示：

$$\Delta_f(t)=\frac{1}{2\pi}\frac{\sum\limits_{i\in\mathcal{V}}H_i\omega_{i,t}}{\sum\limits_{i\in\mathcal{V}}H_i}-f_0 \tag{4.7}$$

其中，f_0 为电网基准频率。

对于 AGC 的每个控制区域，其控制目标都是降低电力系统的 ACE 指标。第 m 个区域的 ACE 表达式如式(4.8)所示：

$$\text{ACE}_{m,t} = \sum_{(ij)\in\Omega_m^T} (P_{ij,t} - P_{ij}^0) - b_m \Delta_f(t) \tag{4.8}$$

其中，Ω_m^T 为与第 m 个区域相邻的联络线集合；P_{ij}^0 为这些联络线上的基准功率；b_m 为第 m 个区域的偏移因子(bias factor)，且有 $b_m < 0$[18]。

二、向量形式的统一模型

这里给出前述 AGC 系统模型的向量形式，以便后面分析。为达到该目的，可以从随机性、可控性等方面，把前述的变量分为如下类别(每个类别中所含有的所有变量统一表示为列向量，即 $\boldsymbol{\xi}_t$、$\boldsymbol{d}_t$、$\boldsymbol{u}_t$、$\boldsymbol{x}_t$ 和 $\boldsymbol{y}_t$)。

(1) 随机变量：用 $\boldsymbol{\xi}_t$ 表示，用于描述新能源出力的随机性。该类变量是系统随机性的主要来源。如第一章所述，可以用随机微分方程模型描述(该描述方式的具体物理含义与构造方式将在第五、六章详细介绍，本章仅应用了随机微分方程过程的模型形式，但不涉及具体的数学性质应用与推导，故省略该部分)。在本书中，认为随机变量的取值不受系统控制策略的影响(尽管实际应用中，可能会出现新能源随机性可控的情况，但此时可以把新能源出力拆分为不可控的随机变量和可控的控制变量的组合)。

(2) 给定量：用 $\boldsymbol{d}_t$ 表示。该类变量不含有随机性，也不受系统控制策略的影响，在本章的分析模型中可以看成给定数值的参数。本模型中的不可控功率 $P_{i,t}^{\mathrm{L}}$、新能源的预测值 $P_{i,t}^{\mathrm{pred}}$ 均为已知量。注意这些已知量并不是恒定值，而是可能随着时间 t 变化，只是其变化不含随机性。

(3) 控制变量：用 $\boldsymbol{u}_t$ 表示。控制变量的取值可以由控制策略给定，通常采用反馈控制策略以优化系统的运行效果。本模型中的控制变量包括发电机的参考功率 $P_{i,t}^{\mathrm{ref}}$ 和广义储能 $P_{i,t}^{\mathrm{E}}$ 等。本书主要讨论的内容为控制策略的评估和设计。尽管控制变量的数值可以在一定范围内任意设置，但计算反馈控制律的时候，通常会将随机变量或状态变量作为反馈输入，因此控制变量作为反馈输出，也可能具有随机性。

(4) 状态变量：用 $\boldsymbol{x}_t$ 表示。状态变量是指由常微分方程描述的变量，如广义储能存储的能量 $E_{i,t}^{\mathrm{E}}$，发电机的状态量 $P_{i,t}^{\mathrm{g}}$、$P_{i,t}^{\mathrm{m}}$ 和 $\omega_{i,t}$ 等。它们的取值不仅由当前时刻的控制策略、随机量等决定，还受该变量前一时刻取值的影响。状态变量体现了电力系统状态变量的时间相关性。

(5) 输出变量：用 $\boldsymbol{y}_t$ 表示。该类变量是状态变量 $\boldsymbol{x}_t$、随机变量 $\boldsymbol{\xi}_t$、控制变量 $\boldsymbol{u}_t$

和给定量 $\boldsymbol{d}_t$ 等变量的函数(本章仅考虑仿射线性组合)，其取值仅由当前时刻的状态变量、随机变量、控制变量等决定，不受前一时刻各个变量取值的影响。这类输出变量包括线路功率、ACE 等。此外，后面还会讨论约束和目标函数等，其中涉及的变量也仅与当前状态相关，因此这些变量也是输出变量。

表 4.1 对比了各个变量的特征，包括是否受随机性影响、是否可控、是否受控制量影响、建模方法等。

表 4.1　不同类型变量的特征

变量类别	是否受随机性影响	是否可控	是否受控制量影响	建模方法
随机变量	是	否	否	随机微分方程
给定量	否	否	否	给定值
控制变量	取决于控制策略	是	是	待定控制策略
状态变量	是	否	是	常微分方程
输出变量	是	否	是	代数方程

给定了表 4.1 的变量类型后，可用式(4.9)描述各类变量的模型：

$$\dot{\boldsymbol{x}}_t = \boldsymbol{A}_x \boldsymbol{x}_t + \boldsymbol{A}_u \boldsymbol{u}_t + \boldsymbol{A}_d \boldsymbol{d}_t + \boldsymbol{A}_\xi \boldsymbol{\xi}_t \tag{4.9a}$$

$$\boldsymbol{u}_t = \boldsymbol{B}_x \boldsymbol{x}_t + \boldsymbol{B}_\xi \boldsymbol{\xi}_t + \boldsymbol{u}_t^0 \tag{4.9b}$$

$$\boldsymbol{y}_t = \boldsymbol{C}_x \boldsymbol{x}_t + \boldsymbol{C}_u \boldsymbol{u}_t + \boldsymbol{C}_\xi \boldsymbol{\xi}_t + \boldsymbol{C}_d \boldsymbol{d}_t + \boldsymbol{y}_t^0 \tag{4.9c}$$

式(4.9a)为状态变量 $\boldsymbol{x}_t$ 所满足的常微分方程模型，其中，$\boldsymbol{A}_x$、$\boldsymbol{A}_u$、$\boldsymbol{A}_d$ 和 $\boldsymbol{A}_\xi$ 为系数矩阵。式(4.9b)中，$\boldsymbol{u}_t$ 是控制策略，此处考虑的控制策略均为仿射线性控制策略，其中，$\boldsymbol{B}_x$ 和 $\boldsymbol{B}_\xi$ 为系数矩阵，$\boldsymbol{u}_t^0$ 为 $\boldsymbol{u}_t$ 的偏移量。式(4.9c)中，$\boldsymbol{y}_t$ 表示输出变量和其他变量之间的线性组合关系，其中，$\boldsymbol{C}_x$、$\boldsymbol{C}_u$、$\boldsymbol{C}_d$、$\boldsymbol{C}_\xi$ 为系数矩阵，$\boldsymbol{y}_t^0$ 为偏移量。

在该模型中，涉及时间相关性的变量包括 $\boldsymbol{\xi}_t$ 和 $\boldsymbol{x}_t$，而描述它们的模型分别为伊藤过程模型(随机微分方程)和常微分方程模型。实际上，常微分方程可以看作随机微分方程的一个特例(扩散项为 0)，因此，$\boldsymbol{\xi}_t$ 和 $\boldsymbol{x}_t$ 可以用统一的伊藤过程模型描述：

$$\mathrm{d}\begin{bmatrix} \boldsymbol{\xi}_t \\ \boldsymbol{x}_t \end{bmatrix} = \begin{bmatrix} \boldsymbol{\mu}(\boldsymbol{\xi}_t) \\ \boldsymbol{A}_x \boldsymbol{x}_t + \boldsymbol{A}_u \boldsymbol{u}_t + \boldsymbol{A}_d \boldsymbol{d}_t + \boldsymbol{A}_\xi \boldsymbol{\xi}_t \end{bmatrix} \mathrm{d}t + \begin{bmatrix} \boldsymbol{\sigma}(\boldsymbol{\xi}_t) \\ \boldsymbol{0} \end{bmatrix} \mathrm{d}\boldsymbol{W}_t \tag{4.10}$$

其中，$\boldsymbol{W}_t$ 为标准维纳过程；$\boldsymbol{\mu}(\boldsymbol{\xi}_t)$ 为漂移项，描述了随机性趋向于期望值的性质；$\boldsymbol{\sigma}(\boldsymbol{\xi}_t)$ 为扩散项，描述了在时刻 t 所引入的随机性的大小。随机微分方程可以看作常微分方程的一种扩展，特别地，当 $\boldsymbol{\sigma}(\boldsymbol{\xi}_t)=\boldsymbol{0}$ 时，该随机微分方程退化为常

微分方程。

这也说明，采用伊藤过程对新能源的随机性进行建模，可以有效地将新能源的模型和电力系统的时序模型结合起来，而统一的模型将有助于新能源电力系统的分析和控制问题的求解。

三、约束和评估指标

这里给出 AGC 系统需要满足的约束和评估指标，并给出统一的期望值形式，以便于后面的分析。

(一) 约束

AGC 系统中需要考虑的约束包括发电机的出力约束、储能的功率和能量约束、线路功率约束等。具体来说，可以将约束表达为如式(4.11)所示：

$$\begin{aligned} &\underline{P}_i^{\text{ref}} \leqslant P_{i,t}^{\text{ref}} \leqslant \overline{P}_i^{\text{ref}}, \forall i \in \nu \\ &\underline{P}_i^{\text{E}} \leqslant P_{i,t}^{\text{E}} \leqslant \overline{P}_i^{\text{E}}, \forall i \in \nu \\ &\underline{E}_i^{\text{E}} \leqslant E_{i,t}^{\text{E}} \leqslant \overline{E}_i^{\text{E}}, \forall i \in \nu \\ &\underline{P}_{ij} \leqslant P_{ij,t} \leqslant \overline{P}_{ij}, \forall (i,j) \in \varepsilon \end{aligned} \tag{4.11}$$

其中，ν 为节点集合；ε 为支路集合。

式(4.11)中包含的变量均可表示为状态变量 $\boldsymbol{x}_t$、随机变量 $\boldsymbol{\xi}_t$ 和已知量 $\boldsymbol{d}_t$ 的线性组合。设所有约束的集合为 $\boldsymbol{C}$，则可以为每条约束 $i \in \boldsymbol{C}$ 定义一个输出变量 y_i。于是，式(4.11)的各约束可以写成统一的向量形式。

$$\underline{\boldsymbol{y}} \leqslant \boldsymbol{y}_t \leqslant \overline{\boldsymbol{y}} \tag{4.12}$$

其中，$\underline{\boldsymbol{y}}$、$\overline{\boldsymbol{y}}$ 的每一项表示各个约束中的上限值或下限值。由于 $\boldsymbol{x}_t$ 和 $\boldsymbol{\xi}_t$ 均有随机性，式(4.12)在不同场景下的结果也不同，通常有两种方法来理解式(4.12)。

(1) 几乎处处成立约束：每个约束以概率 1 成立，常用于鲁棒优化问题中。

(2) 机会约束：每条约束以给定的概率成立，常用于随机优化问题中。此时，约束的表达式为

$$\Pr\left\{y_{i,t} \leqslant \overline{y}_i\right\} \geqslant \gamma, \Pr\left\{y_{i,t} \geqslant \underline{y}_i\right\} \geqslant \gamma \tag{4.13}$$

其中，$\Pr\{\cdot\}$ 为概率；γ 为约束成立的概率(也称置信度)。

本书将式(4.12)中的约束看作机会约束。由于一般的机会约束难以处理，很多文献给出了用一阶矩和二阶矩近似处理机会约束的方法[80-82]。这里采用文献[80]的方法，将机会约束转化成如下表达式。

$$\mathbb{E}\left\{y_{i,t}\right\}+\kappa_{\gamma}\sqrt{\operatorname{var}\left\{y_{i,t}\right\}}\leqslant\overline{y}_{i},\mathbb{E}\left\{y_{i,t}\right\}-\kappa_{\gamma}\sqrt{\operatorname{var}\left\{y_{i,t}\right\}}\geqslant\underline{y}_{i} \tag{4.14}$$

式(4.14)中包含了期望值 $\mathbb{E}\left\{y_{i,t}\right\}$ 和方差 $\sqrt{\operatorname{var}\left\{y_{i,t}\right\}}$， $\operatorname{var}\left\{y_{i,t}\right\}$ 的具体形式为

$$\operatorname{var}\left\{y_{i,t}\right\}=\mathbb{E}\left\{(y_{i,t})^{2}\right\}-\left(\mathbb{E}\left\{y_{i,t}\right\}\right)^{2} \tag{4.15}$$

式(4.14)表明，为了保证机会约束成立，需要让期望值 $\mathbb{E}\left\{y_{i,t}\right\}$ 和上限 $\overline{y}_i$ 或下限 $\underline{y}_i$ 之间保持一定的裕度，即 $\kappa_{\gamma}\sqrt{\operatorname{var}\left\{y_{i,t}\right\}}$。 κ_γ 是 γ 的严格增函数，即 γ 越大，则 κ_γ 也越大，这意味着需要保持的裕度也就越大。 κ_γ 的计算方法可以参考文献[80]。需要说明的是，式(4.14)和原始的机会约束一般情况下并不完全等价，只是一种近似。只有在 $y_{i,t}$ 满足高斯分布时，才能选取合适的 κ_γ 使得二阶矩表达式和原始机会约束完全等价。

(二)积分形式的指标

在 AGC 系统的最优控制中，控制目标为各个区域的 ACE。所以，第 $\boldsymbol{m}$ 个区域的控制目标为

$$\min J=\mathbb{E}\int_{\mathcal{T}}(\mathrm{ACE}_{m,t}^{2}+\boldsymbol{u}_{t}^{\mathrm{T}}\boldsymbol{R}\boldsymbol{u}_{t})\mathrm{d}t \tag{4.16}$$

其中， $\boldsymbol{u}_t^{\mathrm{T}}\boldsymbol{R}\boldsymbol{u}_t$ 为控制成本，$\boldsymbol{R}$ 为系数矩阵，一般为正对角矩阵。在 $\mathcal{T}$ 为有限区间 $[0,T]$ 时，还需要考虑末端条件，此时的目标函数为

$$\min J=\mathbb{E}\int_{0}^{T}(\mathrm{ACE}_{m,t}^{2}+\boldsymbol{u}_{t}^{\mathrm{T}}\boldsymbol{R}\boldsymbol{u}_{t})\mathrm{d}t+\mathrm{ACE}_{m,T}^{2} \tag{4.17}$$

然而，本章仅考虑平稳状态下的分析(在数学上可以表示为 $t\to\infty$)，因此无须考虑末端条件。式(4.16)所描述的目标函数，可以表示为式(4.18)的紧凑化形式：

$$J=\mathbb{E}\int_{\mathcal{T}}\boldsymbol{y}_{t}^{\mathrm{T}}\boldsymbol{Q}\boldsymbol{y}_{t}\mathrm{d}t \tag{4.18}$$

式(4.18)将式(4.16)中涉及的变量均放入输出变量 $\boldsymbol{y}_t$ 中，以便后面统一论述，在该式中，权重 $\boldsymbol{Q}$ 为对角矩阵。

(三)乘积形式的指标

式(4.16)为最优控制问题的目标函数，但在 AGC 评估时，还需要考虑控制性能指标(control performance criteria，CPS)。CPS 由北美电力可靠性委员会(North American Electric Reliability Corporation，NERC)提出[38]，用于衡量在一定时间内

系统频率和 ACE 的总体波动情况。具体来说，CPS1 标准的表达式为

$$\mathbb{E}\left(\left\langle \mathrm{ACE}_m \right\rangle_{T_1} \left\langle \Delta_f \right\rangle_{T_1}\right) \leqslant -b_m \epsilon_{T_1,m}^2 \tag{4.19}$$

其中，$\langle\cdot\rangle_{T_1}$ 为在 T_1 时间内求均值，在 CPS1 指标中，T_1 通常为 1min；b_m 为区域 m 的偏移系数；$\epsilon_{T_1,m}$ 为阈值。CPS1 标准的含义为 ACE 和频率向同一个方向的偏移量不应超过某个阈值。对 T_1 时间求均值，表明 CPS1 指标并不关心比 T_1 周期更短的 ACE 和频率波动。

在 CPS1 指标中，并未考虑 ACE 和频率向反方向变化的约束。因此，需要辅以 CPS2 标准。CPS2 标准的表达式为

$$\Pr\left\{\left|\left\langle \mathrm{ACE}_m \right\rangle_{T_2}\right| \leqslant \epsilon_{T_2,m}\right\} \geqslant 0.9 \tag{4.20}$$

其中，$\epsilon_{T_2,m}$ 为阈值，T_2 通常为 10min。CPS2 指标表明，ACE 的绝对值超过给定阈值的概率不超过 10%。CPS2 是机会约束的形式，可以参照式(4.14)的方式，将其转化为方差形式：

$$\mathbb{E}\left(\left\langle \mathrm{ACE}_m \right\rangle_{T_2}^2\right) \leqslant \frac{\epsilon_{T_2,m}^2}{\kappa_{0.9}^2} \tag{4.21}$$

注意此处已经考虑了 $\mathbb{E}\left\langle \mathrm{ACE}_m \right\rangle_{T_2} = 0$。

式(4.19)和式(4.21)中，需计算的是 $\mathbb{E}\left(\left\langle \mathrm{ACE}_m \right\rangle_{T_1} \left\langle \Delta_f \right\rangle_{T_1}\right)$ 和 $\mathbb{E}\left(\left\langle \mathrm{ACE}_m \right\rangle_{T_2}^2\right)$，它们均为两个均值乘积的期望值。因此，可以将 ACE_m 和 Δ_f 表示为输出变量 $\boldsymbol{y}_t$ 的分量，对待求变量进行统一表述：

$$L_{ij,T} = \mathbb{E}\left(\left\langle y_{i,t} \right\rangle_T \left\langle y_{j,t} \right\rangle_T\right) \tag{4.22}$$

式(4.22)是一个通用形式，i 和 j 对应的是 CPS 指标中相应的变量在 $\boldsymbol{y}_t$ 中的序号，T 表示求平均值的时间区间长度。对于 CPS1 指标，可以令 $y_{i,t} = \mathrm{ACE}_{m,t}$，$y_{j,t} = \Delta_f(t)$，并令 $T = T_1$。对于 CPS2 指标，可以令 i=j，即 $y_{i,t} = y_{j,t} = \mathrm{ACE}_{m,t}$，并令 $T = T_2$。当然，$L_{ij,T}$ 的表述具有通用性，除了 CPS 指标，选择不同的 i、j 和 T 的值，$L_{ij,T}$ 也可以表示其他的指标，但本章仅考虑 CPS1 和 CPS2 指标。

(四) 小结

表 4.2 给出了约束和评估指标的期望形式，这也是在新能源电力系统的分析

中重点关注和求解的对象。

表 4.2　约束和评估指标的期望形式

类型	表达式	待求变量
约束指标	式(4.14)	$\mathbb{E}(y_{i,t})^2, \mathbb{E}\{y_{i,t}\}$
积分形式的指标	式(4.18)	$\mathbb{E}\int_T \boldsymbol{y}_t^{\mathrm{T}} \boldsymbol{Q} \boldsymbol{y}_t \mathrm{d}t$
乘积形式的指标	式(4.22)	$\mathbb{E}\left(\langle y_{i,t}\rangle_T \langle y_{j,t}\rangle_T\right)$

对于表 4.2 中的待求对象，其主要求解难点在于，根据式(4.9)，$\boldsymbol{y}_t$ 与 $\boldsymbol{x}_t$ 均和 $\boldsymbol{\xi}_t$ 相关，其随机特性随时间变化的规律相对复杂。此外，对于 CPS1/2 指标，其需要计算的目标是两个均值乘积的期望值，因此随机性的时间相关性对该指标的影响更大，这进一步增加了求解的难度。

在已有的文献中，一种方法是采用多场景仿真的方法，根据随机变量的随机特性，生成大量的场景，每个场景都是一个确定性的问题，求得结果后再对所有场景求均值即可[83, 84]。然而，为了得到较准确的结果，通常需要大量的场景，因此该方法的计算时间复杂度很高，不利于工程应用。另一种方法是采用简化的模型，如线性随机微分方程模型[85]，通过解析方法求解，然而过于简化的模型精度会受到影响。如何在保证计算精度的前提下提升计算效率，是亟待解决的问题。

对于该问题，本章将会采用功率谱方法给出平稳情形下的求解结果，第六章则会采用级数逼近方法处理非平稳情形下的新能源电力系统分析问题。

第二节　基于功率谱的新能源电力系统频域分析方法

基于第二章提出的功率谱与平稳随机过程频域方法，本节提出了表 4.2 中所述的各个变量的频域计算方法。在这种情况下，随机变量 $\boldsymbol{\xi}_t$ 和系统中各个变量的统计特性是平稳的，不随时间发生变化。然而，随机变量的时间相关性仍会对各个变量的统计特性造成影响，这也是求解的难点之一。本节所提出的方法给出了随机过程时间相关性的频域描述，并且可以将时域的微分特性转变为频域的代数特性，以便有效地求解。

一、CPSD 的计算方法

表 4.2 中乘积形式的指标，涉及不同平稳随机过程间的乘积，这一般可以采用随机过程间的相关性进行计算。本章在第二章所述的平稳随机过程的基本概念基础上进行拓展，提出平稳随机过程的 CPSD 的计算方法，实现随机过程间的时域相关性向频域的转换。

首先，拓展定义 2.1，提出联合平稳随机过程(定义 4.1)与 CPSD(定义 4.2)。

定义 4.1　对任意 i,j 且 $i \neq j$，$x_i(t)$ 与 $x_j(t)$ 均为平稳随机过程。对任意 $s,t \in T$，$s \geqslant t$，设 $\tau = s-t$，若 $x_i(t)$ 与 $x_j(t)$ 的相关函数 $R_{ij}(t,t+\tau) \triangleq \mathbb{E}\left[x_i(t)x_j(t+\tau)\right] = R_{ij}(\tau)$，则称 $x_i(t)$ 与 $x_j(t)$ 为联合平稳随机过程。

定义 4.2　平稳随机过程 $x_i(t)$ 与 $x_j(t)$ 的 CPSD $S_{ij}(f)$ 是其相关函数 $R_{ij}(\tau)$ 的傅里叶变换，即式(4.23)成立：

$$S_{ij}(f) = \mathrm{FT}\left[R_{ij}(\tau)\right] = \int_{-\infty}^{+\infty} R_{ij}(\tau)\mathrm{e}^{-\mathrm{j}2\pi f\tau}\mathrm{d}\tau \tag{4.23}$$

读者需注意，为了全书的频域符号保持统一，本章不加区分地使用 f 表示频域的频谱变量与电力系统的频率 f。

基于定义 4.1 和定义 4.2，可计算平稳随机过程通过线性系统后的随机响应的 CPSD，如定理 4.1 所述。

定理 4.1　对任意平稳随机过程 $x_{i'}(t)$ 与 $x_{j'}(t)$，满足式(4.24)：

$$\begin{cases} X_{i'}(f) = H_i(f)X_i(f) \\ X_{j'}(f) = H_j(f)X_j(f) \end{cases} \tag{4.24}$$

其中，$H_i(f)$ 和 $H_j(f)$ 为线性系统的频率响应；$X_i(f)$ 与 $X_j(f)$ 分别为平稳随机过程 $x_i(t)$ 与 $x_j(t)$ 的傅里叶变换。若 $x_i(t)$ 与 $x_j(t)$ 为联合平稳随机过程，且其 CPSD 为 $S_{ij}(f)$，则 $x_{i'}(t)$ 与 $x_{j'}(t)$ 的 CPSD 由式(4.25)给出：

$$S_{i'j'}(f) = H_i^*(f)H_j(f)S_{ij}(f) \tag{4.25}$$

其中，$H_i^*(f)$ 为 $H_i(f)$ 的共轭。

定理 4.1 的证明可参考文献[86]的第一章。根据定理 4.1，可以容易地计算多个平稳随机过程通过线性系统后，系统输出的 CPSD $S_{i'j'}(f)$。

二、新能源电力系统的功率谱特性描述

下面推导新能源电力系统的功率谱特性，即表 4.2 中所涉及的变量 $\boldsymbol{y}_t$ 的功率谱特性。根据表 4.2 可知，需要讨论的约束和评估指标均可以用 $\boldsymbol{y}_t$ 表示，因此不失一般性，仅描述 $\boldsymbol{y}_t$ 的功率谱特性。

对于系统模型式(4.9)，本章仅考虑平稳状态的情况，即系统随机特性不随时间变化的情况。因此，可将各个变量的期望值作为基准点，使得系统的平衡位置始终位于 $\boldsymbol{\xi}_t = \mathbf{0}$，$\boldsymbol{d}_t = \mathbf{0}$，$\boldsymbol{u}_t = \mathbf{0}$，$\boldsymbol{x}_t = \mathbf{0}$，$\boldsymbol{y}_t = \mathbf{0}$。在该基准点下，$\boldsymbol{d}_t$、$\boldsymbol{u}_t^0$ 和 $\boldsymbol{y}_t^0$

均为零，于是有如下模型。

模型 4.1　新能源电力系统的平稳随机过程模型：

$$\dot{\boldsymbol{x}}_t = \boldsymbol{A}_x\boldsymbol{x}_t + \boldsymbol{A}_u\boldsymbol{u}_t + \boldsymbol{A}_\xi\boldsymbol{\xi}_t \tag{4.26a}$$

$$\boldsymbol{u}_t = \boldsymbol{B}_x\boldsymbol{x}_t + \boldsymbol{B}_\xi\boldsymbol{\xi}_t \tag{4.26b}$$

$$\boldsymbol{y}_t = \boldsymbol{C}_x\boldsymbol{x}_t + \boldsymbol{C}_u\boldsymbol{u}_t + \boldsymbol{C}_\xi\boldsymbol{\xi}_t \tag{4.26c}$$

模型 4.1 的频域形式为

$$\begin{aligned} &\mathrm{j}2\pi f\boldsymbol{X}(f) = \boldsymbol{A}_x\boldsymbol{X}(f) + \boldsymbol{A}_u\boldsymbol{U}(f) + \boldsymbol{A}_\xi\Xi(f) \\ &\boldsymbol{U}(f) = \boldsymbol{B}_x\boldsymbol{X}(f) + \boldsymbol{B}_\xi\Xi(f) \\ &\boldsymbol{Y}(f) = \boldsymbol{C}_x\boldsymbol{X}(f) + \boldsymbol{C}_u\boldsymbol{U}(f) + \boldsymbol{C}_\xi\Xi(f) \end{aligned} \tag{4.27}$$

其中，$\boldsymbol{X}(f)$、$\boldsymbol{U}(f)$、$\boldsymbol{Y}(f)$ 和 $\Xi(f)$ 分别为 $\boldsymbol{x}_t$、$\boldsymbol{u}_t$、$\boldsymbol{y}_t$ 和 $\boldsymbol{\xi}_t$ 的频域表示。在频域中，式(4.27)是一个代数方程，由此可以得到

$$\begin{aligned} &\boldsymbol{Y}(f) = \boldsymbol{H}_{y\xi}(f)\Xi(f) \\ &\boldsymbol{H}_{y\xi}(f) = (\boldsymbol{C}_x + \boldsymbol{C}_u\boldsymbol{B}_x)\left[\mathrm{j}2\pi f\boldsymbol{I} - (\boldsymbol{A}_x + \boldsymbol{A}_u\boldsymbol{B}_x)\right]^{-1} + \boldsymbol{C}_\xi + \boldsymbol{C}_u\boldsymbol{B}_\xi \end{aligned} \tag{4.28}$$

其中，$\boldsymbol{H}_{y\xi}(f)$ 为电力系统的频率响应传递函数。

利用第二章提出的定理 2.2 与式(2.5)，容易计算 $\boldsymbol{y}_t$ 的功率谱密度，其为式(4.29)：

$$\boldsymbol{S}_y(f) = \left|\boldsymbol{H}_{y\xi}(f)\right|^2 \boldsymbol{S}_\xi(f) \tag{4.29}$$

式(4.29)给出了新能源电力系统的输出变量 $\boldsymbol{y}_t$ 的功率谱密度。接下来将给出表 4.2 中的各项约束和评估指标的求解方法。

三、新能源电力系统平稳特性的统一频域评估方法

在表 4.2 中共有三项评估指标，下面逐项进行分析。

(一)约束指标

对于表 4.2 中的约束指标，需要求得 $\mathbb{E}(y_{i,t})^2$ 和 $\mathbb{E}\{y_{i,t}\}$。对于后者，在式(4.26)中，通过选取合适的基准点，消除了 $\boldsymbol{d}_t$、$\boldsymbol{u}_t^0$ 和 $\boldsymbol{y}_t^0$ 的影响，因此在平稳状态下，可以得到 $\mathbb{E}\{y_{i,t}\}=0$。于是此处只需考虑第一项 $\mathbb{E}(y_{i,t})^2$ 在平稳状态下的取值。根

据自相关函数的定义，该二阶矩为自相关函数 $R_{y_i,y_i}(0)$ 。因此，通过定理 4.1 可以得到

$$\mathbb{E}(y_{i,t})^2 = R_{y_i,y_i}(0) = \int_{-\infty}^{\infty} S_{y_i,y_i}(f)\mathrm{d}f \tag{4.30}$$

其中， $S_{y_i,y_i}(f)$ 为输出 y_i 的功率谱密度，可根据式(4.29)计算。

(二)积分形式的指标

对于表 4.2 中的积分形式的指标，其权重 $\boldsymbol{Q}$ 为对角矩阵，因此目标函数可以写成如下形式：

$$\mathbb{E}\int_{\mathcal{T}} \boldsymbol{y}_t^{\mathrm{T}}\boldsymbol{Q}\boldsymbol{y}_t\mathrm{d}t = \mathbb{E}\int_{\mathcal{T}}\sum_{i\in\mathcal{Y}} Q_{ii}(y_{i,t})^2\mathrm{d}t = \sum_{i\in\mathcal{Y}}\int_{\mathcal{T}} Q_{ii}\mathbb{E}(y_{i,t})^2\mathrm{d}t \tag{4.31}$$

其中，$\mathcal{Y}$ 为 $\boldsymbol{y}_t$ 分量的下标集合。在本章所考虑的平稳状态下，有 $\mathbb{E}(y_{i,t})^2 = R_{y_i,y_i}(0)$，于是可以得到式(4.32)：

$$\mathbb{E}\int_{\mathcal{T}} \boldsymbol{y}_t^{\mathrm{T}}\boldsymbol{Q}\boldsymbol{y}_t\mathrm{d}t = \sum_{i\in\mathcal{Y}}\int_{\mathcal{T}} Q_{ii}R_{y_i,y_i}(0)\mathrm{d}t = |\mathcal{T}|\sum_{i\in\mathcal{Y}} Q_{ii}R_{y_i,y_i}(0)\mathrm{d}t \tag{4.32}$$

其中，$|\mathcal{T}|$ 表示积分区间的长度。根据式(4.32)，只需计算出 $R_{y_i,y_i}(0)$ ，即可得到目标函数的平稳值。而 $R_{y_i,y_i}(0)$ 可以通过式(4.30)计算，因此有

$$\mathbb{E}\int_{\mathcal{T}} \boldsymbol{y}_t^{\mathrm{T}}\boldsymbol{Q}\boldsymbol{y}_t\mathrm{d}t = |\mathcal{T}|\int_{-\infty}^{\infty}\sum_{i\in\mathcal{Y}} Q_{ii}S_{y_i,y_i}(f)\mathrm{d}f \tag{4.33}$$

可以看出，积分形式的期望值求解和单点的期望值求解非常类似。这是因为期望值的运算 $\mathbb{E}(\cdot)$ 服从叠加原理，而平稳随机过程在不同时间的随机特性相同，所以只需将单个时刻的期望值乘以区间的长度即可。

(三)乘积形式的指标

表 4.2 中的 CPS 指标 $\mathbb{E}\left(\left\langle y_{i,t}\right\rangle_{\mathcal{T}}\left\langle y_{j,t}\right\rangle_{\mathcal{T}}\right)$ 涉及两个量的乘积，而每个量均为随机过程在时间间隔 T 之内的平均值。因此，CPS 指标计算比前面两种指标更加复杂。如何将平均值的乘积纳入功率谱表示，是求解 CPS 指标的关键。为此本书给出定理 4.2。

定理 4.2　假设 $y_{i,t}$ 和 $y_{j,t}$ 的 CPSD 为 S_{y_i,y_j} ，则式(4.34)成立：

$$\mathbb{E}\left(\left\langle y_{i,t}\right\rangle_T \left\langle y_{j,t}\right\rangle_T\right) = \int_{-\infty}^{\infty} S_{y_i,y_j}(f)\left[\frac{\sin(\pi fT)}{\pi fT}\right]^2 \mathrm{d}f \tag{4.34}$$

证明　不失一般性，将求平均值的区间记作[0, T]，则有

$$\begin{aligned}
&\mathbb{E}\left(\left\langle y_{i,t}\right\rangle_T \left\langle y_{j,t}\right\rangle_T\right) \\
&= \frac{1}{T^2}\int_0^T\int_0^T \mathbb{E}\left\{y_{i,t_1} y_{j,t_2}\right\}\mathrm{d}t_1\mathrm{d}t_2 \\
&= \frac{1}{T^2}\int_0^T\int_0^T R_{y_i,y_j}(t_1 - t_2)\mathrm{d}t_1\mathrm{d}t_2 \\
&= \frac{1}{T^2}\int_0^T\int_0^T\int_{-\infty}^{\infty} S_{y_i,y_j}(f)\exp\left[\mathrm{j}2\pi f(t_1 - t_2)\right]\mathrm{d}t_1\mathrm{d}t_2\mathrm{d}f \\
&= \frac{1}{T^2}\int_{-\infty}^{\infty} S_{y_i,y_j}(f)\left\{\int_0^T\int_0^T \exp\left[\mathrm{j}2\pi f(t_1 - t_2)\right]\mathrm{d}t_1\mathrm{d}t_2\right\}\mathrm{d}f
\end{aligned} \tag{4.35}$$

而$\int_0^T\int_0^T \exp\left[\mathrm{j}2\pi f(t_1 - t_2)\right]\mathrm{d}t_1\mathrm{d}t_2$可以按照式(4.36)计算：

$$\begin{aligned}
&\int_0^T\int_0^T \exp\left[\mathrm{j}2\pi f(t_1 - t_2)\right]\mathrm{d}t_1\mathrm{d}t_2 \\
&= \left[\int_0^T \exp(\mathrm{j}2\pi f t_1)\mathrm{d}t_1\right]\left[\int_0^T \exp(-\mathrm{j}2\pi f t_2)\mathrm{d}t_2\right] \\
&= \frac{\exp(\mathrm{j}2\pi fT) - 1}{\mathrm{j}2\pi f}\cdot\frac{\exp(-\mathrm{j}2\pi fT) - 1}{\mathrm{j}2\pi f} \\
&= \frac{2[1 - \cos(2\pi fT)]}{(2\pi f)^2} = \left[\frac{\sin(\pi fT)}{\pi f}\right]^2
\end{aligned} \tag{4.36}$$

将式(4.36)代入式(4.35)，即可证明定理 4.2。

式(4.34)中，$S_{y_i,y_j}(f)$表示输出y_i与y_j的CPSD，可根据定理4.1计算。式(4.34)具有明显的物理意义，该式的积分项中含有抽样函数$\mathrm{Sa}(\pi fT)$的平方，其中$\mathrm{Sa}(x) = \sin x / x$。抽样函数平方的图像如图 4.2 所示，可见其旁瓣的幅值远小于主瓣的幅值。因此，抽样函数可以看成对f的一个低通滤波器，即待求指标的值和$y_{i,t}$、$y_{j,t}$的低频特性相关性更大，和它们的高频特性相关性较小。事实上，求平均值的操作保留了一定时间尺度T下的平均特性，和临界频率为$1/T$的低通滤波器的作用是类似的。图 4.2 也显示，当T变大的时候，抽样函数平方的主瓣宽度会缩小，这说明求平均值的时间尺度越大，得到的$\left\langle y_{i,t}\right\rangle_T$和$\left\langle y_{j,t}\right\rangle_T$波动就越小，所得到的指标也就越低。由此可见，基于功率谱的方法能够定量表达不同频率的随机特性对待求指标的影响。

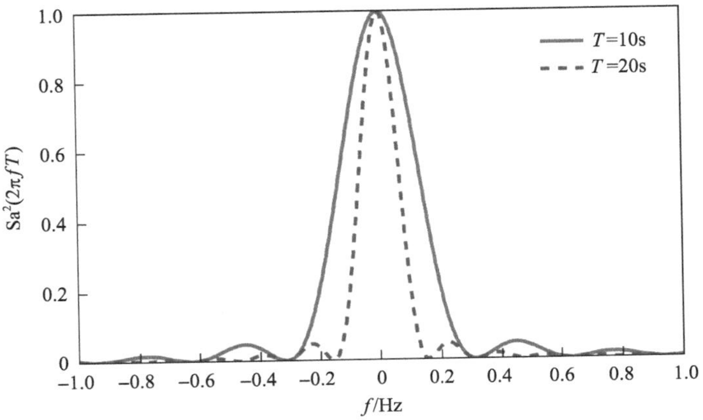

图 4.2　抽样函数平方的图像

(四) 统一频域评估算法

综合以上讨论，可以给出新能源电力系统平稳特性的统一频域评估方法，即算法 4.1。

算法 4.1　新能源电力系统平稳特性的统一频域评估方法

输入：模型 4.1

输出：表 4.2 给出的各类指标值

(1) 根据式(2.4)，计算 $\boldsymbol{\xi}_t$ 的 PSD $\boldsymbol{S}_\xi(f)$；

(2) 根据式(4.28)，计算转移函数矩阵

$$\boldsymbol{H}_{y\xi}(f)=(\boldsymbol{C}_x+\boldsymbol{C}_u\boldsymbol{B}_x)\left[\mathrm{j}2\pi f\boldsymbol{I}-(\boldsymbol{A}_x+\boldsymbol{A}_u\boldsymbol{B}_x)\right]^{-1}+(\boldsymbol{C}_\xi+\boldsymbol{C}_u\boldsymbol{B}_\xi)\ ;$$

(3) 根据定理 2.2，计算 $\boldsymbol{y}_t$ 的 PSD $\boldsymbol{S}_y(f)=\left|\boldsymbol{H}_{y\xi}(f)\right|^2\boldsymbol{S}_\xi(f)$；

(4) 根据式(4.30)计算表 4.2 中的约束指标；

(5) 根据式(4.33)计算表 4.2 中的积分形式的指标；

(6) 根据式(4.34)计算表 4.2 中的乘积形式的指标(如 CPS 指标)，其中 $S_{y_i,y_j}(f)$ 表示输出 y_i 与 y_j 的 CPSD，可根据定理 4.1 计算。

算法 4.1 给出了基于功率谱方法的新能源电力系统 AGC 问题的平稳分析方法。该方法首先计算新能源随机性的功率谱特性，再根据电力系统的特性得到新能源电力系统的功率谱特性，最后利用频域的功率谱特性给出时域的各个待求指

标的求解方法。利用频域评估方法，可以有效地对各种控制策略的效果进行理论分析，从而避免传统文献中依靠仿真的评估方法所带来的计算量庞大的问题。

第三节　算 例 分 析

一、算例 1：微网算例

(一) 算例参数

本算例是一个微网算例，该微网仅含有 1 台发电机、1 个储能单元和 1 个风电机组，且该微网整体被看作单个节点，因此没有网络约束。该微网的基准功率为 100kVA。发电机组的相关参数如表 4.3 所示，T^{g} 为发电机转子响应时间常数；T^{t} 为原动机转子响应时间常数。

表 4.3　算例 1 的发电机相关参数

阻尼系数 D/(p.u./Hz)	惯性系数 H/(p.u./s)	下垂系数 R/(Hz/p.u.)	T^{g}/s	T^{t}/s	K_{P}	K_{I}
0.015	0.1667	3.00	0.08	0.40	0.10	0.01

为方便起见，此处直接给出风电随机性和 AGC 系统元件的频域表示。风电的功率谱密度采用了文献[87]所给出的结果，即 $\boldsymbol{\xi}_t$ 的功率谱密度为

$$S_{\xi\xi}(f)=5.5\times10^{-6}f^{-\frac{5}{3}} \tag{4.37}$$

储能单元的功率和能量上限分别为 10kW 和 2kW · h。因为此处考察的时间尺度为秒级到分钟级，所以可忽略耗散系数。储能出力的频域表达式为式(4.38)，并设置 k^{EU} =0.3：

$$P^{\mathrm{EU}}(f)=-\frac{k^{\mathrm{EU}}}{1+\mathrm{j}2\pi f}\Delta_f(f) \tag{4.38}$$

为了验证本章提出的频域分析方法，此处把频域分析得到的各个评价指标的估计值和蒙特卡罗仿真得到的估计值进行对比。在蒙特卡罗仿真中，本章采用文献[60]、[61]中的方法随机仿真了 1000 个风电出力场景。在每个场景中，忽略仿真初期状态变量初值造成的非平稳状态的结果，在到达平稳状态后取 600s 的数据，并计算对应场景下的评估指标，求期望得到仿真结果。

(二) 系统变量的概率分布

这里考虑的系统变量包括系统频率偏差 Δ_f 、储能功率 P^{EU} 和储能能量 E^{EU} 。

可以根据式(4.38)计算出 Δ_f 的方差为 $5\times10^{-4}\text{Hz}^2$ 。为验证该结果，图 4.3(a)和图 4.3(b)分别给出了各个时刻的 Δ_f 方差数据和 Δ_f 在整个仿真过程中的累积分布函数。类似地，储能功率和储能能量的方差与累积分布函数分别在图 4.3(c)～(f)中。容易看出，通过频域模型计算出的理论结果和蒙特卡罗仿真得到的仿真结果具有较好的一致性。

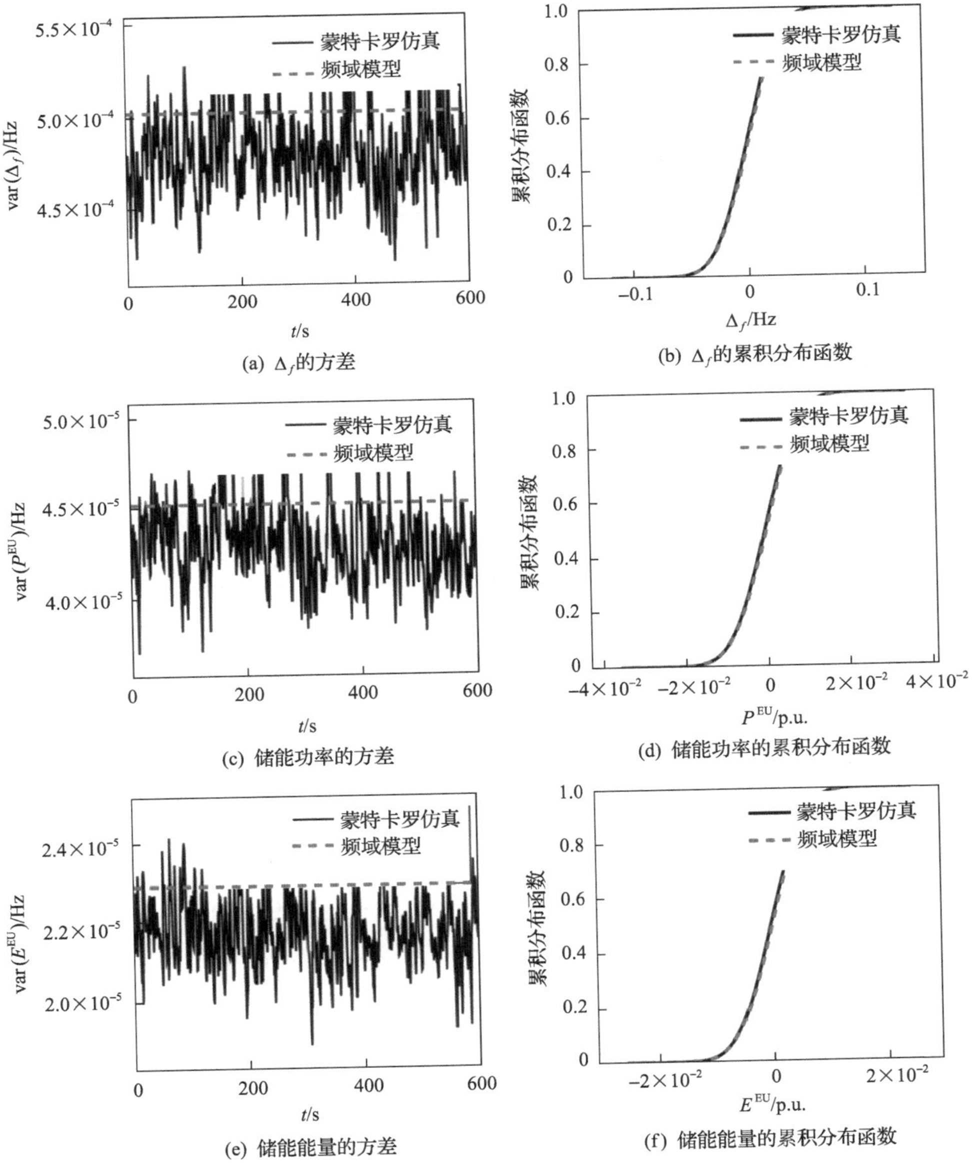

(a) Δ_f的方差

(b) Δ_f的累积分布函数

(c) 储能功率的方差

(d) 储能功率的累积分布函数

(e) 储能能量的方差

(f) 储能能量的累积分布函数

图 4.3　系统变量的分布

同样地，可以根据累积分布函数判断系统约束成立的概率。例如，根据图 4.3(b)，在不同的置信度下，可以给出不同的“系统频率变化范围”。例如，置信度为 90% 的时候，系统频率的变化范围为 0.037Hz，而在 3σ 准则，即 99.74%的置信度下，系统频率的变化范围则是 0.067Hz。如果系统频率的约束为 0.05Hz，则可以计算出约束成立的概率为 97.43%。

(三) CPS 指标的估计

图 4.4 给出了 $\mathbb{E}\left(\langle \text{ACE}\rangle_T \left\langle \Delta_f \right\rangle_T\right)$ 和求平均值的时间窗口 T 之间的关系。可以看出，在不同的时间窗口下，频域分析模型的计算结果和蒙特卡罗仿真的结果具有较好的一致性。CPS1 和 CPS2 的指标分别对应于 $T=T_1=1\,\text{min}$ 和 $T=T_2=10\,\text{min}$ 的情形。图 4.5 则给出了在不同的阈值下，CPS2 指标的满足情况，可见由理论计算得到的 ACE 不越限的概率和实际的概率有一定差别，但总体较为接近。因此，本章提出的频域分析方法可以用于 CPS1 和 CPS2 指标的评估。

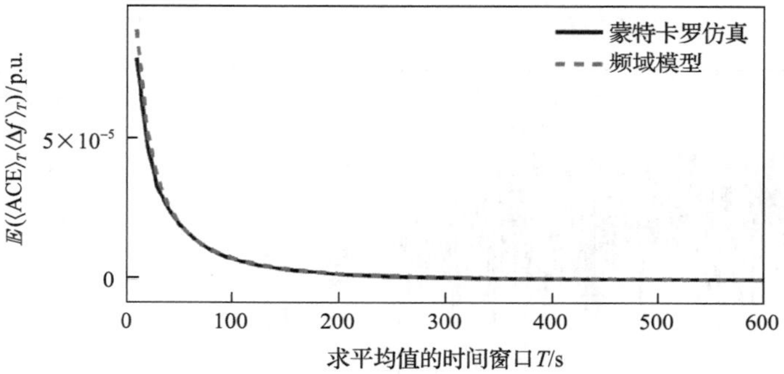

图 4.4　$\mathbb{E}\left(\langle \text{ACE}\rangle_{T_1} \left\langle \Delta_f \right\rangle_{T_1}\right)$ 的仿真结果

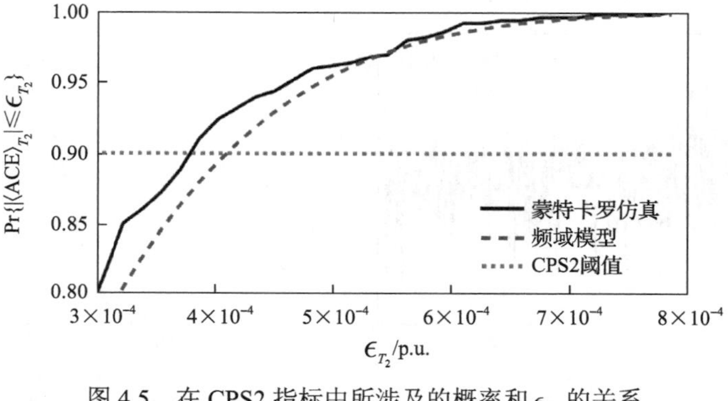

图 4.5　在 CPS2 指标中所涉及的概率和 ϵ_{T_2} 的关系

此外，根据图 4.4，理论计算和仿真结果均说明了 $\mathbb{E}\left(\langle \mathrm{ACE}\rangle_T \left\langle \Delta_f \right\rangle_T\right)$ 的值随着时间的增长而下降。根据定理 4.2，该现象很容易得到解释。事实上，如前所述，求平均值可以理解为一个低通滤波环节，而 T 决定了滤波函数 $\mathrm{Sa}(\pi fT)$ 的通带宽度。因此 T 越大，通带越窄，通过该滤波环节的随机信号能量就越低。因此，图 4.4 可以作为定理 4.2 的验证。

（四）讨论

此处考虑不同的风电渗透率对于 CPS1 指标的影响。为此，引入风电容量系数 η，并考虑风电机组容量为基准情形的 η 倍的场景。图 4.6 给出了在不同的风电容量系数下，为了维持 CPS1 指标不变，所需要的 k^{EU} 的值。可以看出，当风电容量系数提高到基准情形的 5 倍时，控制系数 k^{EU} 需要提高到基准情形的 100 倍左右。因此，风电容量系数提高时，控制策略、对应的储能容量和电量等都需要做出相应的调整。

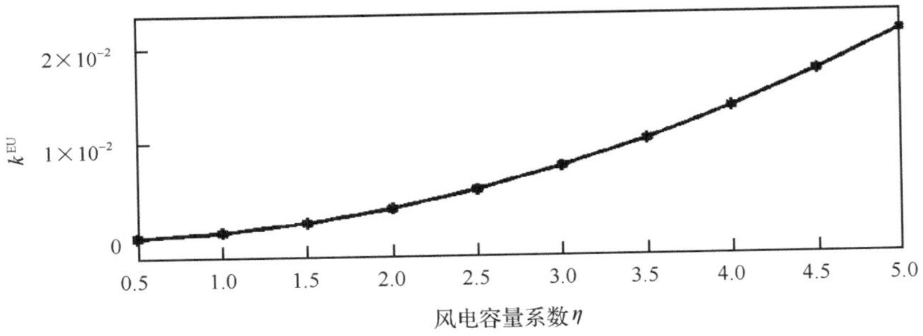

图 4.6　不同风电容量系数下的 k^{EU}

图 4.7 给出了在不同的控制系数 k^{EU} 下的 $\mathbb{E}\left(\langle \mathrm{ACE}\rangle_{T_1} \left\langle \Delta_f \right\rangle_{T_1}\right)$ 指标，和所需的储能功率上限 $\overline{P}^{\mathrm{EU}}$ 和储能能量上限 $\overline{E}^{\mathrm{EU}}$。此处，$\overline{P}^{\mathrm{EU}}$ 和 $\overline{E}^{\mathrm{EU}}$ 均按照 3σ 准则计算。由图 4.7 可以看出，k^{EU} 增大时，CPS1 指标下降，而 $\overline{P}^{\mathrm{EU}}$ 和 $\overline{E}^{\mathrm{EU}}$ 增大。因此，如果采用式(4.38)所描述的控制律，则 k^{EU} 需要取合适的数值，以保证达到合适的控制效果的同时，储能的功率和能量波动也在合理的范围内。同时，为了达到更好的控制效果，需要更大容量的储能。由此可见，本章提出的指标评估方法，有助于控制律的设计以及储能容量和电量的规划。当然，本章的频域方法主要用于线性模型下的控制效果评估，而基于伊藤模型的控制律设计问题将在第六章详细论述。

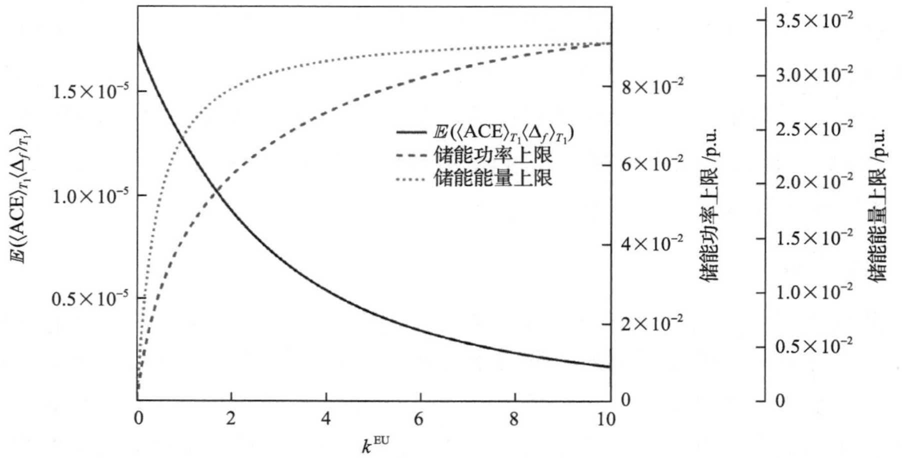

图 4.7　$\mathbb{E}\left(\langle \mathrm{ACE}\rangle_{T_1}\left\langle \Delta_f\right\rangle_{T_1}\right)$ 和储能参数之间的关系

二、算例 2：IEEE118 节点算例

(一) 系统参数

本算例采用 IEEE118 节点系统[88]，其中包含 54 个发电机和 186 条线路。该系统的结构图如图 4.8 所示，其中包含两个区域，即区域 A 和区域 B。系统中接入了两个风电场，分别位于节点 11(区域 A)和节点 100(区域 B)，并简记为 W1 和 W2。在区域 A 和区域 B 之间共有 4 条联络线。两个区域的频率偏差系数 b 分别为–5p.u./Hz 和–1.2p.u./Hz。两个区域均采用联络线偏差控制(tie-line bias control)，控制策略为 PI 控制，PI 系数为 $k_{\mathrm{P}}=0.3$，$k_{\mathrm{I}}=0.1$。每个区域均采用集中式控制策略，由控制中心计算功率偏差，并按容量比例分配到每台发电机。因此，每台发电机的控制策略为

$$H_i^{\mathrm{PU}}(f)=-\frac{c_i}{1+\mathrm{j}2\pi f\tau}\left(k_{\mathrm{P}}+\frac{k_{\mathrm{I}}}{\mathrm{j}2\pi f}\mathrm{ACE}(f)\right) \tag{4.39}$$

式中，c_i 是第 i 台发电机的功率分配系数；τ 为控制延迟。

(二) 计算速度和计算效果

为了验证所提出的频域分析方法，此处对比了一些重要系统变量的标准差和两个区域的 CPS1 指标。此外，本章将所提出的方法和文献[85]中的基于生成函数的方法计算得到的结果进行了比较，结果如表 4.4 所示。同时，表 4.5 对比了三种方法的计算时间。

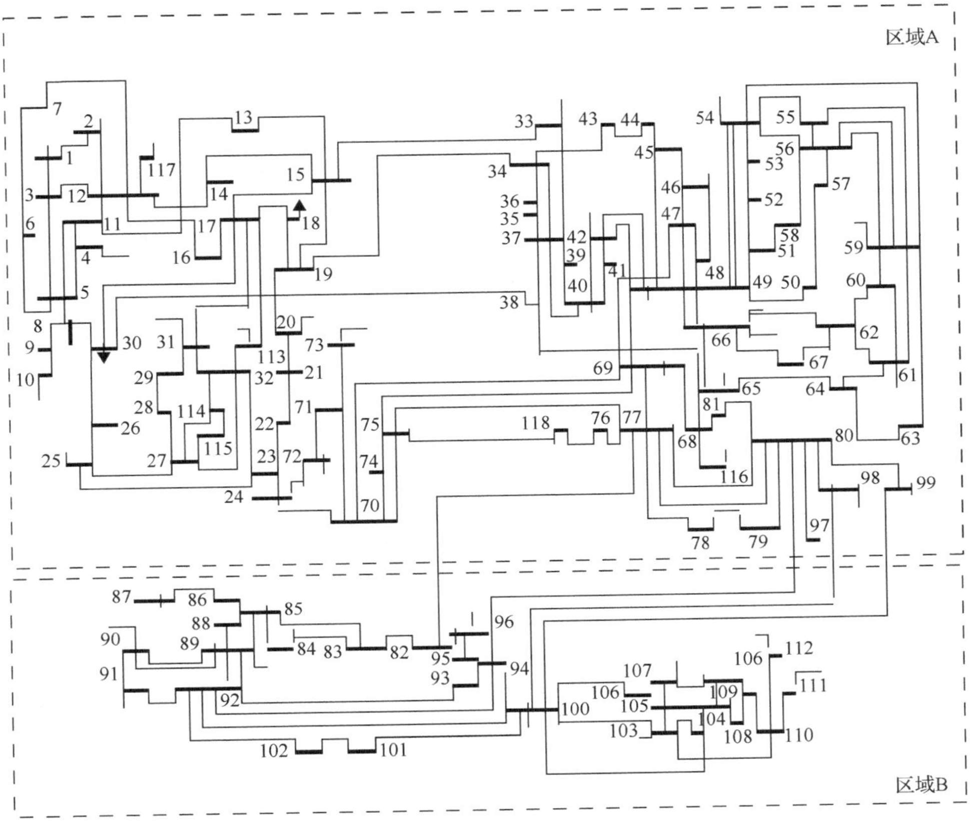

图 4.8　IEEE118 节点系统

表 4.4　IEEE118 节点系统的计算结果

变量	蒙特卡罗方法	频域分析方法	生成函数方法[85]
Δ_f	0.0060	0.0059	0.0111
P^{L}_{77-95} / p.u.	0.0183	0.0182	0.0343
P^{L}_{80-94} / p.u.	0.0134	0.0132	0.0250
P^{L}_{98-100} / p.u.	0.0365	0.0362	0.0683
P^{L}_{99-100} / p.u.	0.0366	0.0362	0.0682
$\mathrm{ACE_A}$ / p.u.	0.2298	0.2268	0.4282
$\mathrm{ACE_B}$ / p.u.	0.1651	0.1629	0.3074
$\mathbb{E}\left(\langle \mathrm{ACE}\rangle_{T_1}\left\langle \Delta_f \right\rangle_{T_1}\right)$-A / p.u.	7.279×10^{-4}	7.279×10^{-4}	0.0031
$\mathbb{E}\left(\langle \mathrm{ACE}\rangle_{T_1}\left\langle \Delta_f \right\rangle_{T_1}\right)$-B / p.u.	4.889×10^{-4}	4.979×10^{-4}	0.0021

表 4.5　IEEE118 节点系统的计算时间

方法	蒙特卡罗方法	频域分析方法	生成函数方法[85]
计算时间/s	120.490	0.026	0.667

由表 4.4 和表 4.5 可知，频域分析方法的计算结果和仿真结果具有较好的一致性，而计算效率显著高于蒙特卡罗仿真的方法。生成函数方法计算效率略低于频域分析方法(这是因为该方法处理求平均的环节较为低效)，且计算误差明显高于频域分析方法。由此可见，频域分析方法在评估 AGC 系统的运行效果时具有明显的优势。这是因为，频域分析方法采用功率谱描述，能够较好地刻画平稳随机过程在各个频段的特征，从而可以用较短的时间获得较准确的评估结果。

(三) 讨论

图 4.9 给出了不同的时间窗口 T 和不同的控制时延 τ 下的 $\mathbb{E}\left(\left\langle \mathrm{ACE_A}\right\rangle_T \left\langle \Delta_f\right\rangle_T\right)$ 的评估结果，图 4.10 给出了 CPS2 概率和阈值之间的关系。可以看出，在 IEEE118 节点系统中，频域分析方法仍然可以有效地计算 AGC 的性能指标。此外，根据图 4.9，控制时延 τ 越大，得到的 τ 下的 $\mathbb{E}\left(\left\langle \mathrm{ACE_A}\right\rangle_T \left\langle \Delta_f\right\rangle_T\right)$ 也就越大，这也说明了较小的控制时延有益于提升控制效果。

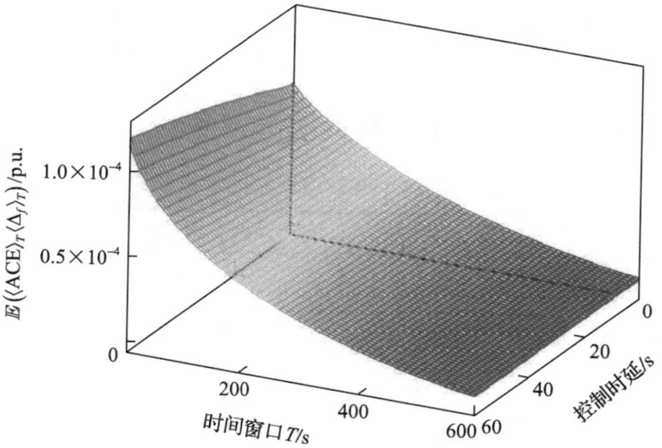

图 4.9　指标 $\mathbb{E}\left(\left\langle \mathrm{ACE_A}\right\rangle_T \left\langle \Delta_f\right\rangle_T\right)$ 的计算结果

图 4.11 给出了不同的风电容量系数对区域 A 的 CPS1 的影响。可以看出，改变 W2 的容量对于系统控制效果的影响更大。这是由于在本算例中，系统的 ACE 主要取决于联络线功率，而 W2 离联络线的电气距离更近，其功率对联络线功率的影响更大。因此，W2 的容量提升时，系统的 CPS1 指标恶化更加明显。

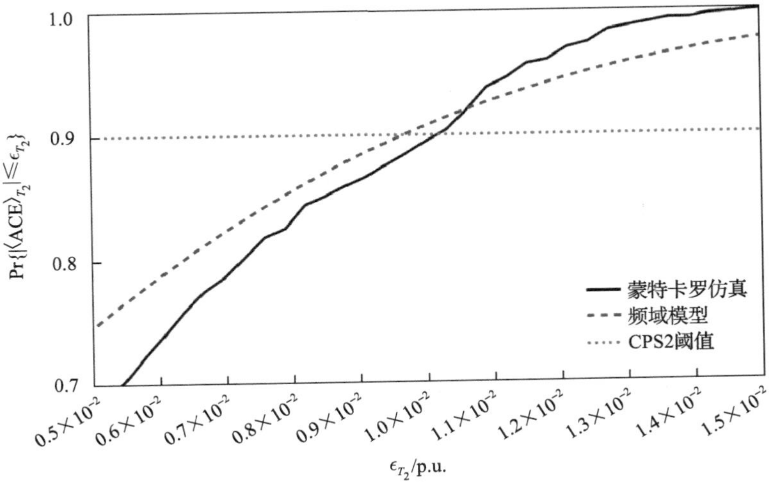

图 4.10　在 CPS2 指标中所涉及的概率和 ϵ_{T_2} 的关系

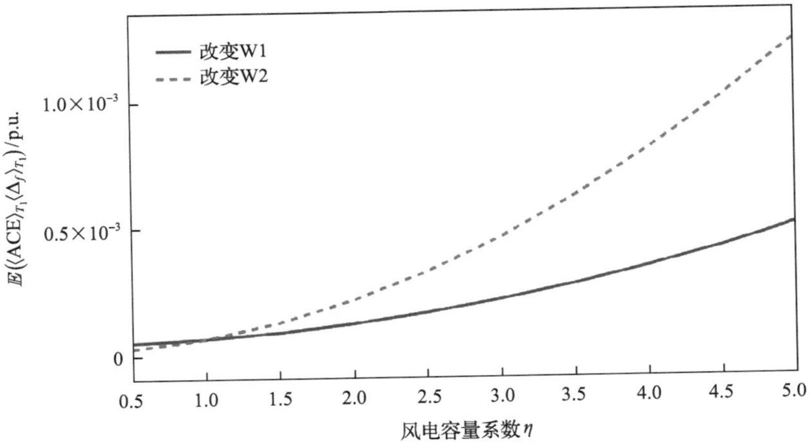

图 4.11　CPS1 所涉及的期望值 $\mathbb{E}\left(\left\langle \mathrm{ACE_A}\right\rangle_{T_1}\left\langle \Delta_f\right\rangle_{T_1}\right)$ 和风电容量系数的关系

第四节　说明与讨论

本章基于功率谱方法，研究了新能源电力系统 AGC 问题的频域分析方法。首先，本章给出了新能源电力系统 AGC 问题的一般模型。该模型用向量形式的随机微分方程统一描述了新能源出力随机性、系统状态方程、系统约束等，从而可以在统一的框架下进行分析。在该模型的基础上，本章基于功率谱的相关理论和方法，给出了新能源出力随机性的频域表示，并在频域研究了新能源出力随机性对新能源电力系统的影响，从而给出了各个系统变量的随机性的频域表示。最后，基于频域的功率谱密度，本章提出了频域分析方法，用于计算受新能源出力随机性影响的 AGC 系统的控制效果指标，包括各个系统变量的波动标准差、CPS 指标等。

本章通过一个微电网算例和一个 IEEE118 节点系统的算例验证了所提出的频域分析方法的有效性。算例验证表明，频域分析方法可以有效地计算系统变量的统计指标、CPS 指标等，其计算结果与蒙特卡罗仿真的结果具有良好的一致性。同时，该方法由于仅需通过频域的积分即可得到评估指标，与蒙特卡罗仿真方法相比，计算更加高效。因此，该方法实现了计算效率和计算效果的良好统一，能够有效地评估平稳状态下的新能源电力系统 AGC 运行效果。

下篇　基于时域的新能源电力系统随机过程分析与控制方法

第五章　新能源功率随机性的时域伊藤过程模型

建立新能源功率随机性的合理模型对新能源电力系统的分析和控制有重要的意义，本章提出新能源功率随机性的伊藤过程模型，可以用随机微分方程的形式描述新能源功率的随机特性。该模型的主要优势在于可以在统一的理论框架下描述功率随机性与电力系统模型，从而为新能源电力系统运行控制问题的分析与求解奠定模型基础。

本章首先概述现有研究中主要使用的随机性模型，在此基础上，提出伊藤过程模型的相关概念，并重点讨论伊藤过程的构造问题，包括两个方面：一方面，讨论在给定统计模型的条件下，如给定模型的概率分布、空间相关性和时间相关性时，如何构造伊藤过程统一描述上述特性；另一方面，讨论在没有统计模型，仅有历史数据的情况下，如何估计相应的伊藤过程参数。最后，本章结合算例证明伊藤过程在描述随机性概率分布、时间相关性和空间相关性等方面具有广泛适用性。

第一节　新能源功率随机性的时域建模方法概述

本节将给出描述新能源功率随机性的一些常用变量和符号，并简要总结现有文献中的常用建模方法，同时分析其优势和不足之处。本节的末尾将结合文献内容，总结新能源功率随机性建模的目标和挑战。

一、描述随机性的相关变量

假设第 i 个新能源机组，在时刻 t 的新能源出力为 $P_{i,t}^{\mathrm{S}}$，此处上标 S 意为 Stochastic，表示新能源出力的随机性。一般来说，新能源出力的实际值等于预测值与预测误差之和，即

$$P_{i,t}^{\mathrm{S}} = P_{i,t}^{\mathrm{pred}} + \xi_{i,t}, \forall i \in \Omega^{\mathrm{S}}, t \in \mathcal{T} \tag{5.1}$$

其中，$P_{i,t}^{\mathrm{pred}}$ 为预测值；$\xi_{i,t}$ 为预测误差；Ω^{S} 和 $\mathcal{T}$ 分别表示节点 i 和时间 t 的取值集合。本书不讨论具体的预测方法，一般来说，发电预测会在分析和控制之前完成，因此，本书认为 $P_{i,t}^{\mathrm{pred}}$ 是已知量。与此对应，$\xi_{i,t}$ 则是描述新能源功率随机性的随机变量，也是本章需要建模的对象。

注意本书中的变量可以分为随机性变量(如 $P_{i,t}^{\mathrm{S}}$ 和 $\xi_{i,t}$)和确定性变量(如 $P_{i,t}^{\mathrm{pred}}$)。一般来说，受到新能源功率随机性 $\xi_{i,t}$ 影响的量(如系统状态、控制器的输出等)均为随机量，而其他量(如新能源出力的预测值等)则为确定性变量。

此外，在本书中用到时间 t 的模型，有可能是连续时间模型，如伊藤模型和储能模型等；也可能是离散时间模型，如预测控制模型。在连续时间模型下，t 的取值范围为 $\mathcal{T}=\{0\leqslant t\leqslant T\}$；在离散时间模型下，$t$ 的取值范围为 $\mathcal{T}=\{k\Delta t,0\leqslant k\leqslant K\}$(为方便起见，本书中也简记为 $\mathcal{T}=\{0,1,\cdots,K\}$)。虽然连续时间模型和离散时间模型对应着不同的数学描述方式，例如，连续时间下的积分对应离散时间下的求和，但这些操作均很容易根据实际场景进行区分，也很容易进行相互转化，即离散化或连续化。因此，后面将不再显式说明 $\mathcal{T}$ 的类型，读者可根据上下文自行区分。

为了方便后面描述，此处给出随机变量的向量形式，如式(5.2)所示：

$$\boldsymbol{\xi}_t=(\xi_{i,t})_{i\in\Omega^{\mathrm{S}}} \tag{5.2}$$

其中，$\boldsymbol{\xi}_t$ 为一个列向量，其各个元素为 $\xi_{i,t}$，在本书中，类似的向量形式变量均表示列向量。

二、文献中的常用方法

为了描述随机量 $\boldsymbol{\xi}_t$ 的特性，已有的文献通常采用基于概率分布的模型、基于协方差的模型和基于时间序列的模型。这里将对这些模型进行简要的叙述，并介绍其优缺点，以便为后续章节介绍伊藤过程模型提供基础。

(一)基于概率分布的模型

首先考虑单个随机变量 $\xi_{i,t}$ 的概率分布。针对新能源的不同功率输出类型，$\xi_{i,t}$ 通常满足不同的概率分布。其中，高斯分布是概率论中最常用的分布，著名的中心极限定理[89]表明，当一个随机变量是大量微小影响叠加时，可认为该随机变量近似满足高斯分布。尽管如此，由于实际的新能源功率随机性的概率分布和高斯分布有一定区别，如截断和长尾效应等，研究中也常采用其他的概率分布，如 Laplace 分布[90, 91]、Beta 分布[8]、混合高斯分布[92, 93]等。这些分布的概率密度函数见表 5.1，而图 5.1 中给出了常用分布的概率密度函数图像。

此外，应该区分新能源出力的概率分布和新能源预测误差的概率分布，即 $P_{i,t}^{\mathrm{S}}$ 的概率分布和 $\xi_{i,t}$ 的概率分布，因为二者可能满足不同的规律。例如，对于风电，其出力可以用 Weibull 分布描述[94]，但研究表明，风电预测误差用 Beta 分布描述更加合理[8]。

表 5.1　常见的概率分布

分布类型	表示	概率密度函数 $p(\xi_{i,t})$
高斯分布	$\mathcal{N}(\mu,\sigma^2)$	$\frac{1}{\sqrt{2\pi}\sigma}\exp\left[\frac{(\xi_{i,t}-\mu)^2}{2\sigma^2}\right]$
Laplace 分布	Laplace (μ,b)	$\frac{1}{2b}\exp\left(\frac{\lvert\xi_{i,t}-\mu\rvert}{b}\right)$
Beta 分布	Beta (α,β)	$\frac{1}{\mathrm{B}(\alpha,\beta)}\xi_{i,t}^{\alpha-1}(1-\xi_{i,t})^{\beta-1}$ ①

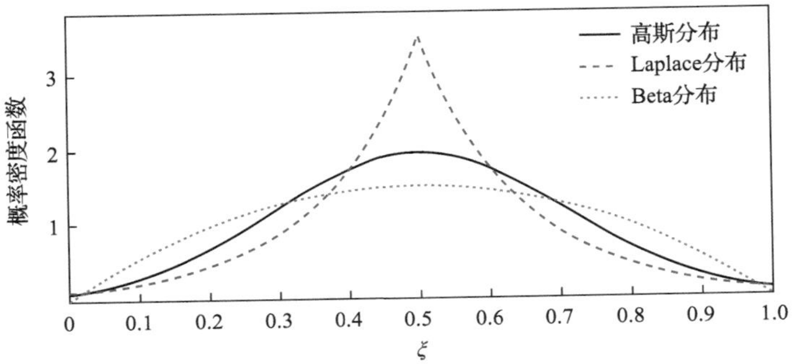

图 5.1　常用分布的概率密度函数

对于不同的节点 i 和时间 t，不仅需要考虑每个 $\xi_{i,t}$ 的分布，还需要考虑不同的 $\xi_{i,t}$ 之间的联合分布。然而，单个随机变量的概率分布模型并不容易推广至多个随机变量。这是因为，除去一些特殊分布(如高斯分布)外，多维随机变量联合分布的描述较为困难。因此，研究概率分布模型的文献多假设不同节点、不同时间的新能源功率随机性相互独立[25,95]，在需要显式考虑随机变量之间的相关性时，除采用高斯分布[7]外，亦有文献利用 Copula 理论对相关性进行建模[96,97]。

(二)基于协方差的模型

由于多变量建模的复杂性，随机变量之间的相关性通常难以通过联合概率分布模型描述。一般采用协方差矩阵描述随机变量间的相关性，以降低建模难度。

具体来说，考虑随机向量 $\boldsymbol{\xi}_t$，由于式(5.1)中的预测值 $P_{i,t}^{\text{pred}}$ 可用于描述 $P_{i,t}^{\text{S}}$ 的期望，为方便起见，可以假设 $\mathbb{E}(\xi_{i,t})=0$，即 $\mathbb{E}(\boldsymbol{\xi}_t)=0$。可以采用如下二阶矩模型描述 $\boldsymbol{\xi}_t$ 的相关性：

① Beta 分布的概率密度函数是 $p(\xi_{i,t};\alpha,\beta)=\frac{\xi_{i,t}{}^{\alpha-1}(1-\xi_{i,t})^{\beta-1}}{\int_0^1 u^{\alpha-1}(1-u)^{\beta-1}du}=\frac{\Gamma(\alpha+\beta)}{\Gamma(\alpha)\Gamma(\beta)}\xi_{i,t}{}^{\alpha-1}(1-\xi_{i,t})^{\beta-1}=\frac{1}{B(\alpha,\beta)}\xi_{i,t}{}^{\alpha-1}(1-\xi_{i,t})^{\beta-1}$，其中，$\Gamma(z)$ 是 Γ 函数。

$$M_{t,s} = \mathbb{E}(\boldsymbol{\xi}_t \boldsymbol{\xi}_s^{\mathrm{T}}), \forall t, s \in \mathcal{T} \tag{5.3}$$

其中，$M_{t,s}$ 描述了 ξ_t 和 ξ_s 中不同随机变量之间的协方差，也表征了它们之间的相关性。这里简要讨论 $M_{t,s}$ 的两个特殊组成部分。

(1) 当 $t=s$ 时，$M_{t,t}=\mathbb{E}(\boldsymbol{\xi}_t\boldsymbol{\xi}_t^{\mathrm{T}})$ 简记为 M_t，它表征了在某一特定的时间 t 下，不同的节点 i 上新能源功率随机性之间的相关性，在本书中称为空间相关性。

(2) 考虑某个节点 i，$\mathbb{E}(\boldsymbol{\xi}_{i,t}\boldsymbol{\xi}_{i,s}^{\mathrm{T}})$ 表征了随机变量 $\xi_{i,t}$ 在 t 和 s 时刻间相关性之间的相关性，也称为时间相关性。

一些文献中也将所有的随机向量表示为一个整体的向量[95,96]：

$$\Xi = (\xi_t)_{t\in\mathcal{T}} \tag{5.4}$$

此时，时间相关性和空间相关性可以用协方差矩阵 $\mathbb{E}(\Xi\Xi^{\mathrm{T}})$ 描述。容易看出，$\mathbb{E}(\Xi\Xi^{\mathrm{T}})$ 和 $M_{t,s}$ 是完全等价的描述。

基于协方差描述的模型非常适合于含有二次目标函数的随机优化和控制问题，例如，文献[98]使用基于协方差描述的模型把随机控制问题转化成了一个确定性的凸优化问题，而文献[99]则基于该模型实现了分布式控制。该模型的主要问题在于采用协方差矩阵描述新能源时间相关性，忽略了新能源在时序上的动力学联系，同时难以与电力系统的动力学模型统一建模，不利于分析新能源对电力系统的影响。

(三) 基于时间序列的模型

基于时间序列的模型把 $\boldsymbol{\xi}_t$ 描述为一个时序随机向量，重点描述 $\boldsymbol{\xi}_t$ 与其前置序列 $\boldsymbol{\xi}_{<t}$（即 $\boldsymbol{\xi}_s : s<t$）之间的关系。该类模型包括自回归滑动平均(autoregressive moving-average, ARMA)模型[100,101]和 Markov 模型[7,102,103]等。

ARMA(p, q)模型[104]满足如下等式：

$$\boldsymbol{\xi}_t = \boldsymbol{\varepsilon}_t + \sum_{s=1}^{p} \boldsymbol{\varphi}_s \boldsymbol{\xi}_{t-s} + \sum_{s=1}^{q} \boldsymbol{\theta}_s \boldsymbol{\varepsilon}_{t-s} \tag{5.5}$$

其中，$\sum_{s=1}^{p} \boldsymbol{\varphi}_s \boldsymbol{\xi}_{t-s}$ 为自回归项；$\sum_{s=1}^{q} \boldsymbol{\theta}_s \boldsymbol{\varepsilon}_{t-s}$ 为滑动平均项；$\boldsymbol{\varepsilon}_t$ 为互相独立的标准高斯分布随机变量，也是 ARMA 模型中的随机性来源。ARMA 模型可以直观描述历史数据对未来的影响，且模型较为简单，因此常用于描述负荷和发电的时序随机模型[100, 101, 105]。

Markov 模型用数学语言描述如式(5.6)所示：

$$\Pr\{\boldsymbol{\xi}_t \mid \boldsymbol{\xi}_{\leqslant s}\} = \Pr\{\boldsymbol{\xi}_t \mid \boldsymbol{\xi}_s\}, \forall s<t \tag{5.6}$$

其中，Markov 模型的核心在于无后效性，即随机向量 ξ_t 的分布仅取决于其前一个时刻的状态，而不取决于更早的状态。

Markov 模型的主要不足在于条件概率分布的描述。一般来说，随机向量的取值是连续的，但两个连续随机向量 ξ_t 和 ξ_{t-1} 的条件概率分布通常难以描述。为了降低问题的复杂度，可以假设 ξ_t 是有界的，此时 $\Pr\{\xi_t \mid \xi_{t-1}\}$ 可以用状态转移矩阵描述，以 Markov 模型为基础的电力系统随机优化问题可以用随机动态规划(stochastic dynamic programming)方法求解[106]，但该方法的计算复杂度与系统状态的数量密切相关[107]。在复杂系统中，状态数量较大，计算量也会显著增大，因此随机动态规划方法不适用于大规模系统应用。

Markov 模型也可以与其他模型(如基于概率分布的模型)相结合，例如，文献[7]提出了一种光伏发电随机性的隐式马尔可夫模型(hidden Markov Model, HMM)，在该模型中，ξ_t 由一组带参数的高斯分布描述，而高斯分布的参数取自一个有限集合，且其随时间的变化满足 Markov 模型。本章第三节将通过算例说明该模型是伊藤过程模型的一种特例。

此外，尽管 ARMA 模型和 Markov 模型从不同的角度描述了随机性，但通过增加辅助变量等方法，可以将任意向量形式的 ARMA 模型转化为向量形式的 Markov 模型[108]。因此，后面将不再提及 ARMA 模型。

三、建模目标和难点小结

根据本节的分析，在新能源功率随机性的建模中，主要关心每个变量的概率分布特性以及不同变量之间的时间相关性和空间相关性。然而，目前的新能源随机性建模方法都面临如下问题。

(1) 非高斯随机变量的概率分布特性及其时间相关性、空间相关性很难被同时建模。基于概率分布的模型可以很好地处理单个随机变量的概率分布，但难以处理多个随机变量的联合分布。基于协方差的模型和基于时间序列的模型都可以对时间相关性和空间相关性进行建模，但它们均难以精确地描述随机变量的概率分布特性。

(2) 新能源功率随机性和电力系统的运行特性难以被统一建模。电力系统的动力学特性一般用微分代数方程建模，但上述的新能源功率随机性模型均无法使用微分代数方程直接描述。为了评估新能源功率随机性对电力系统的影响，文献中采用简化假设(如高斯分布[85])，或根据随机性模型抽样得到一系列场景，并通过随机模拟的方法进行分析[25,95]。一般来说，简化假设的方法对分析与控制的精度有影响，而采用随机模拟的方法通常计算复杂度较高。目前尚无较好的方法能在保证精度的同时，较高效地将新能源功率随机性纳入电力系统的运行分析和控制中。

在本章的后续内容中，将基于伊藤过程模型，解决上述问题。

第二节　伊藤过程的基本概念

本节首先给出维纳过程和伊藤积分的概念，然后在此基础上定义伊藤过程，并将伊藤过程和本章第一节中所提的相关方法进行简要比较。

一、维纳过程和伊藤积分

首先按如下方法定义维纳过程。

定义 5.1(维纳过程)　如果一个 d 维连续随机过程 $\boldsymbol{W}_t$ 满足如下条件：

(1) 初值为 $\boldsymbol{0}$，即 $\boldsymbol{W}_0=\boldsymbol{0}$；

(2) $\boldsymbol{W}_t$ 是一个独立增量过程，即 $\forall s<t,\tau>0$，随机变量 $\boldsymbol{W}_{t+\tau}-\boldsymbol{W}_t$ 和随机变量 $\boldsymbol{W}_s$ 是独立的；

(3) $\forall t,\tau>0$，增量 $\boldsymbol{W}_{t+\tau}-\boldsymbol{W}_t$ 满足高斯分布 $\mathcal{N}(\boldsymbol{0},\tau\boldsymbol{I})$。

则称 $\boldsymbol{W}_t$ 是一个 d 维维纳过程。

由上述定义，维纳过程具有一些很特殊的性质，如高斯分布特性、独立增量特性等。实际上，维纳过程是伊藤理论中最基本的随机过程，在伊藤理论中通常以维纳过程为基础，构造更复杂的随机过程。为此引入伊藤积分的概念。

考虑一个随机过程 $\boldsymbol{X}_t$，并考虑时间区间 $[0,t]$ 的一个分割 $\varDelta=\{s_0,s_2,\cdots,s_n\}$，其中 $s_0=0$，$s_n=t$，由此，可以定义部分和为

$$\tilde{\boldsymbol{Y}}_{t,\varDelta}=\sum_{1\leqslant i\leqslant n}\boldsymbol{X}_{s_{i-1}}(\boldsymbol{W}_{s_i}-\boldsymbol{W}_{s_{i-1}}) \tag{5.7}$$

由此可见，$\tilde{\boldsymbol{Y}}_{t,\varDelta}$ 反映了维纳过程 $\boldsymbol{W}_t$ 的增量对 $\boldsymbol{X}_t$ 影响的累积效果。由于 $\boldsymbol{W}_t$ 的随机性，无论 $\boldsymbol{X}_t$ 是一个随机过程还是一个确定过程，$\tilde{\boldsymbol{Y}}_{t,\varDelta}$ 都会具有随机性。当 $\boldsymbol{X}_t$ 具有不同的性质时，$\tilde{\boldsymbol{Y}}_{t,\varDelta}$ 也会有不同的性质，这就有可能从最基本的维纳过程 $\boldsymbol{W}_t$ 构造更复杂的随机过程。

伊藤积分是上述过程的一个极限情形。定义分割的直径为 $\|\varDelta\|=\max_{1\leqslant i\leqslant n}|s_i-s_{i-1}|$，并考虑 $\|\varDelta\|\to 0$ 的极限情况，则可以得到如下定义。

定义 5.2(伊藤积分)　给定一个随机过程 $\boldsymbol{X}_t$，定义 $\boldsymbol{Y}_t$ 为

$$\boldsymbol{Y}_t=\lim_{\|\varDelta\|\to 0}\tilde{\boldsymbol{Y}}_{t,\varDelta} \tag{5.8}$$

其中，$\boldsymbol{Y}_t$ 为 $\boldsymbol{X}_t$ 对 $\boldsymbol{W}_t$ 的伊藤积分，记作 $\boldsymbol{Y}_t=\int_0^t\boldsymbol{X}_s\mathrm{d}\boldsymbol{W}_s$ 或 $\mathrm{d}\boldsymbol{Y}_t=\boldsymbol{X}_t\mathrm{d}\boldsymbol{W}_t$

值得注意的是，伊藤积分和常见的黎曼积分 $\left(\int_0^t\boldsymbol{X}_t\mathrm{d}t\right)$ 具有一些不同的性质，

例如，黎曼积分的换元积分公式在伊藤积分中并不适用，因此伊藤积分的计算方法和黎曼积分也会有所区别。伊藤积分的相关性质在本书中仅会出现在证明中，此处不做过多叙述，读者可参考附录 B 第一节。伊藤积分给出了一种由简单的维纳过程构建复杂的随机过程的方法。实际上，由伊藤过程理论中著名的鞅表示定理[45]可知，所有的半鞅过程①(包括本书将要用到的伊藤过程)均可表示为伊藤积分和黎曼积分的和。因此，可以把维纳过程视为伊藤过程理论中的随机性的来源。

二、伊藤过程的定义和性质

伊藤过程的定义如下。

定义 5.3(伊藤过程)　满足如下条件的随机过程 ξ_t 称为伊藤过程：

$$\xi_t = \xi_0 + \int_0^t \mu(\xi_s)\mathrm{d}s + \int_0^t \sigma(\xi_s)\mathrm{d}W_s \tag{5.9}$$

其中，ξ_0 是该伊藤过程的初值；W_s 是维纳过程；μ 和 σ 是关于 ξ_t 的函数。$\int_0^t \mu(\xi_s)\mathrm{d}s$ 是黎曼意义下的积分，$\int_0^t \sigma(\xi_s)\mathrm{d}W_s$ 是伊藤意义下的积分。

式(5.9)是伊藤过程的积分形式，更常用的是伊藤过程的微分形式：

$$\mathrm{d}\xi_t = \mu(\xi_t)\mathrm{d}t + \sigma(\xi_t)\mathrm{d}W_t \tag{5.10}$$

式(5.10)是一个随机微分方程。其中，$\mu(\xi_t)$ 一般表示 ξ_t 向期望值移动的趋势，称为漂移项；$\sigma(\xi_t)$ 定量描述了随机源 W_t 对 ξ_t 随机特性的影响，称为扩散项。

这里用一个简单的例子给出漂移项和扩散项的直观解释。考虑一维的伊藤过程，其初始值为 $\xi_0 = 1$。图 5.2 给出了在不同漂移项和扩散项下的伊藤过程 ξ_t 的示例，每幅图包含了 5 种场景。从图 5.2 中可以得出如下结论。

(1) 在图 5.2(a) 和图 5.2(b) 中，扩散项 $\sigma(\xi_t)=0$，因此 ξ_t 没有任何随机性，5 个场景是重合的。相应地，图 5.2(c) 和图 5.2(d) 中的不同场景则有不同的曲线。

(2) 在图 5.2(a) 和图 5.2(c) 中，漂移项 $\mu(\xi_t)=0$，因此 ξ_t 在初始值附近波动，不会有到达其他值的整体趋势。而图 5.2(b) 和图 5.2(d) 中，漂移项均为 $\mu(\xi_t) = -\xi_t$，因此 ξ_t 均会不断趋近于零。尤其是在图 5.2(d) 中，一方面受漂移项影响，ξ_t 会趋于零，另一方面受扩散项影响，ξ_t 会有波动，因此在平稳状态下时，ξ_t 会在零点附近波动。本章第三节会进一步研究 ξ_t 的具体分布和漂移项、扩散项之间的关系。

① 半鞅过程是一类应用广泛的随机过程，除一些数学上特殊构造的随机过程以外，绝大多数随机过程均为半鞅过程。

(a) $\mu(\xi_t)=0$, $\sigma(\xi_t)=0$　　　　　　　(b) $\mu(\xi_t)=-\xi_t$, $\sigma(\xi_t)=0$

(c) $\mu(\xi_t)=0$, $\sigma(\xi_t)=1$　　　　　　　(d) $\mu(\xi_t)=-\xi_t$, $\sigma(\xi_t)=1$

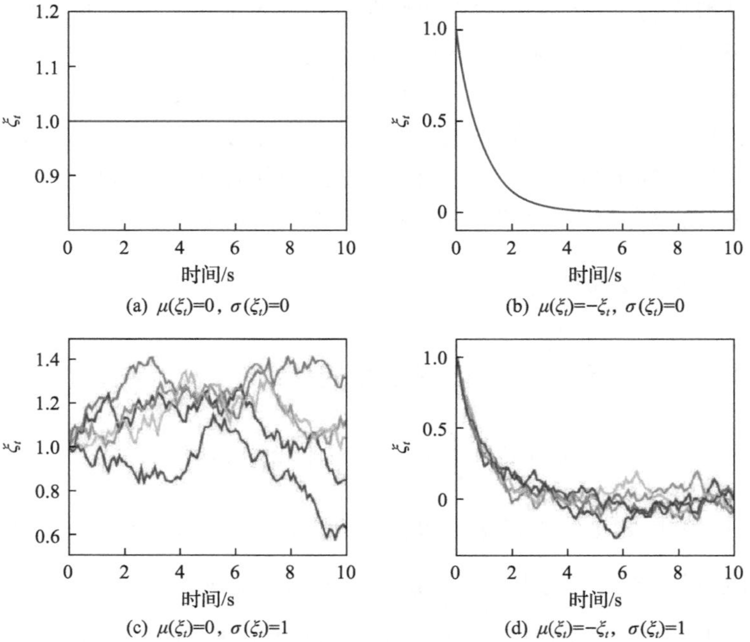

图 5.2　伊藤过程的漂移项和扩散项

因此，由图 5.2 可以发现，漂移项的作用和常微分方程描述的动力学系统类似，会让随机过程趋于期望值；而扩散项的作用则是提供随机性，让随机过程远离期望值。当伊藤过程进入平稳状态时，漂移项和扩散项会达到平衡，伊藤过程的随机特性会在期望值附近振荡。

容易看出，伊藤过程的随机特性由漂移项和扩散项决定。当漂移项是线性项，扩散项为常数时，伊藤过程的分布为高斯分布。这类问题由于分析简单，在一些文献中有所应用[40,85]。然而，线性系数的伊藤过程难以描述更复杂的新能源功率随机性（如非高斯分布、时间相关性和空间相关性等）。本书的研究将允许伊藤过程的系数 μ 和 σ 是非线性的，在这种情况下，伊藤过程有很强的表现力。本章第三节和第四节将会给出伊藤过程的参数估计方法，并结合算例说明其有效性。

三、伊藤过程的离散化模拟

式（5.10）所表示的伊藤过程是一个连续时间的随机过程。在本书的后续分析中，采用连续随机过程以便于使用随机分析的相关工具，如 Fokker-Planck 方程、Feynman-Kac 方程等[109]。然而，在计算机中，实际的新能源出力数据均以离散时间的方式进行存储。此外，在本书的算例分析中，也需要通过给定的伊藤过程，生成一定数量的随机场景，以便用这些场景下的统计量验证本书所提理论的正确性。针对这些问题，这里给出伊藤过程的离散化模拟方法。

将式(5.10)按时间离散化，可以得到

$$\boldsymbol{\xi}_{t+\Delta t} = \boldsymbol{\xi}_t + \boldsymbol{\mu}(\boldsymbol{\xi}_t)\Delta t + \boldsymbol{\sigma}(\boldsymbol{\xi}_t)(\boldsymbol{W}_{t+\Delta t} - \boldsymbol{W}_t) \tag{5.11}$$

根据维纳过程 $\boldsymbol{W}_t$ 的性质，$\boldsymbol{W}_{t+\Delta t} - \boldsymbol{W}_t$ 满足高斯分布 $\mathcal{N}(\boldsymbol{0}, \Delta t\boldsymbol{I})$。因此，式(5.11)可以改为

$$\boldsymbol{\xi}_{t+\Delta t} = \boldsymbol{\xi}_t + \boldsymbol{\mu}(\boldsymbol{\xi}_t)\Delta t + \boldsymbol{\sigma}(\boldsymbol{\xi}_t)\boldsymbol{\varepsilon}_t\sqrt{\Delta t} \tag{5.12}$$

其中，随机向量 $\boldsymbol{\varepsilon}_t$ 满足标准高斯分布 $\mathcal{N}(\boldsymbol{0}, \boldsymbol{I})$。

式(5.12)为伊藤过程的离散化形式。在仿真分析中，只需要按照标准高斯分布随机抽样 $\boldsymbol{\varepsilon}_t$，再根据式(5.12)即可得到伊藤过程的模拟序列。此外，文献[110]第 5 章中证明了当 $\Delta t \to 0$ 时，式(5.12)解的统计性质也收敛于式(5.10)的解。

值得注意的是，式(5.12)中的随机向量 $\boldsymbol{\varepsilon}_t$ 是乘以 $\sqrt{\Delta t}$ 而不是 Δt，这是伊藤积分(即 $\mathrm{d}\boldsymbol{W}_t$ 项)和常规的黎曼积分(即 $\mathrm{d}t$ 项)的重要区别之一[110]。在伊藤过程的仿真中需要注意到该点，才能保证结果在 $\Delta t \to 0$ 时的收敛性。

本章将给出两种方法来计算伊藤过程的系数，第三节给出利用概率分布和相关性矩阵计算伊藤过程系数的方法，并以此说明伊藤过程可以描述更为广泛的随机特性，第四节给出一种更实用的由历史数据计算伊藤过程系数的方法。

第三节　伊藤过程的构造：基于模型的方法

在工程应用中，新能源功率的概率预测或统计分析的结果通常以概率分布、协方差等统计模型表示。本节将讨论伊藤过程的构造方法，使伊藤过程满足给定的概率分布、时间相关性和空间相关性。因此，给定的常见随机性模型，可以依据本节的方法将其转化为相应的伊藤过程，以便用于后续的分析和控制。

本节主要根据随机变量在平稳状态下的特性来构建伊藤过程。一方面，平稳状态下的特性更容易进行理论分析，也更容易得到解析的表达式；另一方面，新能源电力系统的分析都是在某个特定的时间尺度上讨论(例如，AGC 系统的时间尺度为秒级到分钟级，而电力系统日内运行则是分钟级到小时级)，而在这些时间尺度下，新能源功率的随机特性主要受其平稳特性的影响。

本节将首先给出满足给定概率分布的伊藤过程构造算法，并在此基础上，进一步考虑时间相关性和空间相关性，在本节第四部分给出满足概率分布、时间相关性和空间相关性的伊藤过程构造算法，最后，通过算例验证所提出的方法，并验证伊藤过程能够有效地描述现有文献中的相关模型。

一、满足给定概率分布的伊藤过程构造算法

考虑一维的随机过程 $\boldsymbol{\xi}_t$，假设其概率密度函数为 $p(t,\xi)$，即

$$p(t,\xi)\mathrm{d}\xi = \Pr\left\{\boldsymbol{\xi}_t \in (\xi, \xi+\mathrm{d}\xi)\right\} \tag{5.13}$$

其中，$\mathrm{d}\xi$ 为 ξ 的微分。一般来说，$p(t,\xi)$ 会随着时间 t 变化，此处考虑平稳情形，即 $t\to\infty$ 时的情形①。为方便起见，记 $p_\infty(\xi)=\lim\limits_{t\to\infty} p(t,\xi)$。此处希望寻找合适的伊藤过程的漂移项和扩散项，使得该伊藤过程的平稳分布为 $p_\infty(\xi)$。

算法 5.1 给出了根据概率分布构造伊藤过程的具体算法。其中，首先选取一个稳定的 $\mu(\cdot)$，即在 $\sigma=0$ 时，$\boldsymbol{\xi}_t$ 可以稳定地回到期望值。在此基础上，根据式(5.14)得到对应的 $\sigma(\cdot)$ 即可。$\mu(\cdot)$ 的选取并不是唯一的，也就是说，满足给定概率分布的伊藤过程也不是唯一的。本节第二、第三部分会选取合适的 $\mu(\cdot)$，以满足时间相关性和空间相关性的要求。

算法 5.1　根据概率分布构造伊藤过程

输入：概率分布 $p_\infty(\xi)$

输出：伊藤过程的系数函数 $\mu(\cdot)$、$\sigma(\cdot)$

(1) 任意选取一个稳定的 $\mu(\cdot)$；

(2) 按如下方式确定 $\sigma(\cdot)$：

$$\sigma^2(\xi) = \frac{2\int_{-\infty}^{\xi} \mu(\xi')p(\xi')\mathrm{d}\xi'}{p(\xi)} \tag{5.14}$$

该算法的正确性由定理 5.1 验证。

定理 5.1　对于任意满足 $\int_{-\infty}^{\infty} p_\infty(\xi)\mathrm{d}\xi = 1$ 的概率密度函数 $p_\infty(\xi)$，当 $\mu(\xi)$ 和 $\sigma(\xi)$ 满足式(5.14)时，由 $\mathrm{d}\xi_t = \mu(\xi_t)\mathrm{d}t + \sigma(\xi_t)\mathrm{d}W_t$ 描述的随机过程 $\boldsymbol{\xi}_t$ 的平稳分布为 $p_\infty(\boldsymbol{\xi})$。此时称 μ 和 σ 可以生成分布 p_∞。

证明　根据 Fokker-Planck 方程[109]，有如下结论：

$$\frac{\partial p}{\partial t} = -\frac{\partial}{\partial z}[\mu(\xi)p(t,\xi)] + \frac{1}{2}\frac{\partial^2}{\partial \xi^2}[\sigma^2(\xi)p(t,\xi)] \tag{5.15}$$

由式(5.15)，在 $t\to\infty$ 时有

① $t\to\infty$ 是出于数学上的严谨性考虑，而在实际应用中，$\boldsymbol{\xi}_t$ 通常很快就趋于平稳。

$$\frac{\mathrm{d}}{\mathrm{d}\xi}\left[\mu(\xi)p_\infty(\xi)\right]=\frac{1}{2}\frac{\mathrm{d}^2}{\mathrm{d}\xi^2}\left[\sigma^2(\xi)p_\infty(\xi)\right] \tag{5.16}$$

由此解得式(5.14)。

式(5.14)说明，通过合理地选取漂移项和扩散项，伊藤过程可以描述任意形式的平稳分布。对于一些常见分布，漂移项和扩散项都有比较简明的表达式。表5.2中给出了常用于描述新能源功率随机性的伊藤过程的漂移项和扩散项。

表 5.2　一些常用分布对应的漂移项和扩散项

分布	概率密度函数	$\mu(\xi_t)$	$\sigma(\xi_t)$
高斯分布	$\frac{1}{\sqrt{2\pi b}}\exp[(\xi_t-a)^2/2b]$	$-(\xi_t-a)$	$\sqrt{2b}$
Beta 分布	$\frac{1}{\mathrm{B}(a,b)}\xi_t^{a-1}(1-\xi_t)^{b-1}$	$-\left(\xi_t-\frac{a}{a+b}\right)$	$\sqrt{\frac{2}{a+b}\xi_t(1-\xi_t)}$
Gamma 分布	$\frac{b^a}{\Gamma(a)}\xi_t^{a-1}\exp(-b\xi_t)$	$-(\xi_t-a/b)$	$\sqrt{2\xi_t/b}$
Laplace 分布	$\frac{1}{2b}\exp(-\lvert\xi_t-a\rvert/b)$	$-(\xi_t-a)$	$\sqrt{2b\lvert\xi_t-a\rvert+2b^2}$

需要注意的是，表 5.2 中的漂移项和扩散项并不是唯一的。一个显而易见的结论是：如果$\mu(\cdot)$和$\sigma(\cdot)$可以生成分布p_∞，则对于任意$\lambda>0$，$\lambda\mu$和$\sqrt{\lambda}\sigma$可以生成相同的分布p_∞。这个性质在本节第三部分将会用到，因为不同的λ尽管不影响概率分布，但会影响到时间相关性。

本部分的内容是后续内容的基础。后续讨论空间相关性和时间相关性时，都会在保证每个变量$\xi_{i,t}$满足给定分布(也称为$\boldsymbol{\xi}_t$的边缘分布)的基础上，再进一步考虑更多的统计性质。

二、考虑空间相关性的伊藤过程构造算法

在第一部分所述的概率分布基础上，下面进一步讨论空间相关性。这里所讨论的空间相关性是指随机向量$\boldsymbol{\xi}_t$中的各个随机变量的协方差，即$\mathbb{E}(\boldsymbol{\xi}_t\boldsymbol{\xi}_t^{\mathrm{T}})$[为方便起见，假设$\mathbb{E}(\boldsymbol{\xi}_t)=0$]，与第一部分讨论平稳分布的思路类似，在此处讨论平稳状态的协方差。为此，定义如下协方差矩阵：

$$\boldsymbol{M}=\lim_{t\to\infty}\mathbb{E}(\boldsymbol{\xi}_t\boldsymbol{\xi}_t^{\mathrm{T}}) \tag{5.17}$$

当然，协方差矩阵和给定的边缘概率密度函数应该满足相容性条件，即$\varepsilon_{ii}=\int p_i(\xi_i)\xi_i^2\mathrm{d}\xi_i$，该条件表示了由$\xi_{i,t}$的概率密度函数给出的方差应和协方差矩

阵 $\boldsymbol{M}$ 对应的对角项相匹配。

算法 5.2 给出了满足给定概率分布和空间相关性的伊藤过程的构造方法。在该算法中，首先构造满足给定边缘分布的辅助函数 $\tilde{\sigma}_i$，然后再根据 $\tilde{\sigma}_i$ 构造矩阵 $\boldsymbol{D}$。矩阵 $\boldsymbol{D}$ 是一维情形下 $\sigma^2/2$ 的多维推广，根据矩阵 $\boldsymbol{D}$ 可以得到对应的扩散项矩阵 $\boldsymbol{\sigma}$。

算法 5.2　根据概率分布和空间相关性构造伊藤过程

输入：概率分布 $p_{i,\infty}(\xi_i),\forall i\in\Omega^{\mathrm{S}}$，协方差矩阵 $\boldsymbol{M}=(m_{ij})_{|\Omega^{\mathrm{S}}|\times|\Omega^{\mathrm{S}}|}$

输出：伊藤过程的系数函数 $\boldsymbol{\mu}(\cdot)$、$\boldsymbol{\sigma}(\cdot)$

(1) 对于所有 $i\in\Omega^{\mathrm{S}}$，选取 $\mu_i(\boldsymbol{\xi}_t)=-\xi_{i,t}$，并选取辅助函数 $\tilde{\sigma}_i(\xi_{i,t})$，使得 μ_i 和 $\tilde{\sigma}_i$ 可以生成分布 $p_{i,\infty}$。

(2) 根据协方差矩阵计算相关系数：$r_{ij}=\dfrac{m_{ij}}{\sqrt{m_{ii}m_{jj}}}$。

(3) 计算如下辅助变量，其中期望值针对 $\xi_i\sim p_{i,\infty}$，$\xi_j\sim p_{j,\infty}$：

$$\theta_{ij}=\frac{\sqrt{\mathbb{E}[\tilde{\sigma}_i^2(\xi_i)]\mathbb{E}[\tilde{\sigma}_j^2(\xi_j)]}}{\mathbb{E}[\tilde{\sigma}_i(\xi_i)\tilde{\sigma}_j(\xi_j)]} \tag{5.18}$$

(4) 计算辅助变量：$r'_{ij}=r_{ij}\theta_{ij},\forall i,j\in\Omega^{\mathrm{S}}$。

(5) 按如下方式计算矩阵函数 $\boldsymbol{D}(\boldsymbol{\xi}_t)=(d_{ij})_{|\Omega^{\mathrm{S}}|\times|\Omega^{\mathrm{S}}|}$

$$d_{ij}(\boldsymbol{\xi}_t)=r'_{ij}\tilde{\sigma}_i(\xi_{i,t})\tilde{\sigma}_j(\xi_{j,t}) \tag{5.19}$$

(6) 计算 $\boldsymbol{\sigma}(\boldsymbol{\xi}_t)$，使得 $\boldsymbol{D}(\xi_t)=\dfrac{1}{2}\boldsymbol{\sigma}(\xi_t)\boldsymbol{\sigma}(\xi_t)^{\mathrm{T}}$。

(7) 得出结果：$\boldsymbol{\mu}=(\mu_i)_{i\in\Omega^{\mathrm{S}}}=-\boldsymbol{\xi}_t$ 和步骤(6)给出的 $\boldsymbol{\sigma}(\boldsymbol{\xi}_t)$。

此处简要解释算法 5.2 的步骤(3)，即 θ_{ij} 的计算。由于 $\boldsymbol{\xi}_t$ 的边缘分布是已知的，且相关系数也已知，理论上可以直接计算出 θ_{ij}。但为了简便，可以直接假设 $\xi_{i,t}$ 满足高斯分布，并通过采样计算出 θ_{ij}。算例分析表明，该方法得到的结果可以达到可接受的精度。

值得注意的是，与算法 5.1 类似，算法 5.2 的构造仍不是唯一的，因为其中的 $\mu_i=-\xi_{i,t}$ 可以被替换为 $\mu_i=-\lambda_i\xi_{i,t}$，其中 λ_i 为系数。这种非唯一性让人们有可能在此基础上进一步考虑时间相关性。算法 5.2 的正确性由定理 5.2 验证。

定理 5.2　算法 5.2 构造出的漂移项 $\boldsymbol{\mu}(\boldsymbol{\xi}_t)$ 和扩散项 $\boldsymbol{\sigma}(\boldsymbol{\xi}_t)$ 所决定的伊藤过程 $\boldsymbol{\xi}_t$，在平稳状态下的协方差矩阵为 $\boldsymbol{M}$，且每个 $\xi_{i,t}$ 的概率分布为 $p_{i,\infty}$。

证明　只需证明算法 5.2 所给出的伊藤过程满足定理中给出的边缘分布和协方差矩阵即可。

首先来证明边缘分布，为此，考虑多维 Fokker-Planck 公式(附录 B 第二节)的平稳情形，并将 $\boldsymbol{\mu}$ 和 $\boldsymbol{\sigma}$ 代入可得

$$\sum_{i=1}^{N_\xi}\frac{\partial}{\partial\xi_i}\left[-\xi_i p_\infty(\boldsymbol{\xi})\right]=\sum_{i,j=1}^{N_\xi}\frac{\partial^2}{\partial\xi_i\partial\xi_j}\left[r'_{ij}\tilde{\sigma}_i(\xi_i)\tilde{\sigma}_j(\xi_i)p_\infty(\boldsymbol{\xi})\right] \tag{5.20}$$

对除 ξ_i 以外的 $\boldsymbol{\xi}$ 所有分量进行微分，并考虑到概率分布 p 在无穷远处为零和 $r'_{ii}=1$，可以得到

$$\frac{\partial}{\partial\xi_i}\left[-\xi_i p_{i,\infty}(\xi_i)\right]=\frac{\partial}{\partial\xi_i^2}\left[\tilde{\sigma}_i^2(\xi_i)p_{i,\infty}(\xi_i)\right] \tag{5.21}$$

为一维 Fokker-Planck 方程。因此 $\xi_{i,t}$ 的平稳分布为 $p_{i,\infty}$。

接下来考虑协方差矩阵。将 $\boldsymbol{\mu}(\boldsymbol{\xi}_t)=-\boldsymbol{\xi}_t$ 代入式(5.10)，得到 $\mathrm{d}\boldsymbol{\xi}_t=-\boldsymbol{\xi}_t\mathrm{d}t+\boldsymbol{\sigma}(\boldsymbol{\xi}_t)\mathrm{d}\boldsymbol{W}_t$。由伊藤换元公式可知：

$$\mathrm{d}\boldsymbol{\xi}_t\boldsymbol{\xi}_t^{\mathrm{T}}=\left[-2\boldsymbol{\xi}_t\boldsymbol{\xi}_t^{\mathrm{T}}+\boldsymbol{\sigma}(\boldsymbol{\xi}_t)\boldsymbol{\sigma}(\boldsymbol{\xi}_t)^{\mathrm{T}}\right]\mathrm{d}t+\boldsymbol{\sigma}(\boldsymbol{\xi}_t)\mathrm{d}\boldsymbol{W}_t\boldsymbol{\xi}_t^{\mathrm{T}}+\boldsymbol{\xi}_t\left[\boldsymbol{\sigma}(\boldsymbol{\xi}_t)\mathrm{d}\boldsymbol{W}_t\right]^{\mathrm{T}} \tag{5.22}$$

对等式两边取期望，并考虑到 $\mathrm{d}\boldsymbol{W}_t$ 的期望为零，可以得到

$$\frac{\mathrm{d}}{\mathrm{d}t}\mathbb{E}(\boldsymbol{\xi}_t\boldsymbol{\xi}_t^{\mathrm{T}})=-2\mathbb{E}(\boldsymbol{\xi}_t\boldsymbol{\xi}_t^{\mathrm{T}})+\mathbb{E}[\boldsymbol{\sigma}(\boldsymbol{\xi}_t)\boldsymbol{\sigma}(\boldsymbol{\xi}_t)^{\mathrm{T}}] \tag{5.23}$$

在平稳状态下，等式左右两边均为零，由此可得

$$\lim_{t\to\infty}\mathbb{E}(\boldsymbol{\xi}_t\boldsymbol{\xi}_t^{\mathrm{T}})=\lim_{t\to\infty}\mathbb{E}[\boldsymbol{D}(\boldsymbol{\xi}_t)] \tag{5.24}$$

考虑左右两边的相关系数：

$$\begin{aligned}&\frac{\lim\limits_{t\to\infty}\mathbb{E}(\xi_{i,t}\xi_{j,t})}{\sqrt{\lim\limits_{t\to\infty}\mathbb{E}(\xi_{i,t}^2)\lim\limits_{t\to\infty}\mathbb{E}(\xi_{j,t}^2)}}\\&=\frac{\lim\limits_{t\to\infty}\mathbb{E}[d_{ij}(\boldsymbol{\xi}_t)]}{\sqrt{\lim\limits_{t\to\infty}\mathbb{E}[d_{ii}(\boldsymbol{\xi}_t)]\lim\limits_{t\to\infty}\mathbb{E}[d_{jj}(\boldsymbol{\xi}_t)]}}\\&=\frac{r'_{ij}\lim\limits_{t\to\infty}\mathbb{E}[\tilde{\sigma}_i(\xi_{i,t})\tilde{\sigma}_j(\xi_{j,t})]}{\sqrt{\lim\limits_{t\to\infty}\mathbb{E}[\tilde{\sigma}_i^2(\xi_{i,t})]\lim\limits_{t\to\infty}\mathbb{E}[\tilde{\sigma}_j^2(\xi_{j,t})]}}\\&=r_{ij}\end{aligned} \tag{5.25}$$

因此，$\lim\limits_{t\to\infty}\boldsymbol{\xi}_t\boldsymbol{\xi}_t^{\mathrm{T}}$ 的相关系数为协方差矩阵 $\boldsymbol{M}$ 的相关系数。同时，由于 $\boldsymbol{\xi}_t$ 满足

给定的边缘分布，其各个分量的方差也等于给定的方差。综上所述，$\boldsymbol{\xi}_t$ 的协方差矩阵为 $\boldsymbol{M}$。

三、考虑时间相关性的伊藤过程构造算法

这里讨论考虑概率分布和时间相关性的伊藤过程构造方法。为简单起见，这里仅考虑一维变量，暂时不涉及空间相关性。第四部分将会给出综合考虑概率分布、时间相关性和空间相关性的伊藤过程构造算法。

（一）伊藤过程的自相关函数

在文献中，常用的描述时间相关性的模型包括 ARMA 模型、Markov 模型、自相关函数模型等。本节采用自相关函数模型作为新能源出力的时间相关性的统计表征，即

$$R(\tau;t) = \mathbb{E}(\boldsymbol{\xi}_t \boldsymbol{\xi}_{t+\tau}) \tag{5.26}$$

则 $R(\tau;t)$ 反映了 $\boldsymbol{\xi}_t$ 和 $\boldsymbol{\xi}_{t+\tau}$ 的相关性。在平稳状态下可以记作

$$R(\tau) = \lim_{t\to\infty} R(\tau;t) = \lim_{t\to\infty} \mathbb{E}(\boldsymbol{\xi}_t \boldsymbol{\xi}_{t+\tau}) \tag{5.27}$$

自相关函数模型用二阶矩的形式给出了随机性在不同时刻的相关性，因此是时序相关性最直接的表征。在给定其他模型，如 ARMA 模型、Markov 模型时，也可以根据这些模型，求得相应的自相关函数模型[111]。

这里讨论伊藤过程的自相关函数 $R(\tau)$ 的表达式，以便为第四部分给定 $R(\tau)$ 和概率分布时的伊藤过程构造算法奠定基础。

定理 5.3　对于由 $\mathrm{d}\boldsymbol{\xi}_t = \boldsymbol{\mu}(\boldsymbol{\xi}_t)\mathrm{d}t + \boldsymbol{\sigma}(\boldsymbol{\xi}_t)\mathrm{d}\boldsymbol{W}_t$ 定义的伊藤过程 $\boldsymbol{\xi}_t$，和式(5.27)定义的自相关函数 $R(\tau)$，有式(5.28)成立：

$$R(\tau) = \int_{-\infty}^{\infty} \xi p_\infty(\xi) v(\tau,\xi)\mathrm{d}\xi \tag{5.28}$$

其中，$p_\infty(\xi)$ 为平稳概率分布；$v(\tau,\xi)$ 满足如下偏微分方程：

$$\begin{aligned} &\frac{\partial v}{\partial \tau} = \mu(\xi)\frac{\partial v}{\partial \xi} + \frac{1}{2}\sigma^2(\xi)\frac{\partial^2 v}{\partial \xi^2} \\ &v(0,\xi) = \xi \end{aligned} \tag{5.29}$$

证明　考虑式(5.30)：

$$\begin{aligned} R(\tau) &= \lim_{t\to\infty} \mathbb{E}[\boldsymbol{\xi}_t \mathbb{E}(\boldsymbol{\xi}_{t+\tau} \mid \boldsymbol{\xi}_t)] \\ &= \lim_{t\to\infty} \mathbb{E}[\boldsymbol{\xi}_t \mathbb{E}^{\boldsymbol{\xi}_t}(\boldsymbol{\xi}_\tau)] \end{aligned} \tag{5.30}$$

定义 $v(\tau,\xi)=\mathbb{E}^{\xi}(\xi_\tau)$，则有 $\mathbb{E}^{\xi}(\xi_\tau)=v(\tau,\boldsymbol{\xi}_t)$，因此有

$$\begin{aligned} R(\tau) &= \lim_{t\to\infty} \mathbb{E}\left[\boldsymbol{\xi}_t v(\tau,\boldsymbol{\xi}_t)\right] \\ &= \lim_{t\to\infty}\int_{-\infty}^{\infty} \xi p(t,\xi)v(\tau,\xi)\mathrm{d}z \\ &= \int_{-\infty}^{\infty} \xi p_\infty(\xi)v(\tau,\xi)\mathrm{d}\xi \end{aligned} \tag{5.31}$$

同时，式(5.29)可以根据 Feynman-Kac 方程直接得到。进而根据(5.31)可以求得 $R(\tau)$。

例 5.1　考虑一个特殊情况，当 $\mu(\xi)=-\lambda\xi$ 时，(5.29)的解为

$$v(\tau,\xi)=\xi \mathrm{e}^{-\lambda\tau} \tag{5.32}$$

由此可得

$$R(\tau)=R(0)\mathrm{e}^{-\lambda\tau} \tag{5.33}$$

因此，当 $\mu(\xi)$ 为线性函数时，相关函数为指数函数。

(二) 满足给定自相关函数的伊藤过程

接下来讨论在给定 $R(\tau)$ 的时候，如何构造相应的伊藤过程。一般来说，相关性会随着 τ 的增大而降低。因此，有可能把 $R(\tau)$ 表示成一系列指数衰减的相关函数的和或积分的形式[112-114]，即

$$R(\tau)=R(0)\int_0^{\infty} q(\lambda)\mathrm{e}^{-\lambda\tau}\mathrm{d}\lambda \tag{5.34}$$

尽管没有一般的方法计算 $q(\lambda)$，但是对于典型的衰减函数，尤其是指数和多项式衰减函数，均可以较方便地得到 $q(\lambda)$。表 5.3 给出了常用的 $q(\lambda)$ 的表达式。

表 5.3　一些常用的自相关函数对应的 $q(\lambda)$

自相关函数 $R(\tau)$	$q(\lambda)$
$\exp(-\lambda_0\tau)$	$\delta(\lambda-\lambda_0)$
$(\tau+\tau_0)^{-a}, a>0$	$\dfrac{\tau_0^a}{\Gamma(a)}\lambda^{a-1}\exp(-\lambda\tau_0)$
$\sum_k R_k(\tau)$	$\dfrac{1}{R(0)}\sum_k [R_k(0)q_k(\lambda)]$

根据表 5.3，指数函数和多项式衰减函数均有对应的 $q(\lambda)$，且 $q(\lambda)$ 的计算满

足叠加原理。因此，可以用多项式衰减函数逼近一般的衰减函数 $R(\tau)$（可看作在无穷远点泰勒展开[115]），并得到相应的 $q(\lambda)$ 的表达式。

显然有 $\int_0^\infty q(\lambda)\mathrm{d}\lambda=1$，再令 $q(\lambda)=0,\forall\lambda<0$，则可以认为 $q(\lambda)$ 是一个概率密度函数。在该条件下，可以利用算法 5.3，添加一个辅助过程 λ_t，以得到满足给定概率分布和时间相关性的伊藤过程。

算法 5.3　根据概率分布和时间相关性构造伊藤过程

输入：概率分布 $p_\infty(\xi)$，相关函数 $R(\tau)$

输出：伊藤过程 λ_t 和 ξ_t，使 ξ_t 满足给定的概率分布和时间相关性

(1) 计算概率分布 $q(\lambda)$，使 $R(\tau)=R(0)\int_0^\infty q(\lambda)\exp(-\lambda\tau)\mathrm{d}\lambda$。

(2) 对于概率分布 $q(\lambda)$，构造辅助伊藤过程：$\mathrm{d}\lambda_t=\mu^\lambda(\lambda_t)\mathrm{d}t+\sigma^\lambda(\lambda_t)\mathrm{d}W_t^\lambda$，使 λ_t 的平稳分布为 $q(\lambda)$。

(3) 选取辅助函数 $\sigma^\xi(\xi_t)$，使 $-\xi_t$ 和 $\sigma^\xi(\xi_t)$ 可以生成分布 p_∞。

(4) 最终得到如下伊藤过程：

$$\mathrm{d}\begin{bmatrix}\lambda_t\\ \xi_t\end{bmatrix}=\begin{bmatrix}\mu^\lambda(\lambda_t)\\ -\lambda_t\mu^\xi(\xi_t)\end{bmatrix}\mathrm{d}t+\begin{bmatrix}\sigma^\lambda(\lambda_t) & 0\\ 0 & \sqrt{\lambda_t}\sigma^\xi(\xi_t)\end{bmatrix}\mathrm{d}W_t \tag{5.35}$$

算法 5.3 的正确性由定理 5.4 验证。

定理 5.4　若 $R(\tau)$ 满足式(5.34)，则在由式(5.35)构造的伊藤过程 ξ_t 和 λ_t 中，ξ_t 的平稳分布为 p_∞，且平稳状态的自相关函数为 $R(\tau)$。

证明　利用多变量 Fokker-Planck 方程可以证明，ξ_t 和 λ_t 在平稳状态下的分布是 $p(\xi,\lambda)=p_\infty(\xi)q(\lambda)$。接下来考虑 $\lim\limits_{t\to\infty}\mathbb{E}(\xi_t\xi_{t+\tau})$，为此有如下推导：

$$\begin{aligned}R(\tau)&=\lim_{t\to\infty}\mathbb{E}(\xi_t\xi_{t+\tau})=\lim_{t\to\infty}\mathbb{E}\left[\xi_t\mathbb{E}^{\xi_t,\lambda_t}(\xi_\tau)\right]\\&=\iint\xi p(\xi,\lambda)v(\tau,\xi,\lambda)\mathrm{d}\xi\mathrm{d}\lambda\end{aligned} \tag{5.36}$$

其中，$v(\tau,\xi,\lambda)=\mathbb{E}^{\xi,\lambda}\xi_\tau$。根据例 5.1 可以得出结论：

$$v(\tau,\xi,\lambda)=\xi\mathrm{e}^{-\lambda\tau} \tag{5.37}$$

于是有如下等式成立：

$$\begin{aligned}R(\tau) &= \iint \xi^2 p(\xi,\lambda)\mathrm{e}^{-\lambda\tau}\mathrm{d}z\mathrm{d}\lambda \\ &= \int \xi^2 p_\infty(\xi)\mathrm{d}\xi \int q(\lambda)\mathrm{e}^{-\lambda\tau}\mathrm{d}\lambda \\ &= R(0)\int q(\lambda)\mathrm{e}^{-\lambda\tau}\mathrm{d}\lambda\end{aligned} \tag{5.38}$$

证毕。

四、考虑概率分布、时间相关性和空间相关性的伊藤过程构造算法

下面给出同时考虑概率分布、时间相关性和空间相关性的伊藤过程构造算法，即算法 5.4。该算法的输入包括每个变量 $\xi_{i,t}$ 的概率分布和时间相关性，以及 $\boldsymbol{\xi}_t$ 的空间相关性。最终，借助辅助的随机过程 $\boldsymbol{\lambda}_t$，构造出满足式(5.40)的伊藤过程 $\boldsymbol{\lambda}_t$ 和 $\boldsymbol{\xi}_t$。根据定理 5.1～定理 5.4，容易证明算法 5.4 的正确性，此处不再赘述。

算法 5.4　根据概率分布、时间相关性和空间相关性构造伊藤过程

输入：概率分布 $p_{i,\infty}(\xi_i),\forall i\in\Omega^{\mathrm{S}}$，协方差矩阵 $\boldsymbol{M}=(m_{ij})_{|\Omega^{\mathrm{S}}|\times|\Omega^{\mathrm{S}}|}$，相关函数 $R_i(\tau),\forall i\in\Omega^{\mathrm{S}}$

输出：伊藤过程 $\boldsymbol{\lambda}_t$ 和 $\boldsymbol{\xi}_t$，使 $\boldsymbol{\xi}_t$ 满足给定的概率分布、时间相关性和空间相关性

(1) 对于所有 $i\in\Omega^{\mathrm{S}}$，计算 $q_i(\lambda_i)$，使 $R_i(\tau)=R_i(0)\int_0^\infty q_i(\lambda_i)\exp(-\lambda_i\tau)\mathrm{d}\lambda_i$。

(2) 对于所有概率分布 $q_i(\lambda_i)$，选取漂移项 μ_i^λ 和扩散项 σ_i^λ 生成该概率分布 q_i。

(3) 构造辅助伊藤过程 $\boldsymbol{\lambda}_t:\mathrm{d}\lambda_{i,t}=\mu_i^\lambda(\lambda_{i,t})\mathrm{d}t+\sigma_i^\lambda(\lambda_{i,t})\mathrm{d}W_{i,t}^\lambda$。

(4) 对于所有 $i\in\Omega^{\mathrm{S}}$，选取辅助函数 $\tilde{\mu}_i(\boldsymbol{\xi}_t)=-\xi_{i,t}$，并选取辅助函数 $\tilde{\sigma}_i(\xi_{i,t})$，使得 $\tilde{\mu}_i$ 和 $\tilde{\sigma}_i$ 可以生成分布 $p_{i,\infty}$。

(5) 根据协方差矩阵计算相关系数 $r_{ij}=\dfrac{m_{ij}}{\sqrt{m_{ii}m_{jj}}}$。

(6) 按照式(5.18)计算辅助变量 θ_{ij}。

(7) 计算辅助变量：$r_{ij}'=r_{ij}\theta_{ij},\forall i,j\in\Omega^{\mathrm{S}}$。

(8) 按如下方式计算矩阵函数 $\boldsymbol{D}(\boldsymbol{\lambda}_t,\boldsymbol{\xi}_t)=(d_{ij})_{|\Omega^{\mathrm{S}}|\times|\Omega^{\mathrm{S}}|}$：

$$d_{ij}(\boldsymbol{\lambda}_t,\boldsymbol{\xi}_t)=r_{ij}'\sqrt{\lambda_{i,t}\lambda_{j,t}}\,\tilde{\sigma}_i(\xi_{i,t})\tilde{\sigma}_j(\xi_{j,t}) \tag{5.39}$$

(9) 计算 $\boldsymbol{\mu}^{\xi}(\boldsymbol{\lambda}_t,\boldsymbol{\xi}_t)$: $\mu_i^{\xi}(\lambda_t,\xi_t)=-\lambda_{i,t}\xi_{i,t}$。

(10) 计算 $\boldsymbol{\sigma}^{\xi}(\boldsymbol{\lambda}_t,\boldsymbol{\xi}_t)$，使 $\boldsymbol{D}(\boldsymbol{\xi}_t)=\dfrac{1}{2}\boldsymbol{\sigma}^{\xi}(\boldsymbol{\lambda}_t,\boldsymbol{\xi}_t)\boldsymbol{\sigma}^{\xi}(\boldsymbol{\lambda}_t,\boldsymbol{\xi}_t)^{\mathrm{T}}$。

(11) 最终得到如下伊藤过程：

$$\mathrm{d}\begin{bmatrix}\boldsymbol{\lambda}_t\\ \boldsymbol{\xi}_t\end{bmatrix}=\begin{bmatrix}\boldsymbol{\mu}^{\lambda}(\boldsymbol{\lambda}_t)\\ \boldsymbol{\mu}^{\xi}(\boldsymbol{\lambda}_t,\boldsymbol{\xi}_t)\end{bmatrix}\mathrm{d}t+\begin{bmatrix}\boldsymbol{\sigma}^{\lambda}(\boldsymbol{\lambda}_t) & 0\\ 0 & \boldsymbol{\sigma}^{\xi}(\boldsymbol{\lambda}_t,\lambda\boldsymbol{\xi}_t)\end{bmatrix}\mathrm{d}\boldsymbol{W}_t \tag{5.40}$$

通过本部分的分析，可以发现伊藤过程具有很强的表达能力。对于新能源电力系统的研究中通常关心的统计量，包括概率分布、时间相关性和空间相关性，都可以构造相应的伊藤过程以满足相应的随机性规律。这也是本书采用伊藤过程描述新能源功率随机性的重要原因之一。

五、算例分析

下面对第二部分和第三部分所提出的伊藤过程构造算法进行验证。此处一共讨论两个算例：算例 1 是一个一维算例，用于验证考虑概率分布特性和时间相关性的伊藤过程构造算法；算例 2 是一个多维算例，用于验证考虑概率分布特性和空间相关性的伊藤过程构造算法。尽管在不同的时空尺度和不同的机组容量下，新能源功率随机性可能会有区别[72]，但这些区别通常只会影响具体的模型参数，而不会影响伊藤模型适用性的相关讨论。因此，为简单起见，此处不再给出具体的光伏或风电机组容量等信息，算例中所有的数据均视为标幺值。

(一) 算例 1：考虑概率分布和时间相关性的伊藤过程

本算例用于验证考虑给定概率分布特性和时间相关性的伊藤过程构造算法，即算法 5.3。此处考虑两种类型的平稳分布，即高斯分布 $\mathcal{N}(0,1)$ 和 Laplace 分布 $\text{Laplace}(0,1/\sqrt{2})$，容易知道两者的均值和方差均相同。由表 5.2 可知两种情况下的伊藤过程的具体模型，如式(5.41)所示：

$$\begin{aligned}\mathrm{d}\xi_t^{\mathrm{G}}&=-\lambda\xi_t^{\mathrm{G}}\mathrm{d}t+2\sqrt{\lambda}\mathrm{d}W_t\\ \mathrm{d}\xi_t^{\mathrm{L}}&=-\lambda\xi_t^{\mathrm{L}}+\sqrt{\lambda}(\sqrt{2}\,|\,\xi_t^{\mathrm{L}}\,|+1)\mathrm{d}W_t\end{aligned} \tag{5.41}$$

其中，ξ_t^{G} 表示满足高斯分布的伊藤过程；ξ_t^{L} 表示满足 Laplace 分布的伊藤过程。此处令 $\lambda=1$，根据 ξ_t^{G}、ξ_t^{L}，按照式(5.12)的方法生成 10000 个场景，并统计不同时刻的 ξ_t^{G}、ξ_t^{L} 的分布，如图 5.3 所示。由图 5.3 可知，在起始时刻附近，随机变量的概率分布更接近初始值(在本例中，初始值为 0)，但在一定时间后，其概率分布即收敛于平稳分布。两个伊藤过程 ξ_t^{G} 和 ξ_t^{L} 均收敛于对应的平稳分布，即高斯分布和 Laplace 分布。由此可见，伊藤过程可以较好地描述随机过程的平稳分布。

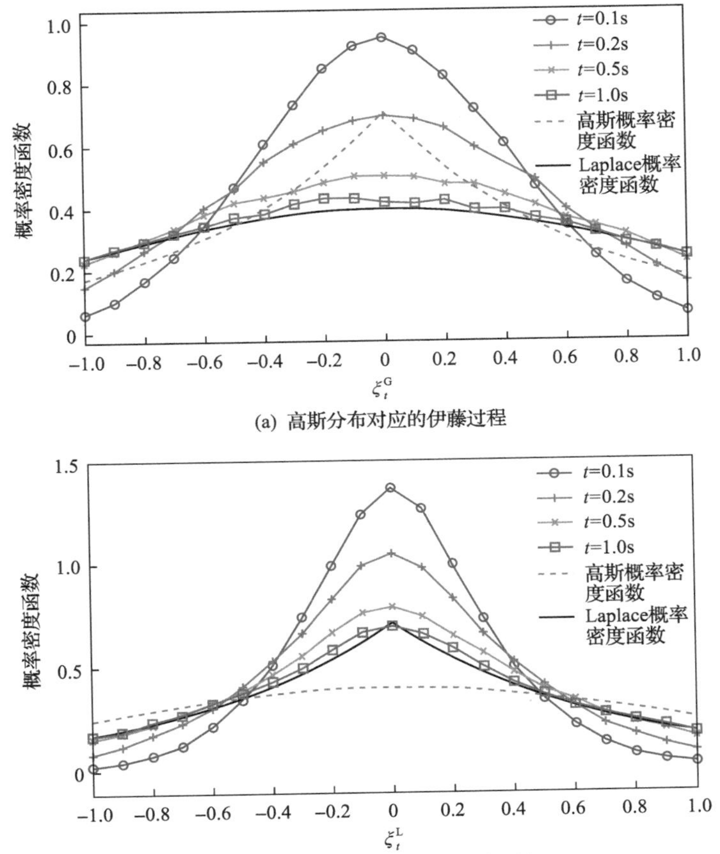

(a) 高斯分布对应的伊藤过程

(b) Laplace分布对应的伊藤过程

图 5.3　算例 1：伊藤过程 ξ_t^{G} 和 ξ_t^{L} 在不同时刻的概率密度函数

根据例 5.1 可知，线性系数的伊藤过程的自相关函数是指数衰减函数。即 $R(\tau)=\exp(-\lambda\tau)$（在本算例中 λ=1）。图 5.4(a)给出了统计得到的伊藤过程自相关函数，并给出了理论自相关函数作为对比。可以看出，两个伊藤过程 ξ_t^{G} 和 ξ_t^{L} 统计得到的自相关函数均与理论自相关函数一致。图 5.4(b) 以 ξ_t^{G} 为例，统计了不同的系数 λ 对自相关函数的影响。可以发现，λ 较大时，自相关函数随着 τ 的增大而衰减较快。这是因为 λ 较大时，ξ_t 随时间衰减得较快，因此对其后 ξ_t 的影响也较小。定理 5.4 表明，通过构造一个辅助的 λ_t，可以实现不同的指数自相关函数的依概率加权，从而得到更一般的自相关函数。为了验证该结论，此处以式(5.42)的自相关函数为例，验证定理 5.4 的正确性：

$$R(\tau)=\frac{R(0)}{\tau+1} \tag{5.42}$$

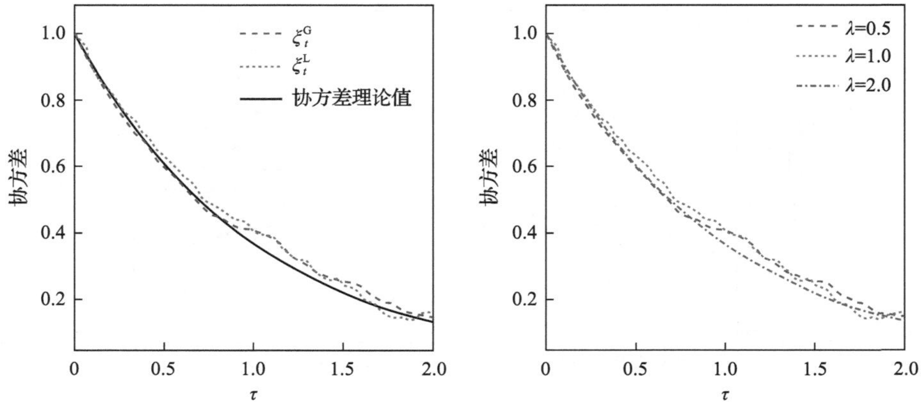

(a) λ=1时，ξ_t^{G}和ξ_t^{L}的时间相关性　(b) ξ_t^{G}的时间相关性和λ的关系

图 5.4　所构造伊藤过程 $\xi_{1,t}$ 和 $\xi_{2,t}$ 的自相关函数

根据表 5.3，有 $q(\lambda)=\exp(-\lambda),\lambda>0$。由此，可以构建如下的伊藤过程：

$$\begin{aligned}\mathrm{d}\lambda_t&=-(\lambda_t-1)\mathrm{d}t+\sqrt{2\max\{\lambda_t,0\}}\mathrm{d}W_t^{(1)}\\ \mathrm{d}\xi_t'&=-\lambda_t\xi_t'\mathrm{d}t+\sqrt{\lambda_t}\sigma(\xi_t')\mathrm{d}W_t^{(2)}\end{aligned} \tag{5.43}$$

其中，$W_t^{(1)}$、$W_t^{(2)}$ 为两个独立的布朗运动；$\sigma(\xi_t')$ 需根据概率分布的特点来确定，具体表达式可见于表 5.2。本例中仍然考虑两种概率分布，即高斯分布和 Laplace 分布，其所对应的伊藤过程分别记作 $\xi_t^{\mathrm{G}'}$ 和 $\xi_t^{\mathrm{L}'}$。$\xi_t^{\mathrm{G}'}$ 和 $\xi_t^{\mathrm{L}'}$ 的自相关函数如图 5.5 所示。由此可见，根据算法 5.3 构造的伊藤过程可以有效地描述给定伊藤过程的时间相关性。

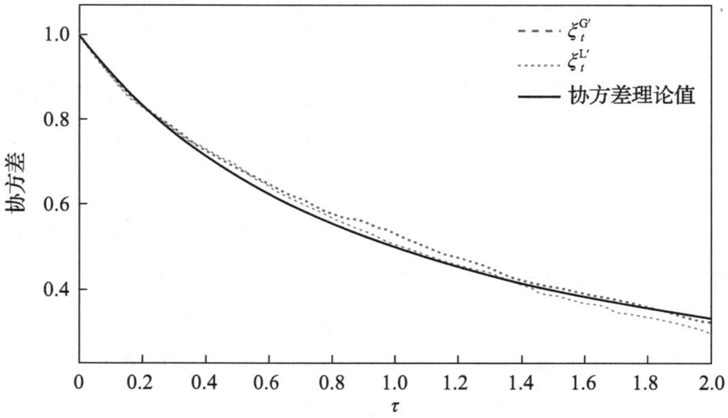

图 5.5　伊藤过程 $\xi_t^{\mathrm{G}'}$ 和 $\xi_t^{\mathrm{L}'}$ 的时间相关性

(二) 算例 2：考虑空间相关性的伊藤过程

本算例主要用于考虑多个变量之间的空间相关性。考虑一个三维的伊藤过程 $\boldsymbol{\xi}_t$，希望其满足如下的协方差矩阵：

$$\boldsymbol{M}=\begin{bmatrix}1 & 0.5 & 0\\ 0.5 & 1 & -0.5\\ 0 & -0.5 & 1\end{bmatrix} \tag{5.44}$$

根据算法 5.2，如果 $\boldsymbol{\xi}_t$ 的边缘分布为高斯分布，则可以得到如式(5.45)所示的伊藤过程：

$$\mathrm{d}\boldsymbol{\xi}_t=-\boldsymbol{\xi}_t\mathrm{d}t+\sqrt{2}\begin{bmatrix}1 & 0 & 0\\ 0.5 & 0.8660 & 0\\ 0 & -0.5774 & 0.8165\end{bmatrix}\mathrm{d}\boldsymbol{W}_t \tag{5.45}$$

如果考虑 $\boldsymbol{\xi}_t=(\xi_{1,t},\xi_{2,t},\xi_{3,t})$ 的边缘分布为 Laplace 分布，则可以得到如下伊藤过程：

$$\mathrm{d}\boldsymbol{\xi}_t=-\boldsymbol{\xi}_t\mathrm{d}t+\begin{bmatrix}\sqrt{\sqrt{2}|\xi_{1,t}|+1} & 0 & 0\\ 0.4858\sqrt{\sqrt{2}|\xi_{2,t}|+1} & \sqrt{1.08|\xi_{2,t}|+0.764} & 0\\ 0 & -\dfrac{0.4852\sqrt{\sqrt{2}|\xi_{2,t}|+1}\sqrt{\sqrt{2}|\xi_{3,t}|+1}}{\sqrt{1.08|\xi_{2,t}|+1}} & \sqrt{0.9783|\xi_{3,t}|+0.6918}\end{bmatrix}\mathrm{d}\boldsymbol{W}_t \tag{5.46}$$

为验证上述结果，此处随机生成 1000 个场景，并统计其协方差矩阵。在高斯分布和 Laplace 分布下，协方差矩阵分别如下：

$$\begin{aligned}\boldsymbol{M}_{\text{Gaussian}}&=\begin{bmatrix}0.9786 & 0.4983 & 0.0023\\ 0.4983 & 1.0338 & -0.5151\\ 0.0023 & -0.5151 & 1.0451\end{bmatrix}\\ \boldsymbol{M}_{\text{Laplace}}&=\begin{bmatrix}1.089 & 0.5114 & -0.0064\\ 0.5114 & 0.9908 & -0.4508\\ -0.0064 & -0.4508 & 0.9758\end{bmatrix}\end{aligned} \tag{5.47}$$

由此可见，统计得到的协方差和理论计算的协方差的区别不到 5%。图 5.6 给出了不同维度和不同分布下的散点图。无论是高斯分布下还是 Laplace 分布下，均能看出 ξ_1 和 ξ_2 正相关，ξ_2 和 ξ_3 负相关，而 ξ_1 和 ξ_3 没有相关性。同时，也可以看出 Laplace 分布和高斯分布有着不同的样本分布特性，即 Laplace 分布的样本点在原点附近出现的频率更大。这也和 Laplace 分布的概率密度函数相符合。本算例说明，第二部分所提出的算法能够有效地构造符合给定的概率分布特性和空间相关性的伊藤过程。

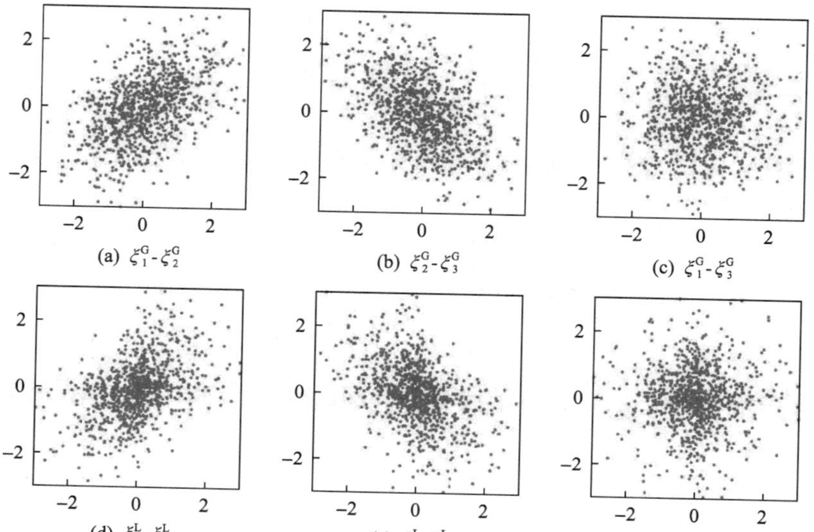

(a) ξ_1^{G}-ξ_2^{G}　(b) ξ_2^{G}-ξ_3^{G}　(c) ξ_1^{G}-ξ_3^{G}

(d) ξ_1^{L}-ξ_2^{L}　(e) ξ_2^{L}-ξ_3^{L}　(f) ξ_1^{L}-ξ_3^{L}

图 5.6　三维伊藤过程的散点图

第四节　伊藤过程的参数估计：基于数据的方法

第三节讨论了利用统计量构造伊藤过程的方法，并说明了伊藤过程具有较广泛的适用性。然而，在实际应用中，并不需要先根据历史数据计算出新能源的概率分布、时间相关性和空间相关性等统计数据，再寻找合适的伊藤过程。相反，可以根据历史数据直接计算出伊藤过程的相关参数。伊藤过程的参数估计通常采用极大似然方法，现有文献中已有较多的研究[116]。本节给出一种工程中较为简便易行的算法。

一、极大似然方法

历史数据均为离散采样，因此认为时间 t 是离散的。假设有一组观测数据 $\boldsymbol{\xi}_0^{\mathrm{o}},\boldsymbol{\xi}_1^{\mathrm{o}},\boldsymbol{\xi}_2^{\mathrm{o}},\cdots,\boldsymbol{\xi}_T^{\mathrm{o}}$，其中上标“o”表示该组数据是 $\boldsymbol{\xi}_t$ 的观测值。本节希望以此为基础，计算如下伊藤过程的参数：

$$\mathrm{d}\boldsymbol{\xi}_t=\boldsymbol{\mu}(\boldsymbol{\xi}_t;\Theta)\mathrm{d}t+\boldsymbol{\sigma}(\boldsymbol{\xi}_t;\Theta)\mathrm{d}\boldsymbol{W}_t \tag{5.48}$$

其中，$\boldsymbol{\mu}(\boldsymbol{\xi}_t;\Theta)$ 和 $\boldsymbol{\sigma}(\boldsymbol{\xi}_t;\Theta)$ 分别表示参数化的漂移项和扩散项，Θ 是待定的参数。根据实际情况，可以选择不同的函数形式和待定参数。一般来说，待定参数越多，模型的表达能力越强，但所需的拟合数据也越多。

极大似然方法的目标是最小化如下的负对数条件概率：

$$\min_{\Theta} L = -\ln \Pr\left\{\boldsymbol{\xi}_1^{\mathrm{o}}, \boldsymbol{\xi}_2^{\mathrm{o}}, \cdots, \boldsymbol{\xi}_T^{\mathrm{o}} \mid \boldsymbol{\xi}_0^{\mathrm{o}}\right\} \tag{5.49}$$

将该目标函数 L 称为似然值。为求得该值，首先利用伊藤过程的增量独立性得到

$$L = -\sum_{t=0}^{T-1} \ln \Pr\{\boldsymbol{\xi}_{t+1}^{\mathrm{o}} \mid \boldsymbol{\xi}_t^{\mathrm{o}}\} \tag{5.50}$$

进一步地，考虑式(5.48)的离散形式：

$$\boldsymbol{\xi}_{t+1} = \boldsymbol{\xi}_t + \boldsymbol{\mu}(\boldsymbol{\xi}_t;\Theta)\Delta t + \boldsymbol{\sigma}(\boldsymbol{\xi}_t;\Theta)W_{\Delta t} \tag{5.51}$$

同时，$W_{\Delta t} \sim \mathcal{N}(\mathbf{0}, \Delta t\boldsymbol{I})$，因此有

$$\boldsymbol{\xi}_{t+1} \sim \mathcal{N}[\boldsymbol{\xi}_t + \boldsymbol{\mu}(\boldsymbol{\xi}_t;\Theta)\Delta t, \boldsymbol{\sigma}(\boldsymbol{\xi}_t;\Theta)\boldsymbol{\sigma}(\boldsymbol{\xi}_t;\Theta)^{\mathrm{T}}] \tag{5.52}$$

因此，根据 $\boldsymbol{\xi}_{t+1}$ 和 $\boldsymbol{\xi}_t$ 的观测值，即 $\boldsymbol{\xi}_{t+1}^{\mathrm{o}}$ 和 $\boldsymbol{\xi}_t^{\mathrm{o}}$，可以得到

$$\Pr\{\boldsymbol{\xi}_{t+1}^{\mathrm{o}} \mid \boldsymbol{\xi}_t^{\mathrm{o}}\} = \frac{1}{\sqrt{(2\pi\Delta t)^{|\Omega^{\mathrm{S}}|}\det(\boldsymbol{\sigma}\boldsymbol{\sigma}^{\mathrm{T}})}} \exp\left\{-\frac{1}{2}\left[\boldsymbol{\xi}_{t+1}^{\mathrm{o}} - \boldsymbol{\xi}_t^{\mathrm{o}} - \boldsymbol{\mu}\Delta t\right]^{\mathrm{T}} (\boldsymbol{\sigma}\boldsymbol{\sigma}^{\mathrm{T}})^{-1}\left[\boldsymbol{\xi}_{t+1}^{\mathrm{o}} - \boldsymbol{\xi}_t^{\mathrm{o}} - \boldsymbol{\mu}\Delta t\right]\right\} \tag{5.53}$$

其中，$\boldsymbol{\mu}$ 和 $\boldsymbol{\sigma}$ 分别表示 $\boldsymbol{\mu}(\boldsymbol{\xi}_t^{\mathrm{o}};\Theta)$ 和 $\boldsymbol{\sigma}(\boldsymbol{\xi}_t^{\mathrm{o}};\Theta)$。将式(5.53)代入式(5.50)，可以得到

$$\begin{aligned}\min L' = &\frac{1}{4}\sum_{t=0}^{T-1}\left[\boldsymbol{\xi}_{t+1}^{\mathrm{o}} - \boldsymbol{\xi}_t^{\mathrm{o}} - \boldsymbol{\mu}(\boldsymbol{\xi}_t^{\mathrm{o}};\Theta)\Delta t\right]^{\mathrm{T}} \boldsymbol{D}(\boldsymbol{\xi}_t^{\mathrm{o}};\boldsymbol{\Theta})^{-1}\left[\boldsymbol{\xi}_{t+1}^{\mathrm{o}} - \boldsymbol{\xi}_t^{\mathrm{o}} - \boldsymbol{\mu}(\boldsymbol{\xi}_t^{\mathrm{o}};\Theta)\Delta t\right] \\ &+\frac{1}{2}\sum_{t=0}^{T-1}\log\det[\boldsymbol{D}(\boldsymbol{\xi}_t^{\mathrm{o}};\boldsymbol{\Theta})]\end{aligned} \tag{5.54}$$

其中，$\boldsymbol{D}(\boldsymbol{\xi}_t^{\mathrm{o}};\boldsymbol{\Theta}) = \boldsymbol{\sigma}(\boldsymbol{\xi}_t^{\mathrm{o}};\Theta)\boldsymbol{\sigma}(\boldsymbol{\xi}_t^{\mathrm{o}};\Theta)^{\mathrm{T}}/2$。用 L' 代替 L，是因为忽略了常数项的对数。式(5.54)为用极大似然方法估计伊藤过程待定参数的目标函数，对于一些特殊的情形，可以求得解析解，而对于一般的(非线性)漂移项和扩散项，只能通过数值方法(如梯度下降法)求得最优的待定参数。

二、算例分析

下面通过算例验证所提出的参数估计方法的有效性。研究三个算例：算例 1 采用模拟数据，用于验证所提出的参数估计方法是否能准确估计模型参数；算例 2 对实测的光伏发电功率数据进行参数估计和分析。

（一）算例 1：模拟数据

采用式(5.45)模型生成的随机数据作为模拟数据。由于模拟数据对应的模型参数已知，这样可以验证所提的伊藤过程参数估计方法的有效性。此处考虑待定参数的伊藤过程为 $\mathrm{d}\boldsymbol{\xi}_t = -\lambda\boldsymbol{\xi}_t + \boldsymbol{\sigma}\mathrm{d}\boldsymbol{W}_t$，待估计的参数为系数 λ 和 $\boldsymbol{D} = \boldsymbol{\sigma}\boldsymbol{\sigma}^{\mathrm{T}}/2$。模拟数据用到的参数如下：

$$\lambda = 1, \boldsymbol{D} = \begin{bmatrix} 1 & 0.5 & 0 \\ 0.5 & 1 & -0.5 \\ 0 & -0.5 & 1 \end{bmatrix} \tag{5.55}$$

用时序数据生成 100s 的式(5.55)的参数，生成方法参考式(5.12)，如图 5.7 所示。基于该时序数据，利用极大似然方法进行参数估计，可以得到

$$\hat{\lambda} = 1.0827, \hat{\boldsymbol{D}} = \begin{bmatrix} 0.9875 & 0.5091 & -0.0037 \\ 0.5091 & 1.0035 & -0.4850 \\ -0.0037 & -0.4850 & 0.9718 \end{bmatrix} \tag{5.56}$$

由此可见，利用极大似然方法得到的估计参数与实际参数较为接近，因此极大似然方法可以有效地估计伊藤过程的参数。此外，该结果为该场景下的估计结果，在不同的场景下，估计结果会有变化。此处统计了 1000 个场景下各个参数估计的标准差，如图 5.8 所示。可以发现，所利用的时序数据越长，则参数估计越准确，由此可知，所提的极大似然方法是渐近无偏估计方法。

（二）算例 2：光伏发电功率数据

这里以四川某光伏电站的光伏发电机组实际数据作为待估计的随机量，进行参数估计，所采用的数据的分辨率为 1min，待估计的光伏出力如图 5.9 所示。

由于光伏功率输出的波形受日照影响，具有明显的时变性，此处用实际出力除以晴空出力，将比值(以下称归一化出力)作为待预测量，并将各个时刻 1h 前的归一化出力作为预测的归一化出力，由此得到预测误差 $\boldsymbol{\xi}_t$，再进行参数估计。此处把 4h 的光伏功率输出的时序数据作为训练数据，把随后 4h 的时序数据作为测试数据。训练数据和测试数据的波形如图 5.10 所示。

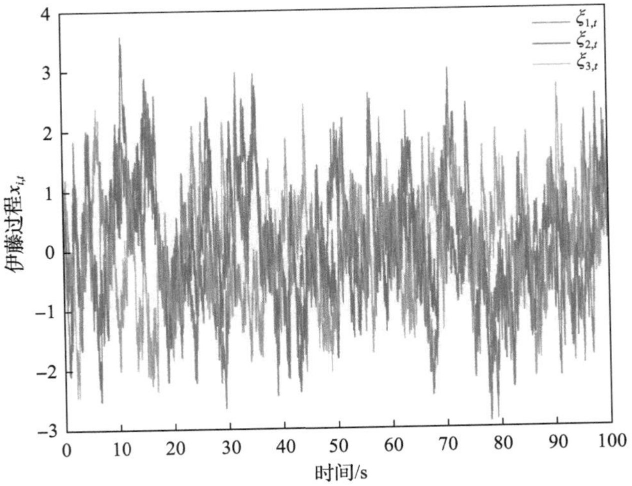

图 5.7 用于参数估计的伊藤过程

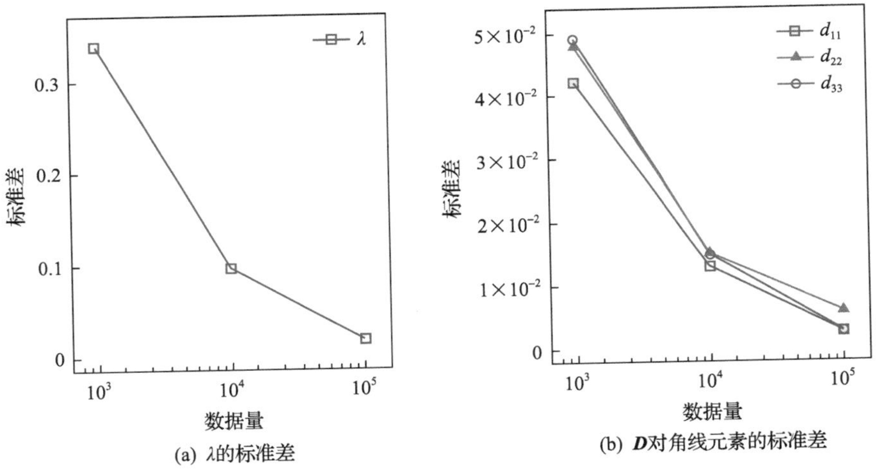

图 5.8 估计标准差和数据量的关系

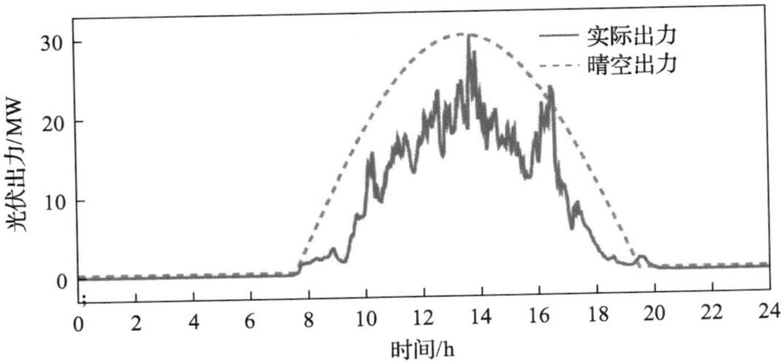

图 5.9 光伏出力曲线

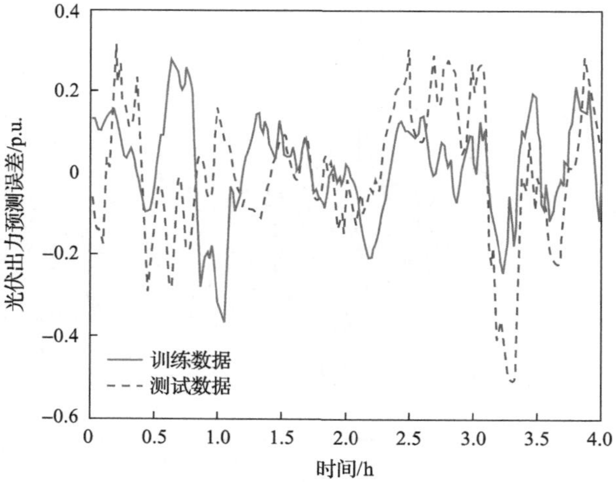

图 5.10　训练数据和测试数据的波形

此处采用高斯分布的伊藤过程模型，待估计的参数包括系数 λ 和扩散项 σ(表 5.2)。利用本节提出的算法，可以得到 λ 和 σ 的估计值为 $\hat{\lambda}=2.9345\text{p.u./h}$，$\hat{\sigma}=0.2269\text{p.u./h}$。为了验证该结果的有效性，此处根据式(5.54)计算负对数似然概率(即目标函数)，并对比不同的 λ 和 σ 在训练集与测试集上的目标函数值，如图 5.11 所示。为方便起见，此处将负对数似然概率归一化到[0,1]。

在训练集上得到的最优估计值 $\hat{\lambda}$ 和 $\hat{\sigma}$，不仅在训练集上达到了最低的目标函数值，在测试集上的目标函数值也低于其他的 λ 和 σ 组合。因此，实际应用中可以基于历史数据得到伊藤过程的参数，并将该伊藤过程参数用于下一阶段控制策略的制定。

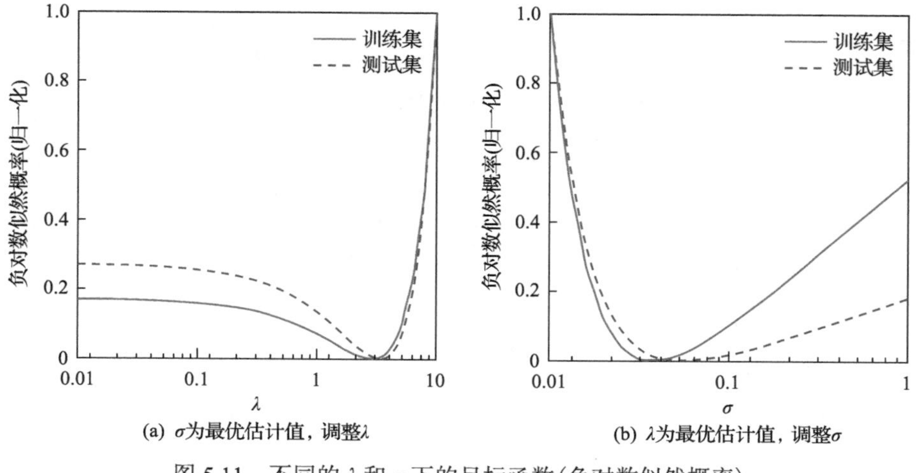

图 5.11　不同的 λ 和 σ 下的目标函数(负对数似然概率)

(三) 算例 3：风电场发电数据

本算例以吉林省某风电场的数据作为待估计的随机量。为了讨论空间相关性，本算例在同一个风场中抽取了 3 个风电机组，分别记作风机 1、风机 2 和风机 3。所采用的实际数据的分辨率为 10min，以 3 天的风电出力实际数据作为训练数据，随后 1 天的风电出力实际数据作为测试数据。与算例 2 相同，待估计量为预测误差，而预测值则采用保持性预测(persistence prediction)的方式，设置为 1h 前的实际出力(即保持性预测，persistence prediction)。训练数据和测试数据的波形如图 5.12 所示。

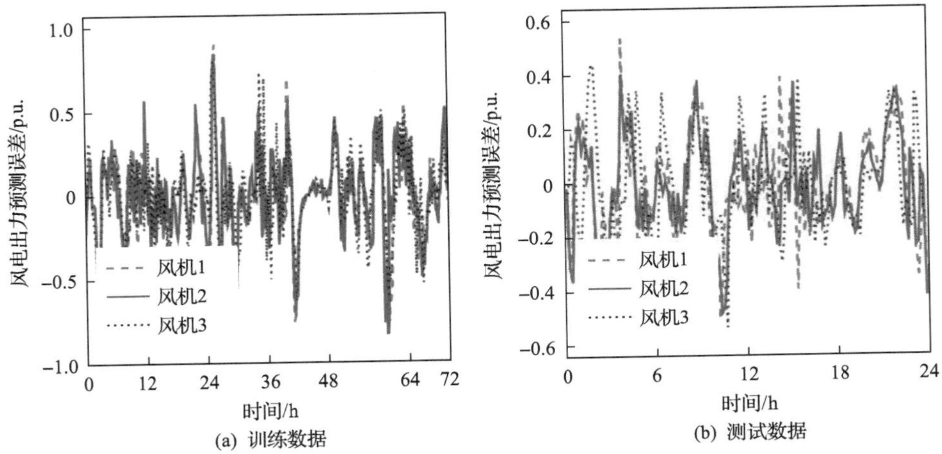

图 5.12　算例 3：训练数据和测试数据的波形

在该风电场中，风机 1 和风机 2 的距离较近，而两者均与风机 3 的距离较远。将三个风机的预测误差分别设为 $\xi_{1,t}$、$\xi_{2,t}$ 和 $\xi_{3,t}$，其整体的向量形式为 $\boldsymbol{\xi}_t$。对训练数据进行参数估计，可以得到式(5.57)所示的伊藤过程。

$$
\mathrm{d}\boldsymbol{\xi}_t = -1.3183\boldsymbol{\xi}_t\mathrm{d}t + \begin{bmatrix} 0.3436 & 0.2401 & 0.0461 \\ 0 & 0.3081 & 0.0372 \\ 0 & 0 & 0.3777 \end{bmatrix}\mathrm{d}\boldsymbol{W}_t \tag{5.57}
$$

根据算法 5.2 可知，该伊藤过程所对应的各个风机间的相关系数为

$$
(r_{ij})_{3\times 3} = \begin{bmatrix} 1 & 0.6147 & 0.1225 \\ 0.6147 & 1 & 0.1532 \\ 0.1225 & 0.1532 & 1 \end{bmatrix} \tag{5.58}
$$

可以看出，风机 1 和风机 2 之间的正相关性较强，而风机 3 和前两者的正相

关性则较弱。这和三个风机的地理位置关系是一致的，即风机 1 和风机 2 地理位置较近，而风机 3 距离前两台风机较远。为了进一步说明所估计结果的有效性，图 5.13 给出了在给定风机 1 的出力时，风机 2 和风机 3 的统计平均出力，并与根据式(5.37)算出的理论结果进行了比较。由图 5.13 可以明显地看出，风机 2 与风机 1 有很强的正相关性，而风机 3 和风机 1 则相关性较弱。并且，由估计得到的模型计算出的理论结果也满足同样的规律，与实际数据的统计结果较为吻合。

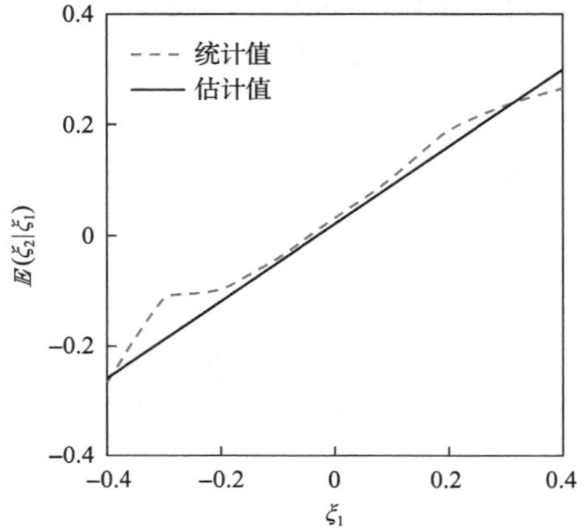

(a) 风机1(ξ_1)-风机2(ξ_2)

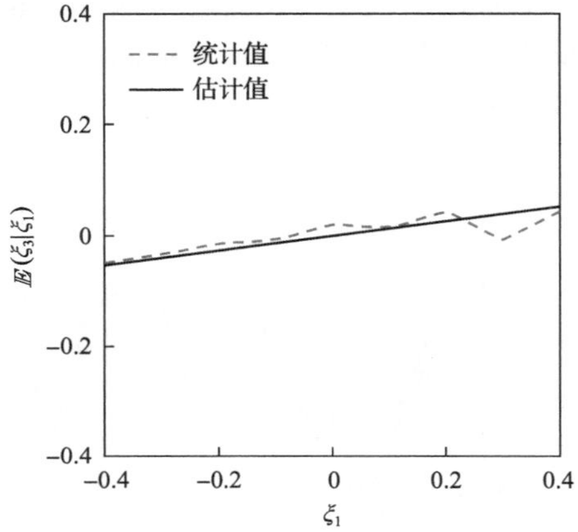

(b) 风机1(ξ_1)-风机3(ξ_3)

图 5.13　算例 3：给定风机 1 的出力时，风机 2、3 的统计平均出力及理论估计结果

第五节　说明与讨论

新能源功率随机性的建模是新能源电力系统随机过程分析和控制的基础。本章给出了新能源功率随机性的伊藤过程模型，以便与电力系统控制问题的动力学模型在统一的框架下进行分析。同时，本章还给出了基于模型和历史数据的伊藤过程参数构造方法。

首先，本章讨论了新能源功率随机性建模的常用方法及其所面临的挑战，并在此基础上给出了伊藤过程模型的定义。伊藤过程模型将新能源功率随机性用随机微分方程建模，该随机微分方程的漂移项描述随机变量向期望值移动的趋势，扩散项描述随机变量的不确定性。通过改变漂移项和扩散项的函数形式，伊藤过程可以较广泛地描述新能源功率随机性。

其次，本章给出了基于模型的伊藤过程构造方法。该算法根据给定的新能源概率分布、时间相关性、空间相关性特征，计算相应的伊藤过程漂移项和扩散项，使所构造的伊藤过程满足相应的随机特性。该部分的理论证明和算例分析均表明，伊藤过程具有较广泛的适用性，是可以兼容文献中的常用模型(如基于概率分布的模型、基于协方差的模型、基于时间序列的模型等)，因此在新能源概率预测或统计分析中所得到的统计结果可以方便地纳入伊藤过程模型中。

最后，本章给出了基于历史数据的伊藤过程参数估计方法，即极大似然方法。该方法将伊藤过程的漂移项和扩散项作为含有未知参数的函数，通过最小化对数似然概率得到最优的参数，从而得到伊藤过程的漂移项和扩散项。在实际应用中，可以根据历史数据得到伊藤过程的参数，并将其应用于后续的分析和控制。

本章所提出的伊藤过程模型是第六、七章的模型基础，后续章节中将假设新能源功率随机性均满足伊藤过程模型，并在此基础上进一步研究新能源电力系统的性能分析与优化控制方法。

第六章　新能源电力系统控制性能的伊藤时域分析方法

上篇介绍了新能源电力系统的频域分析方法。然而，频域分析方法难以考虑初值和预测值对系统的影响，所以只能应用于 AGC 等较短时间尺度的场景，难以指导更一般的新能源电力系统的运行分析和控制问题。为解决该难题，本章提出了基于级数逼近的新能源电力系统时域分析方法。本章首先给出新能源电力系统三个典型的工程问题，包括 AGC 问题、配电网调峰和输电网调峰的问题，并利用随机评估函数的概念，将上述问题转化为统一的向量形式的模型。在此基础上，本章给出随机评估函数的偏微分方程表示及其级数逼近，并基于级数逼近的方法给出一种高效的随机评估函数计算方法，可以快速准确地评估新能源电力系统的时域特性。

第一节　新能源电力系统的典型控制问题和模型

新能源的接入对电力系统的调频和调峰都造成了不可忽视的影响。本节将给出新能源电力系统调频和调峰的典型工程问题及其模型，包括 AGC 问题、配电网的调峰问题和输电网的调峰问题，每个问题的模型均包含目标函数、等式约束和不等式约束。在这些具体模型的基础上，本节将在随机最优控制的框架下统一描述这些模型，并将其作为本章和第七章的讨论基础。

一、AGC 问题

该问题为第四章所给出的 AGC 问题。其中，随机变量为 $P_{i,t}^{\mathrm{S}}$，即新能源机组的出力，其预测误差为 $\xi_{i,t}$，该预测误差项采用伊藤过程描述。控制变量 $\boldsymbol{u}_t$ 包括各同步发电机组的功率参考值 $P_{i,t}^{\mathrm{ref}}$，而系统的控制目标则是在控制周期内最小化 ACE。

（一）目标函数

AGC 问题的目标函数为系统的 ACE 和控制成本的加权求和，即

$$\min J = \mathbb{E}\left\{\int_0^T (\lambda_{\mathrm{ACE}}\mathrm{ACE}_{m,t}^2 + \boldsymbol{u}_t^{\mathrm{T}}\boldsymbol{R}\boldsymbol{u}_t)\mathrm{d}t + \mu_{\mathrm{ACE}}\mathrm{ACE}_{m,T}^2\right\} \tag{6.1a}$$

其中，λ_{ACE} 和 μ_{ACE} 为 ACE 的权重系数；$\boldsymbol{R}$ 为控制成本的权重系数。

（二）等式约束

该问题的等式约束包括常微分方程和代数方程所描述的模型约束，在此列写如下：

$$\dot{P}_{i,t}^{\mathrm{g}} = -\frac{1}{T_i^{\mathrm{g}}}\left(P_{i,t}^{\mathrm{g}} + \frac{\omega_{i,t}}{R_i} - P_{i,t}^{\mathrm{ref}}\right) \tag{6.1b}$$

$$\dot{P}_{i,t}^{\mathrm{m}} = -\frac{1}{T_i^{\mathrm{t}}}\left(P_{i,t}^{\mathrm{m}} - P_{i,t}^{\mathrm{g}}\right) \tag{6.1c}$$

$$\dot{\omega}_{i,t} = -\frac{1}{2H_i}\left(D_i\omega_{i,t} - P_{i,t}^{\mathrm{m}} - P_{i,t}^{\mathrm{S}} + P_{i,t}^{\mathrm{L}} + \sum_{k\in \mathrm{Adj}(i)} P_{ik,t}\right) \tag{6.1d}$$

$$\dot{P}_{ij,t} = \frac{1}{X_{ij}}(\omega_{i,t} - \omega_{j,t}) \tag{6.1e}$$

$$\Delta_f(t) = \frac{1}{2\pi}\frac{\sum\limits_{i\in\mathcal{V}} H_i\omega_{i,t}}{\sum\limits_{i\in\mathcal{V}} H_i} - f_0 \tag{6.1f}$$

$$\mathrm{ACE}_{m,t} = \sum_{(ij)\in\Omega_m^T}(P_{ij,t} - P_{ij}^0) - b_m\Delta_f(t) \tag{6.1g}$$

式(6.1b)～式(6.1d)为发电机动态方程；式(6.1e)为线路潮流动态模型，式(6.1f)和式(6.1g)分别为频率和ACE的模型。

（三）不等式约束

该问题所包含的不等式约束如下：

$$\underline{P}_i^{\mathrm{ref}} \leqslant P_{i,t}^{\mathrm{ref}} \leqslant \overline{P}_i^{\mathrm{ref}}, \quad \forall i\in\mathcal{V} \tag{6.1h}$$

$$\underline{P}_{ij} \leqslant P_{ij,t} \leqslant \overline{P}_{ij}, \quad \forall (i,j)\in\mathcal{E} \tag{6.1i}$$

$$\underline{\Delta_f} \leqslant \Delta_f(t) \leqslant \overline{\Delta_f} \tag{6.1j}$$

式(6.1h)为发电机的出力约束；式(6.1i)为线路潮流约束(在本问题中，仅考虑连接线的线路潮流约束)；而式(6.1j)则表示系统频率的约束。

二、配电网的调峰问题

本问题考虑含有储能和新能源机组的配电网的调峰问题。配电网的基本结构如图 6.1 所示。该配电网为树形结构，其中的节点集合采用$\mathcal{V}$描述，而支路集合采用$\mathcal{E}$描述，认为节点 0 是该配电网的根节点。

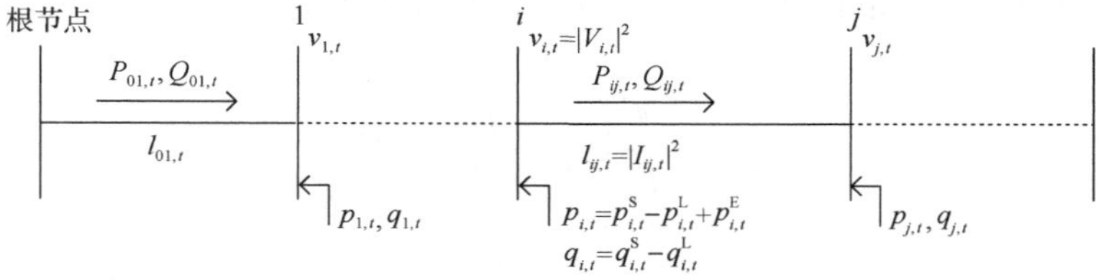

图 6.1　配电网的基本结构

$v_{i,t}$表示节点 i 电压幅值的平方，$p_{i,t}$ 和 $q_{i,t}$ 分别表示节点 i 的有功功率和无功功率，如图 6.1 所示，采用功率注入方向为正方向，$P_{ij,t}$ 和 $Q_{ij,t}$ 分别表示线路的有功潮流和无功潮流，而 $l_{ij,t}$ 表示线路电流幅值的平方。根据图 6.1，这里考虑如下不同的节点功率类型。

(1) 确定性负荷功率，其有功功率和无功功率采用 $p_{i,t}$ 和 $q_{i,t}$ 描述。该类功率不含有随机性。

(2) 含有随机性的功率，在这里为各个新能源机组的有功功率 $p_{i,t}^{\mathrm{S}}$。该类功率具有随机性，且不可控。

(3) 可控功率，在这里为新能源机组的无功功率 $q_{i,t}^{\mathrm{S}}$ 和储能的功率 $p_{i,t}^{\mathrm{E}}$。该类功率是可控的，可以通过调节其输出降低配电网的运行成本，因此其控制律即求解目标。将新能源出力分解为预测值和预测误差，并将预测误差建模为伊藤过程：

$$p_{i,t}^{\mathrm{S}} = p_{i,t}^{\mathrm{pred}} + \xi_{i,t} \tag{6.2a}$$

其中，$\boldsymbol{\xi}_t = (\xi_{i,t})_{i\in\mathcal{V}}$ 为伊藤过程。

此外，控制变量 $\boldsymbol{u}_t$ 定义为

$$\boldsymbol{u}_t = (p_{i,t}^{\mathrm{E}}, q_{i,t}^{\mathrm{S}})_{i\in\mathcal{V}} \tag{6.2b}$$

(一) 目标函数

这里所考虑的随机控制问题的目标是最小化系统的购电成本，同时保证系统的电压稳定在额定值附近。具体来说，目标函数的表达式为

$$\begin{aligned}\min_{\boldsymbol{u}_t,\tau\in\mathcal{T}} J = &\mathbb{E}_{\boldsymbol{\xi}_t}\left\{\int_{t\in\mathcal{T}} \lambda_t P_{01,t}\mathrm{d}t + R^{\mathrm{V}}\sum_i \int_{t\in\mathcal{T}} (v_{i,t}-1)^2 \mathrm{d}t\right\} \\ &+ \mathbb{E}_{\boldsymbol{\xi}_t}\left\{\int_{t\in\mathcal{T}} \boldsymbol{u}_t^{\mathrm{T}} \boldsymbol{R}^{\mathrm{U}} \boldsymbol{u}_t \mathrm{d}t + R^{\mathrm{E}}\sum_i (\mathrm{SOC}_{i,T} - \mathrm{SOC}_{i,\mathrm{end}})^2\right\}\end{aligned} \tag{6.2c}$$

其中包含如下部分。

(1) 从市场中购电的成本 $\int_{t\in\mathcal{T}} \lambda_t P_{01,t}\mathrm{d}t$，其中 λ_t 为购电价格。

(2) 对电压与额定值的差值的惩罚项 $R^{\mathrm{V}}\sum_i\int_{t\in\mathcal{T}}(v_{i,t}-1)^2\mathrm{d}t$，其中 R^{V} 为惩罚项的系数。

(3) 控制成本 $\int_{t\in\mathcal{T}} \boldsymbol{u}_t^{\mathrm{T}}\boldsymbol{R}^{\mathrm{U}}\boldsymbol{u}_t\mathrm{d}t$。

(4) 对末端荷电状态(state of charge, SOC)的惩罚项 $R^{\mathrm{E}}\sum_i(\mathrm{SOC}_{i,T}-\mathrm{SOC}_{i,\mathrm{end}})^2$。

设置该惩罚项的原因在于，有限时间的随机控制问题无法考虑末端时间 T 之后的系统状态，因此，为了使储能系统的 SOC 在控制周期的末端仍有充足的调节能力，以便应对未来的随机性，这里将 $\mathrm{SOC}_{i,T}$ 与目标值 $\mathrm{SOC}_{i,\mathrm{end}}$ 的差值作为惩罚项放入目标函数中。$\mathrm{SOC}_{i,\mathrm{end}}$ 通常可以取为 50%电量附近，以保证向上和向下都有充足的余量。在一些文献中，该部分直接以约束 $\mathrm{SOC}_{i,T}=\mathrm{SOC}_{i,\mathrm{end}}$ 出现[117,118]。

(二) 等式约束

本问题中的等式约束包括储能单元和网络潮流的模型约束。储能单元指的是含有能量约束的元件，包括电池储能、一些热负荷等，文献[33]表明，所有储能单元的动态过程可以建模为如下形式：

$$\frac{\mathrm{d}}{\mathrm{d}t}\mathrm{SOC}_{i,t}=-\alpha_i^{\mathrm{E}}\mathrm{SOC}_{i,t}^{\mathrm{E}}+\beta_i^{\mathrm{C}}p_{i,t}^{\mathrm{C}}-\beta_i^{\mathrm{D}}p_{i,t}^{\mathrm{D}} \tag{6.2d}$$

其中，$\mathrm{SOC}_{i,t}$ 为储能单元的荷电状态；α_i^{E} 为衰减系数；β_i^{C} 和 β_i^{D} 分别为充电效率和放电效率($\beta_i^{\mathrm{C}}<1,\beta_i^{\mathrm{D}}>1$)；$p_{i,t}^{\mathrm{D}}$ 和 $p_{i,t}^{\mathrm{C}}$ 分别为节点 i 在时刻 t 的储能放电功率和充电功率。

为考虑网络潮流，首先给出各个节点的注入功率：

$$p_{i,t}=p_{i,t}^{\mathrm{S}}-p_{i,t}^{\mathrm{L}}+p_{i,t}^{\mathrm{D}}-p_{i,t}^{\mathrm{C}} \tag{6.2e}$$

$$q_{i,t}=q_{i,t}^{\mathrm{S}}-q_{i,t}^{\mathrm{L}} \tag{6.2f}$$

其中，$p_{i,t}$ 和 $q_{i,t}$ 为节点 i 在时刻 t 的注入有功功率和无功功率；$p_{i,t}^{\mathrm{S}}$ 和 $q_{i,t}^{\mathrm{S}}$ 为节点 i 在时刻 t 的新能源机组有功出力和无功出力；$p_{i,t}^{\mathrm{L}}$ 和 $q_{i,t}^{\mathrm{L}}$ 为节点 i 在时刻 t 的负荷有功消费和无功消费。

此处采用配电网的 DistFlow 模型[119]，其表达式如下：

$$p_{i,t}=\sum_{j:i\to j}P_{ij,t}-\sum_{k:k\to i}(P_{ki,t}-r_{ki}l_{ki,t})+g_i v_{i,t},\forall i\in\mathcal{V} \tag{6.2g}$$

$$q_{i,t} = \sum_{j:i \to j} Q_{ij,t} - \sum_{k:k \to i} (Q_{ki,t} - x_{ki} l_{ki,t}) + b_i v_{i,t}, \forall i \in \mathcal{V} \tag{6.2h}$$

$$v_{j,t} = v_{i,t} - 2(r_{ij} P_{ij,t} + x_{ij} Q_{ij,t}) + (r_{ij}^2 + x_{ij}^2) l_{ij,t}, \forall (i,j) \in \mathcal{E} \tag{6.2i}$$

$$l_{ij,t} v_{i,t} = P_{ij,t}^2 + Q_{ij,t}^2, \forall (i,j) \in \mathcal{E} \tag{6.2j}$$

注意在文献[119]中，式(6.2j)可以进行精确凸松弛。该技巧在本书中也会被应用，具体的优化技术会在第七章中介绍，此处仅给出未进行凸松弛之前的约束。

（三）不等式约束

不等式约束包括新能源机组的容量约束、储能单元的功率和能量约束、网络中的电压和电流约束等。

各个具体约束的表达式如下：

$$(p_{i,t}^{\mathrm{S}})^2 + (q_{i,t}^{\mathrm{S}})^2 \leqslant (\overline{s}_{i,t}^{\mathrm{S}})^2, \forall i \in \mathcal{V}, t \in \mathcal{T} \tag{6.2k}$$

$$\underline{\mathrm{SOC}}_i \leqslant \mathrm{SOC}_{i,t} \leqslant \overline{\mathrm{SOC}}_i, \forall i \in \mathcal{V}, t \in \mathcal{T} \tag{6.2l}$$

$$0 \leqslant p_{i,t}^{\mathrm{D}} \leqslant \overline{p}_i^{\mathrm{D}}, 0 \leqslant p_{i,t}^{\mathrm{C}} \leqslant \overline{p}_i^{\mathrm{C}}, \underline{p}_i^{\mathrm{E}} \leqslant p_{i,t}^{\mathrm{E}} \leqslant \overline{p}_i^{\mathrm{E}}, \forall i \in \mathcal{V}, t \in \mathcal{T} \tag{6.2m}$$

$$\underline{v}_i \leqslant v_{i,t} \leqslant \overline{v}_i, \forall i \in \mathcal{V}, t \in \mathcal{T} \tag{6.2n}$$

$$0 \leqslant l_{ij,t} \leqslant \overline{l}_{ij}, \forall (i,j) \in \mathcal{E}, t \in \mathcal{T} \tag{6.2o}$$

式(6.2k)为非线性的凸约束，可以采用文献[120]中的方法进行多边形近似，从而得到如下线性表达式：

$$\boldsymbol{C}_i^{\mathrm{S}} \begin{bmatrix} p_{i,t}^{\mathrm{S}} \\ q_{i,t}^{\mathrm{S}} \end{bmatrix}^{\mathrm{T}} \leqslant \boldsymbol{D}_i^{\mathrm{S}} \tag{6.2p}$$

其中，$\boldsymbol{C}_i^{\mathrm{S}}$ 和 $\boldsymbol{D}_i^{\mathrm{S}}$ 为系数矩阵。

三、输电网的调峰问题

本问题考虑日前-实时两阶段输电网调峰模型。该模型在日前确定各个发电机组的计划出力，并实时对出力进行调整。实时的出力调整受到该电网中的新能源机组的出力随机性影响，而向上或向下调整均有一定的调整成本。因此，该模型在日前进行优化的目标是使得期望的运行成本最低。

在该问题中，随机变量为各个新能源机组的出力值。新能源机组的出力同样采用如下模型：

$$p_{i,t}^{\mathrm{S}}=p_{i,t}^{\mathrm{pred}}+\xi_{i,t} \tag{6.3a}$$

其中，预测误差项 $\boldsymbol{\xi}_t=(\xi_{i,t})_{i\in\mathcal{V}}$ 为伊藤过程。

这里的待优化变量为各个机组的日前计划 $P_{i,t}^{\mathrm{G,DA}}$，而目标函数和约束则均取决于实时的机组出力 $P_{i,t}^{\mathrm{G,RT}}$ 及其与日前计划的偏差。

(一) 目标函数

这里的目标函数为

$$\min J=\mathbb{E}\left\{\int_0^T\sum_{i=1}^{|\mathcal{V}|}\left[C_i(p_{i,t}^{\mathrm{G,RT}})+r_i\left|p_{i,t}^{\mathrm{G,RT}}-p_{i,t}^{\mathrm{G,DA}}\right|\right]\right\} \tag{6.3b}$$

其中，$P_{i,t}^{\mathrm{G,DA}}$ 为机组 i 的日前计划出力；$P_{i,t}^{\mathrm{G,RT}}$ 为机组 i 的实际出力；C_i 为第 i 个机组的成本函数，是一个二次函数；r_i 为上调或下调出力的成本。

下面介绍相关的约束，显然，在本问题中，当新能源实际功率输出与预测值相同时，发电机的实时功率输出与日前计划也相同。因此，在约束中只需要考虑实时约束即可，因为日前计划的相关约束会包含在实时约束中预测误差为零的对应场景中。

(二) 等式约束

在本问题中，需要考虑各个发电机组的爬坡。爬坡反映了发电机组的相邻时刻之间的功率关系，而对于爬坡约束，可以将其记作微分方程的形式：

$$\dot{p}_{i,t}^{\mathrm{G,RT}}=R_{i,t}^{\mathrm{G,RT}} \tag{6.3c}$$

其中，$R_{i,t}^{\mathrm{G,RT}}$ 为爬坡量。该方程表示功率的导数为爬坡。

在本问题中，输电网的网络约束采用直流潮流约束，即

$$P_{ij,t}=\frac{\theta_{i,t}-\theta_{j,t}}{x_{ij}} \tag{6.3d}$$

其中，$\theta_{i,t}$ 为节点 i 的功角；x_{ij} 为从节点 i 到节点 j 的线路电抗；$P_{ij,t}$ 为从节点 i 到节点 j 的线路有功潮流。

此外，还需要如下注入功率约束：

$$P_{i,t}^{\mathrm{G,RT}} + P_{i,t}^{\mathrm{S}} = \sum_{j:i\to j} P_{ij,t} + P_{i,t}^{\mathrm{L}} \tag{6.3e}$$

其中，$P_{i,t}^{\mathrm{S}}$ 和 $P_{i,t}^{\mathrm{L}}$ 分别为节点 i 的新能源机组出力和负荷。$P_{i,t}^{\mathrm{S}}$ 采用第五章的伊藤过程建模。该约束表示在节点 i，传统发电机的功率输出与新能源机组的功率输出之和应等于该节点流向其他节点的功率与该节点的负荷功率之和。

(三)不等式约束

本问题的不等式约束包括：

$$0 \leqslant p_{i,t}^{\mathrm{G,RT}} \leqslant \overline{p}_i^{\mathrm{G}} \tag{6.3f}$$

$$\left|R_{i,t}^{\mathrm{G,RT}}\right| \leqslant \overline{R}_i \tag{6.3g}$$

$$\left|P_{ij,t}\right| \leqslant P_{ij} \tag{6.3h}$$

式(6.3f)为发电机组的出力约束；式(6.3g)为发电机组的爬坡约束；式(6.3h)为网络潮流的约束。

四、统一形式的随机控制模型

为了给出向量形式的模型，此处沿用第四章第一节中的向量分类，即随机变量 $\boldsymbol{\xi}_t$、状态变量 $\boldsymbol{x}_t$、输出变量 $\boldsymbol{y}_t$、控制变量 $\boldsymbol{u}_t$ 和给定量 $\boldsymbol{d}_t$。在上述问题中，各个变量的类如表 6.1。

表 6.1　各个问题的变量分类

变量类别	问题 1	问题 2	问题 3
随机变量	$P_{i,t}^{\mathrm{dev}}$	$P_{i,t}^{\mathrm{dev}}$	$\xi_{i,t}$
状态变量	$P_{i,t}^{\mathrm{g}}, P_{i,t}^{\mathrm{m}}, \omega_{i,t}, P_{ij,t}$	$\mathrm{SOC}_{i,t}$	$p_{i,t}^{\mathrm{G}}$
输出变量	$\Delta_f(t), \mathrm{ACE}_{m,t}, P_{ij,t}, \Delta_f(t), P_{i,t}^{\mathrm{ref}}$	$p_{i,t}, q_{i,t}, v_{i,t}, l_{ij,t}, P_{ij,t}, Q_{ij,t}$	$P_{ij,t}$
控制变量	$P_{i,t}^{\mathrm{ref}}$	$p_{i,t}^{\mathrm{D}}, p_{i,t}^{\mathrm{C}}$	$R_{i,t}^{\mathrm{G}}$
给定量	$p_{i,t}^{\mathrm{L}}$	$p_{i,t}^{\mathrm{L}}$	$P_{i,t}^{\mathrm{L}}$

在上述向量形式下，各个问题可以写成如下统一形式。

模型 6.1(随机控制问题的一般模型)：

$$\min_{\boldsymbol{u}_t^0, K_x, K_\xi} J = \mathbb{E}^{\boldsymbol{x}_0, \boldsymbol{\xi}_0}\left(\int_0^T \boldsymbol{y}_t^{\mathrm{T}} \boldsymbol{Q} \boldsymbol{y}_t \mathrm{d}t + \boldsymbol{y}_T^{\mathrm{T}} \boldsymbol{Q}_g \boldsymbol{y}_T\right) \tag{6.4a}$$

$$\mathrm{d}\boldsymbol{\xi}_t=\boldsymbol{\mu}(\boldsymbol{\xi}_t)\mathrm{d}t+\boldsymbol{\sigma}(\boldsymbol{\xi}_t)\mathrm{d}\boldsymbol{W}_t \tag{6.4b}$$

$$\boldsymbol{u}_t=\boldsymbol{u}_t^0+\boldsymbol{K}_x\boldsymbol{x}_t+\boldsymbol{K}_\xi\boldsymbol{\xi}_t \tag{6.4c}$$

$$\dot{\boldsymbol{x}}_t=\boldsymbol{A}_x\boldsymbol{x}_t+\boldsymbol{A}_u\boldsymbol{u}_t+\boldsymbol{A}_d\boldsymbol{d}_t+\boldsymbol{A}_\xi\boldsymbol{\xi}_t \tag{6.4d}$$

$$\boldsymbol{y}_t=\boldsymbol{C}_x\boldsymbol{x}_t+\boldsymbol{C}_u\boldsymbol{u}_t+\boldsymbol{C}_\xi\boldsymbol{\xi}_t+\boldsymbol{C}_d\boldsymbol{d}_t+\boldsymbol{y}_t^0 \tag{6.4e}$$

$$\underline{\boldsymbol{y}}\leqslant\boldsymbol{y}_t\leqslant\overline{\boldsymbol{y}} \tag{6.4f}$$

$\mathbb{E}^{x_0,\xi_0}$ 表示计算数学期望时以 x_0 为状态变量初值，以 $\boldsymbol{\xi}_0$ 作为随机变量初值。

注意此处的不等式约束指的是原始形式就是不等式的约束，而 DistFlow 中的非线性约束[式(6.2j)]尽管在后续的处理中会松弛为不等式，但在本模型中仍将其归类为等式约束。

此处简要介绍式(6.4)的各个公式的含义。

(1) 目标函数：式(6.4a)为目标函数，此处采用控制问题中最常用的二次目标函数。在目标函数中，积分项 $\int_0^T \boldsymbol{y}_t^{\mathrm{T}}\boldsymbol{Q}\boldsymbol{y}_t\mathrm{d}t$ 表示该时间区间内的成本，而 $\boldsymbol{y}_T^{\mathrm{T}}\boldsymbol{Q}_g\boldsymbol{y}_T$ 则反映了对结束状态的要求。此外，在该随机控制问题中，目标函数应理解为期望值。

(2) 随机性模型：即式(6.4b)，即伊藤过程模型所表示的随机性。该随机性包括新能源出力预测误差等，不受控制策略的影响，可以视为系统中所有变量随机性的来源。

(3) 控制律：式(6.4c)表示参数化的反馈控制律，表达了控制变量 $\boldsymbol{u}_t$ 和状态变量 $\boldsymbol{x}_t$、随机变量 $\boldsymbol{\xi}_t$ 之间的关系，其中 $\boldsymbol{u}_t^0$、$\boldsymbol{K}_x$ 和 $\boldsymbol{K}_\xi$ 为待定系数，需要在该随机控制问题中求解。

(4) 等式约束：即常微分方程式(6.4d)和代数方程式(6.4e)所描述的约束。这些约束均表示系统运行特性的模型约束，在考虑随机性时，应理解为几乎处处成立约束(almost sure constraint)，即在所有场景下均成立。

(5) 不等式约束：即式(6.4f)。在考虑随机性时，应该将这些约束处理为机会约束(chance constraint)，即每条约束按照置信度 γ 成立。

需要注意的是，在控制模型中，通常讨论的问题包括稳定性问题和最优性问题。本书所讨论的上述工程问题均属于最优性问题，即寻找合适的控制律，最优化系统的运行成本或性能指标[18,99]。因此，本书中将不涉及对稳定性的讨论。

式(6.4)描述了线性模型和二次目标函数，但在本节三个问题中，均存在不符合这些要求的约束，例如，式(6.2j)所表达的配网非线性潮流问题，以及式(6.3b)

所表达的绝对值目标函数等。这些环节需要根据其具体形式逐个处理。本章和第七章的主体内容均介绍线性的随机控制问题，而本章第三节第五部分将介绍一些典型的非线性环节的处理。

式(6.4)是本章和第七章所讨论的基础模型，而该模型所对应的工程问题在现有的文献中均得到了大量研究[24,25,99,121-125]。由于随机性 $\boldsymbol{\xi}_t$ 的存在，该模型的求解具有较大的挑战。在现有的文献中多采用基于场景集的随机优化方法求解该问题，即根据随机性 $\boldsymbol{\xi}_t$ 的概率分布划分多个场景，将目标函数(6.4a)看作各个场景下的平均值。然而，基于场景集的方法的精度取决于场景集的数量，而在电力系统这样的复杂问题中，需要场景集的数量较大，才能保证求解的精度。因此，现有的方法面临着求解精度和求解时间之间的矛盾，难以实现工程应用。

本章和第七章基于伊藤理论，提出基于级数逼近的求解思想，并将其应用于随机控制问题的性能分析和控制律设计方法中，实现了随机控制问题的快速有效求解。具体来说，本章在给定控制律和等式约束的情形下，给出目标函数值的计算方法，并判断该系统中的不等式约束能否被满足；而第七章则基于本章所提出的方法，进一步给出最优控制律的求解算法。

第二节　基于随机评估函数的时域分析模型

式(6.4)是一般化的随机控制模型，而本章仅讨论该控制问题中所包含的分析问题，即在给定控制律和等式约束的情形下，如何计算目标函数值，并判断该系统中的不等式约束是否能被满足，而如何求解式(6.4)的问题，将留在第七章具体解决。本节将针对本章所研究的这一具体问题，给出相应的时域分析模型。本节首先给出随机评估函数(stochastic assessment function, SAF)的概念，并将约束和评估指标用 SAF 统一表示；然后，给出基于 SAF 的时域分析模型，以便分析求解。

一、SAF 的概念

为了便于后续分析，此处在式(6.4)所表述的随机控制模型的基础上，给出定义 6.1。

定义 6.1(SAF)　考虑式(6.4)表示的系统状态和随机量，并假设函数 α 是关于 $\boldsymbol{y}_s$ 和 $\boldsymbol{y}_t$ 的标量函数，记作 $\alpha(\boldsymbol{y}_s, \boldsymbol{y}_t)$；函数 β 是关于 $\boldsymbol{y}_t$ 的函数，记作 $\beta(\boldsymbol{y}_t)$。由 α 和 β 可以生成一个新的函数 $v(t, \boldsymbol{x}_0, \boldsymbol{\xi}_0)$：

$$v(t, \boldsymbol{x}_0, \boldsymbol{\xi}_0) = \mathbb{E}^{\boldsymbol{x}_0, \boldsymbol{\xi}_0}\left[\int_0^t \alpha(\boldsymbol{y}_s, \boldsymbol{y}_t) \mathrm{d}s + \beta(\boldsymbol{y}_t)\right] \tag{6.5}$$

在式(6.4)中，$\boldsymbol{x}_t$ 和 $\boldsymbol{\xi}_t$ 由常微分方程和随机微分方程描述，因此有时序相关性，其初始值(即当前时刻的值，可以看作已知量)会影响到后续的概率分布等。在第二章的频域分析中并未考虑初值，这是因为在平稳状态下，初值的影响已经可以忽略不计。而在时域分析中，则需要显式考虑初值的影响。

此处采用输出变量 $\boldsymbol{y}_t$ 作为 α 和 β 的自变量，而不考虑其他变量。这是因为输出变量可以表示为所有其他变量的线性组合，因此具有一般性(可参考第四章的相关内容)。

此处应注意时间下标 s 和 t 的区别。s 在式(6.5)中是被积变量，不出现在函数 v 的自变量中。而 t 则是积分的上限，是函数 v 的自变量。此外，α 是过程量 $\boldsymbol{y}_s$ 和末尾时刻 $\boldsymbol{y}_t$ 的函数，β 则仅是 $\boldsymbol{y}_t$ 的函数。为了方便地表示 v 和 α、β 的关系，引入算子 $\mathcal{P}$，将函数 α 和 β 映射到函数 v：

$$v=\mathcal{P}_{\alpha,\beta} \tag{6.6}$$

其中，α 和 β 是算子 $\mathcal{P}$ 的输入参数。应该注意到，算子 $\mathcal{P}$ 并不是通常意义的函数，通常意义下的函数的定义域和值域均为数集，但算子 $\mathcal{P}$ 的输入(即函数 α 和函数 β)和输出(即函数 v)均为函数。

二、约束和目标函数的 SAF 表示

基于 SAF 的概念，可以把约束和目标函数用统一的形式表述，如表 6.2 所示。表 6.2 中的约束和目标函数分别指代式(6.4f)和式(6.4a)，除此之外，为了推广本章方法的适用范围，表 6.2 还给出了第四章第一节中所给出的乘积形式的指标(如 CPS1、CPS2 指标)的 SAF 表示。

表 6.2　约束、目标函数和评估指标的 SAF 表示

类型	$v=\mathcal{P}_{\alpha,\beta}$	$\alpha(\boldsymbol{y}_s,\boldsymbol{y}_t)$	$\beta(\boldsymbol{y}_t)$
约束	$\mathbb{E}^{\boldsymbol{x}_0,\boldsymbol{\xi}_0}(y_{i,t})$ $\mathbb{E}^{\boldsymbol{x}_0,\boldsymbol{\xi}_0}(y_{i,t})^2$	0 0	$y_{i,t}$ $(y_{i,t})^2$
目标函数	$\mathbb{E}^{\boldsymbol{x}_0,\boldsymbol{\xi}_0}\left(\int_0^T \boldsymbol{y}_t^{\mathrm{T}}\boldsymbol{Q}\boldsymbol{y}_t\mathrm{d}t+\boldsymbol{y}_T^{\mathrm{T}}\boldsymbol{Q}_g\boldsymbol{y}_T\right)$	$\boldsymbol{y}_t^{\mathrm{T}}\boldsymbol{Q}\boldsymbol{y}_t$	$\boldsymbol{y}_t^{\mathrm{T}}\boldsymbol{Q}_g\boldsymbol{y}_t$
乘积形式的指标	$u_{ij,1}(t,\boldsymbol{x}_0,\boldsymbol{\xi}_0)$ $u_{ij,2}(t,\boldsymbol{x}_0,\boldsymbol{\xi}_0)$	$y_{i,s}y_{j,t}$ $y_{i,t}y_{j,s}$	0 0

在表 6.2 中，目标函数的 SAF 形式是显然的，而约束的处理方法与式(4.14)和式(4.15)类似，即采用机会约束的二阶矩近似：

$$\underline{y}_{i,t}+\kappa_\gamma\sqrt{\mathrm{var}\{y_{i,t}\}}\leqslant \mathbb{E}^{\boldsymbol{x}_0,\boldsymbol{\xi}_0}\{y_{i,t}\}\leqslant \overline{y}_{i,t}-\kappa_\gamma\sqrt{\mathrm{var}\{y_{i,t}\}} \tag{6.7}$$

在该近似下，只需计算 $\mathbb{E}^{x_0,\xi_0}\{y_{i,t}\}$ 和 $\mathbb{E}^{x_0,\xi_0}\{y_{i,t}^2\}$ 即可，因此可以得到表 6.2 中的表达式。

对于乘积形式的指标，其推导略为复杂，需要将该指标转化为两个辅助函数 $u_{ij,1}$ 和 $u_{ij,2}$ 的积分之和，再用 SAF 表示，读者可参考附录 C 第一节中的推导。

三、新能源电力系统的时域分析模型

综上所述，本章将要讨论的新能源电力系统的时域分析问题可以建模为如下形式：

$$
\begin{aligned}
v(t,\boldsymbol{x}_0,\boldsymbol{\xi}_0) &= \mathcal{P}_{\alpha,\beta}(t,\boldsymbol{x}_0,\boldsymbol{\xi}_0) \\
&= \mathbb{E}^{\boldsymbol{x}_0,\boldsymbol{\xi}_0}\left[\int_0^t \alpha(\boldsymbol{y}_s,\boldsymbol{y}_t)\mathrm{d}s + \beta(\boldsymbol{y}_t)\right] \\
\mathrm{d}\boldsymbol{\xi}_t &= \boldsymbol{\mu}(\boldsymbol{\xi}_t)\mathrm{d}t + \boldsymbol{\sigma}(\boldsymbol{\xi}_t)\mathrm{d}\boldsymbol{W}_t \\
\dot{\boldsymbol{x}}_t &= \boldsymbol{A}'_x\boldsymbol{x}_t + \boldsymbol{A}'_\xi\boldsymbol{\xi}_t + \boldsymbol{A}_d\boldsymbol{d}_t + \boldsymbol{A}_u\boldsymbol{u}_t^0 \\
\boldsymbol{y}_t &= \boldsymbol{C}'_x\boldsymbol{x}_t + \boldsymbol{C}'_\xi\boldsymbol{\xi}_t + \boldsymbol{C}_d\boldsymbol{d}_t + \boldsymbol{y}_t^0
\end{aligned}
\tag{6.8}
$$

其中，可以根据式(6.4c)将 $\boldsymbol{u}_t$ 合并到 $\boldsymbol{x}_t$ 和 $\boldsymbol{y}_t$ 的模型中。于是有 $\boldsymbol{A}'_x=\boldsymbol{A}_x+\boldsymbol{A}_u\boldsymbol{K}_x$，$\boldsymbol{A}'_\xi=\boldsymbol{A}_\xi+\boldsymbol{A}_u\boldsymbol{K}_\xi$，$\boldsymbol{C}'_x=\boldsymbol{C}_x+\boldsymbol{C}_u\boldsymbol{K}_x$ 和 $\boldsymbol{C}'_\xi=\boldsymbol{C}_\xi+\boldsymbol{C}_u\boldsymbol{K}_\xi$。

值得注意的是，尽管本章采用 SAF 的形式来表示待评价的指标，但 SAF 所对应的具体函数(如 AGC 的 CPS1、CPS2 指标)在很多文献中均有讨论[84,85]。然而，现有文献中的讨论均无法兼顾随机特性统计规律的描述和评估算法的计算时间。这是因为随机变量 $\boldsymbol{\xi}_t$、状态变量 $\boldsymbol{x}_t$ 和输出变量 $\boldsymbol{y}_t$ 均有随机性，所以待求解的 SAF 应理解为 $\boldsymbol{y}_t$ 函数的期望值。如第四章所述，在传统方法中，对于期望值的求解通常采用基于场景集的方法，但该方法的精确性依赖于场景集的选取和场景集的数量，求解效率通常较低。第四章所提出的频域方法，仅适用于平稳随机过程，但此处希望考察 v 和时间 t、初始值 $\boldsymbol{x}_0$、$\boldsymbol{\xi}_0$ 的关系，而这些值在平稳随机过程中都无法考虑。为解决该问题，本章将提出基于偏微分方程级数逼近的快速求解方法，并通过算例验证所提出方法的有效性。

第三节　伊藤时域分析的级数逼近方法

在现有随机微分方程的分析方法中，一类重要的方法是利用随机微分方程和偏微分方程之间的等价转换关系，将随机微分方程问题转化为确定性的偏微分方程问题，从而可以应用偏微分方程的数值求解算法。该类方法在电力系统领域的相关文献[41,126]和控制领域的相关文献[127]中均有提及。然而这些文献中的方法均

只能用于规模很小的系统(如 1 维或 2 维系统)，这是因为转化得到的偏微分方程的数值求解存在指数爆炸问题。因此，指数爆炸问题限制了该方法在大规模电力系统中的应用。

为了解决该问题，本节给出了式(6.8)所给出的 SAF 的级数逼近方法。为此，本节首先给出 SAF 的偏微分方程描述，把含有随机性的 SAF 等价转化为确定性的偏微分方程。然后，给出偏微分方程的级数逼近定理，将 SAF 转化为一系列确定性评估函数(deterministic assessment function，DAF)之和。这些 DAF 由于不含有随机性，均可以通过直接离散化的方式高效求解，因此，对应的 SAF 作为 DAF 之和，也可以高效地求解。最后，讨论级数逼近方法在非线性评估问题中的推广。

级数逼近方法的简要流程如图 6.2 所示，其目标是把 SAF 转化为无穷多个 DAF 之和，以便快速求解。为此，需要利用本节提出的引理 6.1 及其推论(推论 6.1)，给出 SAF 和 DAF 的偏微分方程表示，即 SAF-PDE 和 DAF-PDE。SAF-PDE、DAF-PDE 和它们所对应的 SAF、DAF 是等价的，这样，只需研究 SAF-PDE 和 DAF-PDE 之间的关系即可。在此基础上，定理 6.1 证明，所构造的 DAF-PDE 无穷级数收敛于所研究的 SAF-PDE。基于这些结论，可将 SAF 转化为无穷多个 DAF 之和，从而实现快速求解。

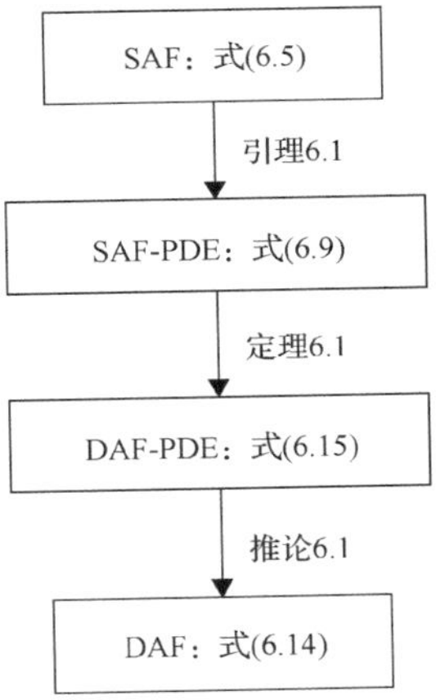

图 6.2　级数逼近方法的简要流程框图

本节剩余的部分将给出详细的推导，首先给出 SAF 和 DAF 的偏微分方程形式，再给出级数逼近理论，最后将相关的结论整理成具体的求解算法。

一、SAF 的偏微分方程描述

首先给出 SAF 所满足的偏微分方程。

引理 6.1　由式(6.8)所描述的 $v(t,\boldsymbol{x}_0,\boldsymbol{\xi}_0)$ 满足如下偏微分方程。

SAF-PDE：

$$\begin{aligned}\frac{\partial v}{\partial t} &= (\boldsymbol{A}_x'\boldsymbol{x}_0 + \boldsymbol{A}_x'\boldsymbol{\xi}_0)^{\mathrm{T}}\frac{\partial v}{\partial \boldsymbol{x}_0} + [\mu(\boldsymbol{\xi}_0)]^{\mathrm{T}}\frac{\partial v}{\partial \boldsymbol{\xi}_0} \\ &\quad + \frac{1}{2}\boldsymbol{\sigma}(\boldsymbol{\xi}_0)^{\mathrm{T}}\left[\nabla_{\xi_0}^2 v\right]\sigma(\xi_0) + \alpha(\boldsymbol{y}_0, \tilde{\boldsymbol{y}}_t) \\ v(0,\boldsymbol{x}_0,\boldsymbol{\xi}_0) &= \beta(\boldsymbol{y}_0)\end{aligned} \tag{6.9}$$

证明

令 $f(t,\boldsymbol{x}_0,\boldsymbol{\xi}_0)=\mathbb{E}^{\boldsymbol{x}_0,\boldsymbol{\xi}_0}\alpha(\boldsymbol{y}_0,\boldsymbol{y}_t)$，则有

$$\begin{aligned}\mathbb{E}^{\boldsymbol{x}_0,\boldsymbol{\xi}_0}\alpha(\boldsymbol{y}_s,\boldsymbol{y}_t)&=\mathbb{E}^{\boldsymbol{x}_0,\boldsymbol{\xi}_0}\left[\mathbb{E}\alpha(\boldsymbol{y}_s,\boldsymbol{y}_t)\mid \boldsymbol{x}_s,\boldsymbol{\xi}_s\right]\\&=\mathbb{E}^{\boldsymbol{x}_0,\boldsymbol{\xi}_0}\left[\mathbb{E}\alpha(\boldsymbol{y}_0',\boldsymbol{y}_{t-s}')\mid \boldsymbol{x}_0'=\boldsymbol{x}_s,\boldsymbol{\xi}_0'=\boldsymbol{\xi}_s\right]\\&=\mathbb{E}^{\boldsymbol{x}_0,\boldsymbol{\xi}_0}\left[\mathbb{E}^{\boldsymbol{x}_s,\boldsymbol{\xi}_s}\alpha(\boldsymbol{y}_0',\boldsymbol{y}_{t-s}')\right]\\&=\mathbb{E}^{\boldsymbol{x}_0,\boldsymbol{\xi}_0}f(t-s,\boldsymbol{x}_s,\boldsymbol{\xi}_s)\end{aligned}\tag{6.10}$$

其中，第二个等号构造了一个新的随机系统 $\boldsymbol{x}_t'$、$\boldsymbol{\xi}_t'$ 和 $\boldsymbol{y}_t'$，使其初值为 $\boldsymbol{x}_0'=\boldsymbol{x}_s$，$\boldsymbol{\xi}_0'=\boldsymbol{\xi}_s$。

于是，可以将 $v(0,\boldsymbol{x}_0,\boldsymbol{\xi}_0)$ 表示为

$$v(0,\boldsymbol{x}_0,\boldsymbol{\xi}_0)=\mathbb{E}^{\boldsymbol{x}_0,\boldsymbol{\xi}_0}\left[\int_0^t f(t-s,\boldsymbol{x}_s,\boldsymbol{\xi}_s)\mathrm{d}s+\beta(\boldsymbol{y}_t)\right]\tag{6.11}$$

于是，根据 Feynman-Kac 公式（定理 B.5），可以得到

$$\begin{aligned}\frac{\partial v}{\partial t}&=(\boldsymbol{A}_x'\boldsymbol{x}_0+\boldsymbol{A}_x'\boldsymbol{\xi}_0)^{\mathrm{T}}\frac{\partial v}{\partial \boldsymbol{x}_0}+[\boldsymbol{\mu}(\boldsymbol{\xi}_0)]^{\mathrm{T}}\frac{\partial v}{\partial \boldsymbol{\xi}_0}\\&\quad+\frac{1}{2}\boldsymbol{\sigma}(\boldsymbol{\xi}_0)^{\mathrm{T}}\left[\nabla_{\boldsymbol{\xi}_0}^2 v\right]\sigma(\boldsymbol{\xi}_0)+f(t,\boldsymbol{x}_0,\boldsymbol{\xi}_0)\\v(0,\boldsymbol{x}_0,\boldsymbol{\xi}_0)&=\beta(\boldsymbol{y}_0)\end{aligned}\tag{6.12}$$

考虑到 $\alpha(y_s,y_t)$是 x_t 是仿射函数，有 $f(t,\boldsymbol{x}_0,\boldsymbol{\xi}_0)=\alpha(\boldsymbol{y}_0,\mathbb{E}^{\boldsymbol{x}_0,\boldsymbol{\xi}_0}\boldsymbol{y}_t)=\alpha(\boldsymbol{y}_0,\tilde{\boldsymbol{y}}_t)$ 成立，于是引理 6.1 得证。

因为 Feynman-Kac 公式给出的是偏微分方程和随机微分方程之间的等价描述[109]，所以 SAF 和 SAF-PDE 分别从随机微分方程和偏微分方程的角度描述了随机系统的期望值特性。换句话说，如果求得式(6.9)中 SAF-PDE 的解，也就求得了式(6.5)中 SAF 的解。

值得注意的是，与期望形式的 SAF 不同，式(6.5)中的所有变量都不含有随机性。这是因为，表述随机性的扩散项 $\boldsymbol{\sigma}(\boldsymbol{\xi}_t)$ 在 SAF-PDE 中出现在二阶偏导数 $\frac{1}{2}\boldsymbol{\sigma}(\boldsymbol{\xi}_0)^{\mathrm{T}}[\nabla_{\boldsymbol{\xi}_0}^2 v]\sigma(\boldsymbol{\xi}_0)$ 中，而 $\mathrm{d}\boldsymbol{W}_t$ 项完全不出现在 SAF-PDE 中。也就是说，SAF-PDE 用一种完全确定的方式给出了 SAF 的解。

由于 SAF-PDE 是确定性的偏微分方程，可以用完全确定的方法，例如，偏微分方程的离散化解法对其进行求解，文献[126]、[127]中即采用该方法。但是，这并不能解决求解 SAF 时所遇到的计算复杂度高的问题。这是因为，偏微分方程的离散化不仅包含对时间 t 的离散化，还包含对初值 $\boldsymbol{x}_0$ 和 $\boldsymbol{\xi}_0$ 的离散化，因此

网格数量和 $\boldsymbol{x}_0$、$\boldsymbol{\xi}_0$ 的维数呈指数关系，当 $\boldsymbol{x}$ 和 $\boldsymbol{\xi}$ 维数较高时，会出现指数爆炸问题。实际上，已有文献中借助离散化方法，最多只能处理 2～3 维的随机评估和随机控制问题。

在给出进一步的求解方法前，值得讨论的一个问题：哪种偏微分方程的求解不存在指数爆炸问题？针对该问题，需要讨论不含有随机性的确定性系统及其偏微分方程形式。

二、随机系统对应的确定性系统

式(6.8)描述的随机系统中，如果不考虑随机项 $\boldsymbol{\sigma}(\boldsymbol{\xi}_t)$，则可以得到如下确定性系统。

定义 6.2(确定性系统)　满足如下常微分方程的 $\tilde{\boldsymbol{x}}_t$、$\tilde{\boldsymbol{\xi}}_t$、$\tilde{\boldsymbol{y}}_t$ 称为确定性系统：

$$\begin{aligned}\dot{\tilde{\boldsymbol{\xi}}}_t &= \boldsymbol{\mu}(\tilde{\boldsymbol{\xi}}_t)\\ \dot{\tilde{\boldsymbol{x}}}_t &= \boldsymbol{A}'_x\tilde{\boldsymbol{x}}_t + \boldsymbol{A}'_\xi\tilde{\boldsymbol{\xi}}_t + \boldsymbol{A}_d\boldsymbol{d}_t + \boldsymbol{A}_u\boldsymbol{u}_t^0\\ \tilde{y}_t &= \boldsymbol{C}'_x\tilde{x}_t + \boldsymbol{C}'_\xi\tilde{\xi}_t + \boldsymbol{C}_d d_t + y_t^0\end{aligned}\tag{6.13}$$

与此对应，把式(6.8)中的 $\boldsymbol{x}_t$ 和 $\boldsymbol{\xi}_t$ 称为随机系统。注意在本书中，所讨论的确定性系统和随机系统的初值相同，即 $\boldsymbol{x}_0 = \tilde{\boldsymbol{x}}_0, \boldsymbol{\xi}_0 = \tilde{\boldsymbol{\xi}}_0$。因此，后面这两个初值统一用 $\boldsymbol{x}_0$ 和 $\boldsymbol{\xi}_0$ 表示。

容易看出，确定性系统与随机系统最重要的区别是 $\tilde{\boldsymbol{\xi}}_t$ 的特性中不含扩散项 $\boldsymbol{\sigma}\mathrm{d}\boldsymbol{W}_t$。此时，式(6.13)中的 $\tilde{\boldsymbol{\xi}}_t$ 和 $\tilde{\boldsymbol{x}}_t$ 均满足常微分方程，而不是随机微分方程。因此，确定性系统不受随机源 $\boldsymbol{W}_t$ 的影响，其在各个时刻的值也不含有随机性，可以直接通过数值求解的方式(如前向欧拉法)计算。与 SAF 对应，下面引入 DAF 的概念。

定义 6.3(DAF)　给定确定性系统 $\tilde{\boldsymbol{\xi}}_t$ 和 $\tilde{\boldsymbol{x}}_t$，以及函数 α 和 β，DAF $\tilde{v} = \widetilde{\mathcal{P}}_{\alpha,\beta}$ 定义如下：

$$\begin{aligned}\tilde{v}(t,\boldsymbol{x}_0,\boldsymbol{\xi}_0) &= \widetilde{\mathcal{P}}_{\alpha,\beta}(t,\boldsymbol{x}_0,\boldsymbol{\xi}_0)\\ &= \left[\int_0^t \alpha(\tilde{\boldsymbol{y}}_s,\tilde{\boldsymbol{y}}_t)\mathrm{d}s + \beta(\tilde{\boldsymbol{y}}_t)\right]_{\tilde{x}_0=x_0,\tilde{\xi}_0=\xi_0}\end{aligned}\tag{6.14}$$

由于确定性系统 $\tilde{\boldsymbol{\xi}}_t$、$\tilde{\boldsymbol{x}}_t$ 和 $\tilde{\boldsymbol{y}}_t$ 不含有随机性，DAF $\tilde{v}$ 的计算也不需要在期望的意义下进行。因此，可以通过离散化的方法求得确定性系统在各个时刻的状态，再代入式(6.14)直接得到 DAF 的值。

与 SAF-PDE 类似，同样可以给出 DAF 的等价偏微分方程表述，即 DAF-PDE。

推论 6.1　DAF $\tilde{v} = \widetilde{\mathcal{P}}_{\alpha,\beta}$ 满足如下偏微分方程。

DAF-PDE：

$$\begin{aligned}&\frac{\partial \tilde{v}}{\partial t}=(\boldsymbol{A}_x'\boldsymbol{x}_0+\boldsymbol{A}_\xi'\boldsymbol{\xi}_0)^{\mathrm{T}}\frac{\partial \tilde{v}}{\partial \boldsymbol{x}_0}+[\boldsymbol{\mu}(\boldsymbol{\xi}_0)]^{\mathrm{T}}\frac{\partial \tilde{v}}{\partial \boldsymbol{\xi}_0}+\alpha(\boldsymbol{y}_0,\tilde{\boldsymbol{y}}_t)\\&\tilde{v}(0,\boldsymbol{x}_0,\boldsymbol{\xi}_0)=\beta(\boldsymbol{y}_0)\end{aligned}\tag{6.15}$$

显然，与 SAF 相比，DAF 的求解是一个相对容易的问题。由于 DAF-PDE 与 DAF 等价，其求解也不会存在指数爆炸问题。从数学形式上，对比 SAF-PDE 和 DAF-PDE，其主要区别在于，SAF-PDE 中含有二阶偏导数项 $\frac{1}{2}\boldsymbol{\sigma}(\boldsymbol{\xi}_0)^{\mathrm{T}}[\nabla_{\xi_0}^2 v]\boldsymbol{\sigma}(\boldsymbol{\xi}_0)$，而 DAF-PDE 中仅含有一阶偏导数。或者说，SAF-PDE 是二阶偏微分方程，而 DAF-PDE 是一阶偏微分方程。SAF-PDE 和 DAF-PDE 的阶数区别从偏微分方程的角度解释了为什么 DAF 可以通过对时间 t 的离散化进行求解，而 SAF 则没有类似的求解方法。事实上，根据偏微分方程的理论[128]，一阶偏微分方程可以通过特征线法求解[129]（其数学形式和 DAF 的时域离散化求解相似），而二阶偏微分方程的求解则复杂得多。

由于 SAF-PDE 和 DAF-PDE 在求解难度上有显著差异，如果能将 SAF-PDE 等价地转化为多个 DAF-PDE 的和，再根据引理 6.1 和推论 6.1，就可以把 SAF 转化为多个 DAF 的和，从而有效地求解，以解决本章所提出的新能源电力系统的时域分析问题。接下来，本节第三部分将给出 SAF 的级数逼近方法。基于该理论，本节第四部分将给出 SAF 的快速求解方法。

三、SAF 的级数逼近方法及其证明

这里给出本章最重要的定理及其证明。该定理将 SAF-PDE 转化为 DAF-PDE 的级数，更重要的是证明了该级数的收敛性，这意味着可以用 DAF-PDE 的级数的前若干项作为 SAF-PDE 的近似值。由于 DAF-PDE 在求解上不存在指数爆炸问题，这就解决了 SAF-PDE 的指数爆炸问题。

定理 6.1　由式(6.5)定义的 SAF，即 $v=\mathcal{P}_{\alpha,\beta}$，可以表示为如下 DAF 的收敛级数。

$$v(t,\boldsymbol{x}_0,\boldsymbol{\xi}_0)=\sum_{n=0}^{\infty}\tilde{v}_n(t,\boldsymbol{x}_0,\boldsymbol{\xi}_0)\tag{6.16}$$

其中

$$\tilde{v}_n=\widetilde{\mathcal{P}}_{\alpha_n,\beta_n}=\int_0^t\alpha_n(\tilde{\boldsymbol{y}}_s,\tilde{\boldsymbol{y}}_t)\mathrm{d}s+\beta_n(\tilde{\boldsymbol{y}}_t)\tag{6.17}$$

$$(\alpha_0,\beta_0)=(\alpha,\beta)\tag{6.18}$$

$$(\alpha_{n+1},\beta_{n+1})=\left(\frac{1}{2}\boldsymbol{\sigma}(\tilde{\boldsymbol{\xi}}_s)^{\mathrm{T}}\left[\nabla^2_{\boldsymbol{\xi}_0}\tilde{v}_n\right]\boldsymbol{\sigma}(\tilde{\boldsymbol{\xi}}_s),0\right) \tag{6.19}$$

该定理给出了将 SAF $v(t,\boldsymbol{x}_0,\boldsymbol{\xi}_0)$ 转化为 $\tilde{v}_n(t,\boldsymbol{x}_0,\boldsymbol{\xi}_0)$ 的无穷级数求和的形式。由式(6.17)可知，$\tilde{v}_n(t,\boldsymbol{x}_0,\boldsymbol{\xi}_0)$ 的求解只需要通过积分的形式获得即可，无须通过有限差分等方法求解，从而可以高效地求解，不存在指数爆炸的问题。

证明　根据引理 6.1 和推论 6.1，只需证明 v 满足的偏微分方程式(6.9)可以展开为 $\tilde{v}_n$ 满足的偏微分方程式(6.15)。为此，引入一个辅助函数 $w(t,\boldsymbol{x}_0,\boldsymbol{\xi}_0;\epsilon)$，该函数是如下偏微分方程的解：

$$\begin{aligned}\frac{\partial w}{\partial t}&=(\boldsymbol{A}'_x\boldsymbol{x}_0+\boldsymbol{A}'_\xi\boldsymbol{\xi}_0)^{\mathrm{T}}\frac{\partial w}{\partial \boldsymbol{x}_0}+[\boldsymbol{\mu}(\boldsymbol{\xi}_0)]^{\mathrm{T}}\frac{\partial w}{\partial \boldsymbol{\xi}_0}\\&\quad+\frac{1}{2}\boldsymbol{\sigma}(\boldsymbol{\xi}_0)^{\mathrm{T}}\left[\nabla^2_{\boldsymbol{\xi}_0}(\epsilon w)\right]\boldsymbol{\sigma}(\boldsymbol{\xi}_0)+\alpha(\boldsymbol{y}_0,\tilde{\boldsymbol{y}}_t)\\w(0,\boldsymbol{x}_0,\boldsymbol{\xi}_0;\epsilon)&=\beta(\boldsymbol{y}_0)\end{aligned} \tag{6.20}$$

注意在函数 w 中，ϵ 和 t 、$\boldsymbol{x}_0$ 、$\boldsymbol{\xi}_0$ 一样，都是自变量。但本证明中会重点关注 ϵ，因此将 ϵ 放在分号之后，以示区别。考虑 w 对 ϵ 的泰勒展开：

$$w(t,\boldsymbol{x}_0,\boldsymbol{\xi}_0;\epsilon)=\sum_{n=0}^{\infty}\frac{1}{n!}\left[\left.\frac{\partial^n w}{\partial\epsilon^n}\right|_{\epsilon=0}\right]\epsilon^n \tag{6.21}$$

由 Cauchy-Kovalevskaya 定理，容易证明该级数是收敛的(附录 B 第四节和附录 C 第二节)。

于是，令 $\epsilon=1$，并考虑到 $v(t,\boldsymbol{x}_0,\boldsymbol{\xi}_0)=w(t,\boldsymbol{x}_0,\boldsymbol{\xi}_0;\epsilon)$，可以得到

$$v(t,\boldsymbol{x}_0,\boldsymbol{\xi}_0)=\sum_{n=0}^{\infty}\frac{1}{n!}\left[\left.\frac{\partial^n w}{\partial\epsilon^n}\right|_{\epsilon=0}\right] \tag{6.22}$$

于是，只需证明如下等式即可：

$$\tilde{v}_n(t,\boldsymbol{x}_0,\boldsymbol{\xi}_0)=\frac{1}{n!}\left[\left.\frac{\partial^n w}{\partial\epsilon^n}\right|_{\epsilon=0}\right] \tag{6.23}$$

下面采用数学归纳法证明式(6.23)。当 $n=0$ 时，式(6.23)为 $\tilde{v}_0=w(t,\boldsymbol{x}_0,\boldsymbol{\xi}_0;0)$，因此由式(6.20)可以得到

$$\begin{aligned}\frac{\partial\tilde{v}_0}{\partial t}&=(\boldsymbol{A}'_x\boldsymbol{x}_0+\boldsymbol{A}'_\xi\boldsymbol{\xi}_0)^{\mathrm{T}}\frac{\partial\tilde{v}_0}{\partial\boldsymbol{x}_0}+[\boldsymbol{\mu}(\boldsymbol{\xi}_0)]^{\mathrm{T}}\frac{\partial\tilde{v}_0}{\partial\boldsymbol{\xi}_0}+\alpha(\boldsymbol{y}_0,\tilde{\boldsymbol{y}}_t)\\\tilde{v}_0(0,\boldsymbol{x}_0,\boldsymbol{\xi}_0;\epsilon)&=\beta(\boldsymbol{y}_0)\end{aligned} \tag{6.24}$$

显然符合式(6.17)和式(6.18)。

下面假设 $\tilde{v}_n$ 符合式(6.23)。将式(6.20)对 ϵ 求 $n+1$ 阶导数，并考虑对于有实际物理意义的函数，偏微分算子 $\partial/\partial t$ 和 $\partial^{n+1}/\partial\epsilon^{n+1}$ 可以交换顺序，则有

$$\begin{aligned}&\frac{\partial}{\partial t}\frac{\partial^{n+1}w}{\partial\epsilon^{n+1}}=(\boldsymbol{A}_x'\boldsymbol{x}_0+\boldsymbol{A}_\xi'\boldsymbol{\xi}_0)^{\mathrm{T}}\frac{\partial}{\partial\boldsymbol{x}_0}\frac{\partial^{n+1}w}{\partial\epsilon^{n+1}}+[\boldsymbol{\mu}(\boldsymbol{\xi}_0)]^{\mathrm{T}}\frac{\partial}{\partial\boldsymbol{\xi}_0}\frac{\partial^{n+1}w}{\partial\epsilon^{n+1}}\\&\qquad+\frac{1}{2}\boldsymbol{\sigma}(\boldsymbol{\xi}_0)^{\mathrm{T}}\left[\nabla_{\xi_0}^2\frac{\partial^{n+1}}{\partial\epsilon^{n+1}}(\epsilon w)\right]\boldsymbol{\sigma}(\boldsymbol{\xi}_0)\\&\frac{\partial^{n+1}w}{\partial\epsilon^{n+1}}(0,\boldsymbol{x}_0,\boldsymbol{\xi}_0)=0\end{aligned}\tag{6.25}$$

此外，由求导的乘积法则很容易得到如下等式关系：

$$\frac{\partial^{n+1}(\epsilon w)}{\partial\epsilon^{n+1}}=(n+1)\frac{\partial^n w}{\partial\epsilon^n}+\epsilon\frac{\partial^{n+1}w}{\partial\epsilon^{n+1}}\tag{6.26}$$

将该等式代入式(6.25)的第一个等式，在等式两边同时除以$(n+1)!$，并令 $\epsilon=0$，可以得到

$$\begin{aligned}&\frac{\partial}{\partial t}\left[\frac{1}{(n+1)!}\frac{\partial^{n+1}w}{\partial\epsilon^{n+1}}\bigg|_{\epsilon=0}\right]\\&=(\boldsymbol{A}_x'\boldsymbol{x}_0+\boldsymbol{A}_\xi'\boldsymbol{\xi}_0)^{\mathrm{T}}\frac{\partial}{\partial\boldsymbol{x}_0}\left[\frac{1}{(n+1)!}\frac{\partial^{n+1}w}{\partial\epsilon^{n+1}}\bigg|_{\epsilon=0}\right]\\&\quad+[\boldsymbol{\mu}(\boldsymbol{\xi}_0)]^{\mathrm{T}}\frac{\partial}{\partial\boldsymbol{\xi}_0}\left[\frac{1}{(n+1)!}\frac{\partial^{n+1}w}{\partial\epsilon^{n+1}}\bigg|_{\epsilon=0}\right]\\&\quad+\frac{1}{2}\sigma(\boldsymbol{\xi}_0)^{\mathrm{T}}\nabla_{\xi_0}^2\left[\frac{1}{n!}\frac{\partial^{n+1}w}{\partial\epsilon^{n+1}}\bigg|_{\epsilon=0}\right]\sigma(\boldsymbol{\xi}_0)\end{aligned}\tag{6.27}$$

同时，根据式(6.17)、式(6.19)和推论 6.1，可以得到 $\tilde{v}_n$ 的偏微分方程表达式：

$$\begin{aligned}&\frac{\partial\tilde{v}_{n+1}}{\partial t}=(\boldsymbol{A}_x'\boldsymbol{x}_0+\boldsymbol{A}_\xi'\boldsymbol{\xi}_0)^{\mathrm{T}}\frac{\partial\tilde{v}_{n+1}}{\partial x_0}+[\boldsymbol{\mu}(\boldsymbol{\xi}_0)]^{\mathrm{T}}\frac{\partial\tilde{v}_{n+1}}{\partial\boldsymbol{\xi}_0}\\&\qquad+\frac{1}{2}\boldsymbol{\sigma}(\boldsymbol{\xi}_0)^{\mathrm{T}}[\nabla_{\xi_0}^2\tilde{v}_n]\boldsymbol{\sigma}(\boldsymbol{\xi}_0)\\&\tilde{v}_{n+1}(0,\boldsymbol{x}_0,\boldsymbol{\xi}_0)=0\end{aligned}\tag{6.28}$$

于是，对比式(6.28)和式(6.25)，并考虑到关于 $\tilde{v}_n$ 的归纳假设，即式(6.23)，

即可得到

$$\tilde{v}_{n+1} = \frac{1}{(n+1)!} \frac{\partial^{n+1} w}{\partial \epsilon^{n+1}}\bigg|_{\epsilon=0} \tag{6.29}$$

这就是关于 $\tilde{v}_{n+1}$ 的归纳结论，于是定理 6.1 得证。

四、基于级数逼近的 SAF 快速求解方法

根据定理 6.1，SAF 可以展开为 DAF 的收敛级数。为此，只需要首先计算出 $\tilde{\boldsymbol{\xi}}_t$ 和 $\tilde{\boldsymbol{x}}_t$，然后根据式(6.17)计算 $\tilde{v}_n$，再求和即可。式(6.16)中的级数是收敛的，因此只需取前面若干项，即可在一定的精度要求下逼近真实的结果。

在给出具体的求解算法前，还需要给出式(6.19)中的二阶导数 $\nabla^2_{\xi_0}\tilde{v}_n$ 的计算方法。这里给出 $\mu(\xi_t)$ 为线性函数或仿射函数时，该二阶偏导数的计算方法。更一般的情况将在本节第五部分中给出。

定理 6.2　当 $\mu(\xi_t)$为线性函数或仿射函数时，二阶导数 $\nabla^2_{\xi_0}\tilde{v}_n$ 可以用式(6.30)计算：

$$\nabla^2_{\xi_0}\tilde{v}_n = \int_0^t \left[\hat{\boldsymbol{y}}_s^{\mathrm{T}}, \hat{\boldsymbol{y}}_t^{\mathrm{T}}\right]\left[\nabla^2\alpha_n\right]\begin{bmatrix}\hat{\boldsymbol{y}}_s \\ \hat{\boldsymbol{y}}_t\end{bmatrix}\mathrm{d}s + \hat{\boldsymbol{y}}_t^{\mathrm{T}}\left[\nabla^2\beta_n\right]\hat{\boldsymbol{y}}_t \tag{6.30}$$

其中，$\left[\nabla^2\alpha_n\right]$ 和 $\left[\nabla^2\beta_n\right]$ 表示 α_n 和 β_n 对其直接自变量 $\tilde{\boldsymbol{y}}_s$ 和 $\tilde{\boldsymbol{y}}_t$ 的海森矩阵。$\hat{\boldsymbol{y}}_t$ 的定义为

$$\hat{\boldsymbol{y}}_t = \boldsymbol{C}'_x\int_0^t \exp\left[\boldsymbol{A}'_x(t-t')\right]\boldsymbol{A}'_\xi \exp[\boldsymbol{\mu}_\xi t']\mathrm{d}t' + \boldsymbol{C}'_\xi \exp(\boldsymbol{\mu}_\xi t) \tag{6.31}$$

其中，$\boldsymbol{\mu}_\xi$ 表示 $\boldsymbol{\mu}(\boldsymbol{\xi}_t)$ 中 $\boldsymbol{\xi}_t$ 的系数。$\hat{\boldsymbol{y}}_s$ 的定义与 $\hat{\boldsymbol{y}}_t$ 类似，此处不再赘述。

证明　根据式(6.17)，将其对 $\boldsymbol{\xi}_0$ 求二阶偏导数，得到

$$\nabla^2_{\xi_0}\tilde{v}_n = \int_0^t \nabla^2_{\xi_0}\alpha(\tilde{y}_s, \tilde{y}_t)\mathrm{d}s + \nabla^2_{\xi_0}\beta(\tilde{y}_t) \tag{6.32}$$

以 $\nabla^2_{\xi_0}\beta$ 为例，说明其等于 $\hat{\boldsymbol{y}}_t^{\mathrm{T}}\nabla^2\beta_n\boldsymbol{y}_t$。而 $\nabla^2_{\xi_0}\alpha$ 的计算方法是类似的。根据复合函数的求导法则，可以得到

$$\nabla^2_{\xi_0}\beta = \left[\frac{\partial\tilde{\boldsymbol{y}}_t}{\partial\boldsymbol{\xi}_0}\right]^{\mathrm{T}}\left[\nabla^2\beta_n\right]\left[\frac{\partial\tilde{\boldsymbol{y}}_t}{\partial\boldsymbol{\xi}_0}\right] + \left[\nabla\beta_n\right]\left[\frac{\partial^2\tilde{\boldsymbol{y}}_t}{\partial\boldsymbol{\xi}_0^2}\right] \tag{6.33}$$

其中，$\partial\tilde{\boldsymbol{y}}_t/\partial\boldsymbol{\xi}_0$ 为 $\tilde{\boldsymbol{y}}_t$ 对 $\boldsymbol{\xi}_0$ 的一阶偏导数矩阵；$\partial^2\tilde{\boldsymbol{y}}_t/\partial\boldsymbol{\xi}_0^2$ 为 $\tilde{\boldsymbol{y}}_t$ 对 $\boldsymbol{\xi}_0$ 的二阶偏导数张量。令 $\hat{\boldsymbol{\xi}}_t = \partial\tilde{\boldsymbol{\xi}}_t/\partial\boldsymbol{\xi}_0$，$\hat{\boldsymbol{x}}_t = \partial\tilde{\boldsymbol{x}}_t/\partial\boldsymbol{\xi}_0$，$\hat{\boldsymbol{y}}_t = \partial\tilde{\boldsymbol{y}}_t/\partial\boldsymbol{\xi}_0$，并将确定性系统的模型，

即式(6.13)对$\boldsymbol{\xi}_0$求导，可以得到

$$\begin{aligned} \hat{\boldsymbol{\xi}}_t &= \boldsymbol{\mu}_\xi \hat{\boldsymbol{\xi}}_i \\ \dot{\hat{\boldsymbol{x}}}_t &= \boldsymbol{A}'_x \hat{\boldsymbol{x}}_t + \boldsymbol{A}'_\xi \hat{\boldsymbol{\xi}}_t \\ \dot{\hat{\boldsymbol{y}}}_t &= \boldsymbol{C}'_x \hat{\boldsymbol{x}}_t + \boldsymbol{C}'_\xi \hat{\boldsymbol{\xi}}_t \end{aligned} \tag{6.34}$$

其初值为$\hat{\boldsymbol{\xi}}_0 = \boldsymbol{I}$，$\hat{\boldsymbol{x}}_0 = \boldsymbol{0}$。根据式(6.34)即可求解得到式(6.31)。而$\partial^2 \tilde{\boldsymbol{y}}_t / \partial \boldsymbol{\xi}_0^2 = \partial \hat{\boldsymbol{y}}_t / \partial \boldsymbol{\xi}_0$，很显然为零。于是定理得证。

结合定理 6.1 和定理 6.2，可以得到 SAF 的计算方法，即算法 6.1。

算法 6.1　基于级数逼近的伊藤时域分析算法

输入：式(6.8)的相关参数和初值$\boldsymbol{x}_0$、$\boldsymbol{\xi}_0$

输出：SAF　$v(t, \boldsymbol{x}_0, \boldsymbol{\xi}_0)$的值

(1) 根据式(6.13)计算确定性系统的相关变量$\tilde{\boldsymbol{x}}_t$、$\tilde{\boldsymbol{\xi}}_t$和$\tilde{\boldsymbol{y}}_t$。

(2) $n \leftarrow 0$。

(3) repeat。

(4) 根据式(6.17)计算$\tilde{v}_n$。

(5) 根据式(6.30)计算$\nabla^2_{\varepsilon_0} \tilde{v}_n$。

(6) $n \leftarrow n+1$。

(7) until 达到收敛条件。

尽管算法 6.1 采用 DAF 的无穷级数逼近 SAF，但在实际应用中，通常$n=1$或$n=2$即可达到所需的精度。利用算法 6.1，只需计算出确定性系统的相关变量，并求解相应的 DAF，即可有效地求解 SAF。该方法和传统的基于场景集的方法有显著的不同。基于场景集的方法首先生成大量的随机场景，在每个场景下，待求系统均可以看作确定性系统，最后对所有场景的求解结果取期望，以求得 SAF。可以看出，基于场景集的方法的精度依赖于场景集数量，且通常需要抽样大量的场景才能得到可靠的精度。作为对比，级数逼近方法只需求解很少量的确定性系统即可。因此，级数逼近方法可以在不牺牲精度的前提下达到更高的效率。

进一步讨论级数逼近方法的物理意义，可以看出，$\tilde{v}_0$与随机变量的扩散项$\boldsymbol{\sigma}(\boldsymbol{\xi}_t)\mathrm{d}\boldsymbol{W}_t$无关，因此只需计算一个确定性系统的目标函数即可。因此，$\tilde{v}_0$表达了新能源电力系统的初值和确定性环节对目标函数的影响。而在$\tilde{v}_1$的计算中，则包含了扩散项$\boldsymbol{\sigma}(\boldsymbol{\xi}_t)$和二阶导数项$\nabla^2_{\boldsymbol{\xi}_0} \tilde{v}_0$的乘积。该乘积项可以理解为系统的

随机性大小乘以目标函数对随机量的“灵敏度”①。由此可见，目标函数受随机性的影响越大，则 $\tilde{v}_1$ 越大。因此，级数展开项中的零阶项和非零阶项具有明显的物理意义，前者表征了确定性环节对于目标函数的影响，而后者则表征了随机环节对于目标函数的影响。在算例分析中会进一步看到，非零阶项中，$\tilde{v}_1$ 表征了高斯分布特性的随机量对目标函数的影响，而更高阶的环节则是针对非高斯分布的修正项。

应该注意到，本章所提出的级数逼近方法和第四章所提出的频域分析方法是从两个不同的角度对新能源电力系统进行分析。频域方法分析随机系统在平稳输入下的特性，具有较好的物理意义，但无法对非平稳状态进行分析。而级数逼近方法从时域的角度分析给定初值下的 SAF，具有更广泛的适用性。

五、针对非线性问题的修正方法

在电力系统的相关问题中，通常会存在一些非线性环节，如限幅、死区、潮流方程的非线性等。对于含有随机性的非线性系统的控制性能分析通常非常困难，且对于多数问题，目前的文献中尚无很好的解决方案。不同于现有文献[43,83,85]中的分析方法，本章提出的级数逼近方法能够在一定程度上考虑非线性的情形。下面简要讨论这些非线性环节的处理方法。

在考虑非线性时，系统模型可写作如下的一般形式：

$$
\begin{aligned}
\mathrm{d}\boldsymbol{\xi}_t &= \boldsymbol{\mu}(\boldsymbol{\xi}_t)\mathrm{d}t + \boldsymbol{\sigma}(\boldsymbol{\xi}_t)\mathrm{d}\boldsymbol{W}_t \\
\dot{\boldsymbol{x}}_t &= \boldsymbol{f}(\boldsymbol{x}_t, \boldsymbol{\xi}_t) \\
\boldsymbol{y}_t &= \boldsymbol{g}(\boldsymbol{x}_t, \boldsymbol{\xi}_t)
\end{aligned}
\tag{6.35}
$$

对比式(6.35)与式(6.8)，其主要区别在于模型系数 $\boldsymbol{A}'_x\boldsymbol{x}_t + \boldsymbol{A}'_\xi\boldsymbol{\xi}_t + \boldsymbol{A}_d\boldsymbol{d}_t + \boldsymbol{A}_u\boldsymbol{u}_t^0$ 被替换为一般形式 $\boldsymbol{f}(\boldsymbol{x}_t, \boldsymbol{\xi}_t)$，而 $\boldsymbol{C}'_x\boldsymbol{x}_t + \boldsymbol{C}'_\xi\boldsymbol{\xi}_t + \boldsymbol{C}_d\boldsymbol{d}_t + \boldsymbol{y}_t^0$ 被替换为一般形式 $\boldsymbol{g}(\boldsymbol{x}_t, \boldsymbol{\xi}_t)$。

再观察定理 6.1 的证明，可以发现其中并不涉及系数的具体形式，因此该定理在模型为非线性模型时仍然成立。

在非线性情形下的具体求解方法可参考定理 C.1，其形式与定理 6.1 非常类似，但二阶导数项的计算方法与线性情形有所不同。此外，该方法要求 $\boldsymbol{f}$ 和 $\boldsymbol{g}$ 二阶连续可微，而部分函数(如限幅、死区、绝对值函数等)并不满足该特点，为此，可以采用光滑函数近似表示这些非光滑的函数。具体来说，对于限幅，其原始形式可以表示为如下函数：

① 此处只是借用“灵敏度”一词的直观概念，与电力系统分析中所熟知的灵敏度分析的概念无关。

$$L(x;\Lambda)=\begin{cases}-\Lambda, & x<\Lambda \\ x, & -\Lambda\leqslant x\leqslant \Lambda \\ \Lambda, & x>\Lambda\end{cases} \tag{6.36}$$

式(6.36)表示当输入 x 在 $[-\Lambda,\Lambda]$ 时，限幅函数不起作用，而 x 超出该区间时，则被限制在最大值或最小值处。注意此处 x 用于指代一般的可能被限幅的物理量(如同步发电机的功率输出等)。上述 $L(x;\Lambda)$ 是非光滑函数，可以用如下光滑函数近似：

$$L(x;\Lambda)=\frac{2\Lambda}{1+\exp(-2x/\Lambda)}-\Lambda \tag{6.37}$$

式(6.37)的形态如图 6.3(a)所示。同样地，对于绝对值和死区，也可以寻找合适的光滑函数进行近似表示，再代入本章所提出的级数逼近方法中。各个函数所对应的光滑近似表示可见于表 6.3。

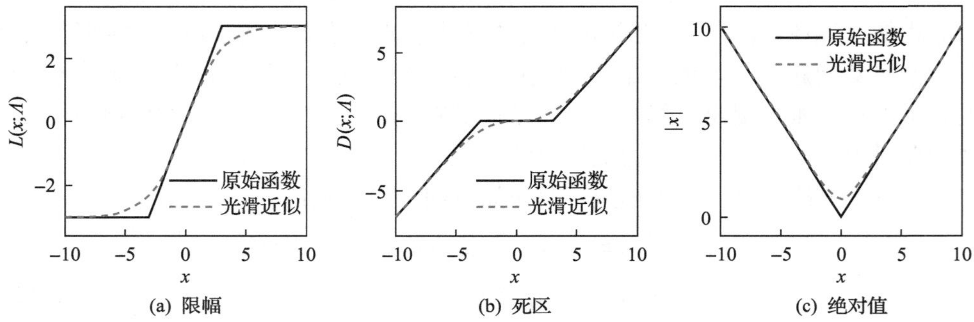

图 6.3　限幅、死区、绝对值函数的光滑近似表示

表 6.3　限幅、死区、绝对值函数的光滑近似

函数	原始形式	光滑近似
限幅	$L(x;\Lambda)=\begin{cases}-\Lambda, & x<\Lambda \\ x, & -\Lambda\leqslant x\leqslant\Lambda \\ \Lambda, & x>\Lambda\end{cases}$	$L(x;\Lambda)=\dfrac{2\Lambda}{1+\exp(-2x/\Lambda)}-\Lambda$
死区	$D(x;\Delta)=\begin{cases}x+\Delta, & x<-\Delta \\ x, & -\Delta\leqslant x\leqslant\Delta \\ x-\Delta, & x>\Delta\end{cases}$	$D(x;\Delta)=x+\Delta\dfrac{1-\exp(2x/\Delta)}{1+\exp(2x/\Delta)}$
绝对值	$\|x\|$	$\sqrt{x^2+\delta}$

因此，本章所提出的级数逼近方法可以在一定程度上推广到非线性的情形。当然，在考虑非线性时，SAF 相对更难以计算，并且在考虑非线性时，相应的级数更难以收敛，其计算量比不考虑非线性时的计算量更大。本章第四节算例 2 和

算例 4 将讨论非线性环节对评估效果的影响。

第四节　算例分析

一、算例 1：解释性算例

为方便读者理解级数逼近方法的应用，此处考虑一个尽可能简化的算例，采用和第四章第三节的算例 1 相同的微网系统，含有一个风电机组和一台发电机。系统频率为 Δ_f，而状态变量为发电机组的角频率 $\omega_t = 2\pi\Delta_f(t)$。与第四章不同，此处采用简化参数 $T^{\mathrm{g}} = T^{\mathrm{t}} = 0$ 和 $R = \infty$，则有 $P^{\mathrm{ref}} = P^{\mathrm{g}} = P^{\mathrm{m}}$。所以，可以将发电机的机械功率 P^{m} 作为控制变量。假设发电机的惯性系数和阻尼系数分别为 $H=1$，$D=1$，并假设控制律为 $P_t^{\mathrm{m}} = -\omega_t$。最后，设风电机组的出力 P_t^{S} 满足伊藤过程 $\mathrm{d}P_t^{\mathrm{S}} = -2P_t^{\mathrm{S}}\mathrm{d}t + \mathrm{d}\boldsymbol{W}_t$。值得注意的是，此处所有参数设置的目的均为尽可能简化模型，以便用解析表达式验证本章的结果。因此，这些参数均为简单的整数，而不是实际的参数。

根据上述设置，可以写出该系统的状态方程：

$$\begin{aligned}
&\mathrm{d}\omega_t = -(\omega_t - P_t^{\mathrm{m}} - P_t^{\mathrm{S}})\mathrm{d}t \\
&\mathrm{d}P_t^{\mathrm{S}} = -2P_t^{\mathrm{S}}\mathrm{d}t + \mathrm{d}\boldsymbol{W}_t \\
&P_t^{\mathrm{m}} = -\omega_t
\end{aligned} \tag{6.38}$$

在式(6.38)中，将 P_t^{m} 用 $-\omega_t$ 代替，以便消除最后一个代数方程。于是，系统的状态方程可以写为

$$\mathrm{d}\begin{bmatrix}\omega_t \\ P_t^{\mathrm{S}}\end{bmatrix} = \begin{bmatrix}-2 & 1 \\ 0 & -2\end{bmatrix}\begin{bmatrix}\omega_t \\ P_t^{\mathrm{S}}\end{bmatrix} + \begin{bmatrix}0 \\ 1\end{bmatrix}\mathrm{d}\boldsymbol{W}_t \tag{6.39}$$

假设 ω_t 和 P_t^{S} 的初值分别为 ω_0 和 P_0^{S}，希望求解 $v(t,\omega_0,P_0^{\mathrm{S}}) = \mathbb{E}^{\omega_0,P_0^{\mathrm{S}}}(\omega_t^{\mathrm{w}})$。由于该随机系统的方程较为简单，可以直接给出确定性系统 $\tilde{\omega}_t$ 和 $\tilde{P}_t^{\mathrm{S}}$ 的方程，如式(6.40)所示：

$$\begin{bmatrix}\tilde{\omega}_t \\ \tilde{P}_t^{\mathrm{S}}\end{bmatrix} = \begin{bmatrix}(\omega_0 + P_0^{\mathrm{S}}t)\mathrm{e}^{-2t} \\ P_0^{\mathrm{S}}\mathrm{e}^{-2t}\end{bmatrix} \tag{6.40}$$

因此，可以根据确定性系统的方程，得到 $\tilde{v}_0 = \tilde{\omega}_t^2$ 的表达式：

$$\tilde{v}_0 = (\omega_0 + P_0^{\mathrm{S}}t)^2\mathrm{e}^{-4t} \tag{6.41}$$

根据 $\tilde{v}_0$ 的解析表达式，可以直接求二阶导数得到

$$\frac{\partial^2 \tilde{v}_0}{\partial (P_0^{\mathrm{S}})^2} = 2t^2 \mathrm{e}^{-4t} \tag{6.42}$$

根据式(6.17)，可以得到

$$\tilde{v}_1 = \int_0^t s^2 \mathrm{e}^{-4s} \mathrm{d}s = \frac{1}{32}\left[1-(8t^2+4t+1)\mathrm{e}^{-4t}\right] \tag{6.43}$$

最后，$\tilde{v}_1$ 对 P_t^{S} 的二阶偏导数为 0，因此级数已经收敛，可以得到 $v=\tilde{v}_0+\tilde{v}_1$。根据式(6.41)和式(6.42)容易看出，当 t 趋于无穷大时，$\tilde{v}_0$ 趋近于零，而 $\tilde{v}_1$ 趋近于常数 $1/32$。该现象表明了 $\tilde{v}_0$ 和 $\tilde{v}_1$ 的不同性质。事实上，$\tilde{v}_0$ 表明了不考虑随机性的确定性系统所对应的评估函数，而确定性系统随着时间的推移会趋于平衡点，因此 $\tilde{v}_0$ 也会趋于0。而 $\tilde{v}_1$ 表明了随机量 P_t^{S} 对系统的影响，因此会持续影响该系统，直到随机量和系统趋于平衡点达到平衡。当时间 t 接近0的时候，系统状态主要受到初始值的影响，即 v 主要由 $\tilde{v}_0$ 决定。而当 t 增大的时候，初始值的影响逐渐降低，而随机量的影响逐渐上升，因此 v 逐渐更接近 $\tilde{v}_1$。图 6.4(a)给出了 v、$\tilde{v}_0$ 和

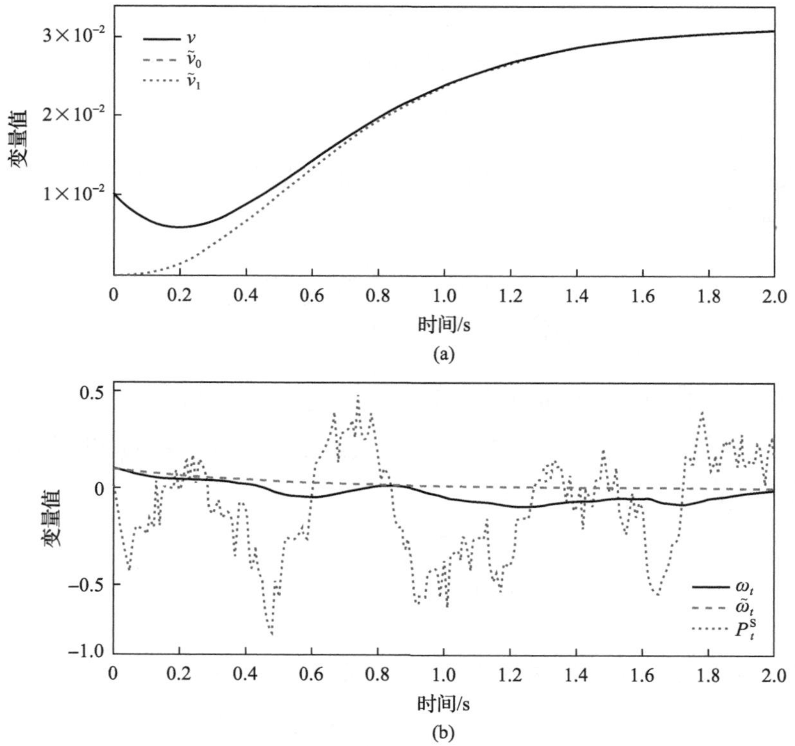

图 6.4　级数逼近方法的各个变量值

$\tilde{v}_1$ 随时间变化的规律。图 6.4(b)给出了 ω_t 和 P_t^{S} 的一个抽样场景，可以看出，确定性系统的状态变量 $\tilde{\omega}_t$ 很快衰减至 0，而这正是 ω_t 偏离初值波动的主要原因。

由本算例可知，级数逼近方法可以有效地计算电力系统的 SAF。同时，级数逼近方法也可以较好地体现不同的展开项在 SAF 中所起的作用。

二、算例 2：AGC 问题

(一) 算例设置

本算例考虑式(6.1)所讨论的 AGC 问题，采用与第四章第三节算例 2 相同的 IEEE118 节点系统基本相同的算例设置。唯一的不同之处在于风电随机性的模型，为了考虑风电的非高斯特性，假设在两个节点接入的风电功率输出与其容量的比值满足 Beta(1,1)分布。根据算法 5.1，可以给出风电功率输出随机性的伊藤过程模型：

$$\mathrm{d}\frac{P_t^{\mathrm{S}}}{\overline{P}^{\mathrm{S}}}=\left(-\frac{P_t^{\mathrm{S}}}{\overline{P}^{\mathrm{S}}}-0.5\right)\mathrm{d}t+\sqrt{\left(\frac{P_t^{\mathrm{S}}}{\overline{P}^{\mathrm{S}}}\right)\left(1-\frac{P_t^{\mathrm{S}}}{\overline{P}^{\mathrm{S}}}\right)}\mathrm{d}\boldsymbol{W}_t \tag{6.44}$$

此处采用 1000 个场景进行蒙特卡罗仿真，每个场景为 600s，以便验证理论计算结果的正确性。在第四章的算例 2 中，所选取的时间窗口是到达平稳状态后的时间窗口，但在本算例中，由于伊藤时域模型可以考虑初值，只需从 $t=0$ 时刻开始仿真即可。

(二) 仿真结果

图 6.5 分别给出了频率偏差Δ_f 的方差的变化趋势、CPS1 指标对应的期望值 $\mathbb{E}\left(\langle \mathrm{ACE}\rangle_T\langle \Delta_f\rangle_T\right)$和 CPS2 指标对应的期望值 $\mathbb{E}\left(\langle \mathrm{ACE}\rangle_{T_2}^2\right)$。

由图 6.5(a)可知，频率偏差 Δ_f 的方差在 $t=0$ 时刻为零，这是因为仿真开始时固定了初始值。随后，受到随机性的影响，Δ_f 的方差逐渐升高到稳定的数值。该图表明，伊藤时域模型可以有效地分析非平稳状态的随机性。该特点对第七章设计最优控制算法有重要意义。

图 6.5(b)显示了期望值 $\mathbb{E}\left(\langle \mathrm{ACE}\rangle_T\langle \Delta_f\rangle_T\right)$随着时间变化的规律。此处，为了验证伊藤时域模型在考虑初值时的计算效果，采用的时间窗口为$[0,T]$，可以看出，在时间窗口接近 0 时，该期望值较小，随后逐渐上升到顶峰后开始下降。这是因为在接近初始时刻时，系统的状态主要受初值影响，其随机性较小；随着时间的推移，随机性对系统的影响开始显现，从而该期望值也迅速升高。该期望值下降的原因和第四章算例 1、算例 2 中相同，即求平均环节可以看作低通滤波环节，求平均时间窗口较大时，所求得的期望值的随机性也较弱。

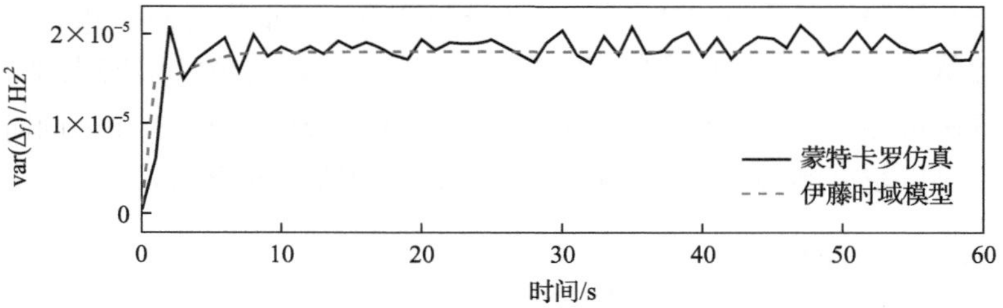

(a) 频率偏差Δ_f的方差

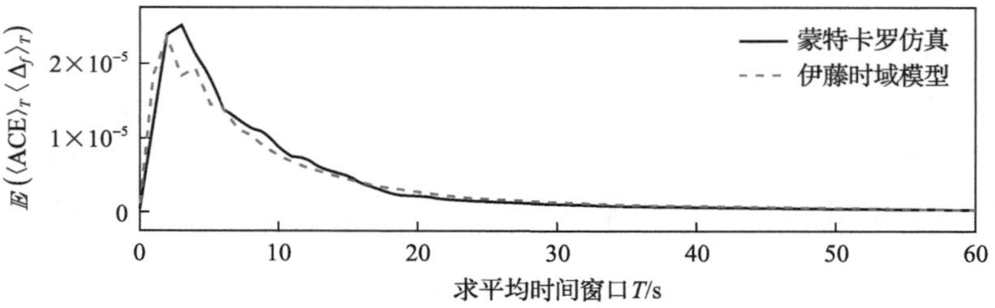

(b) 指标$\mathbb{E}(\langle \mathrm{ACE}\rangle_T \langle \Delta_f\rangle_T)$

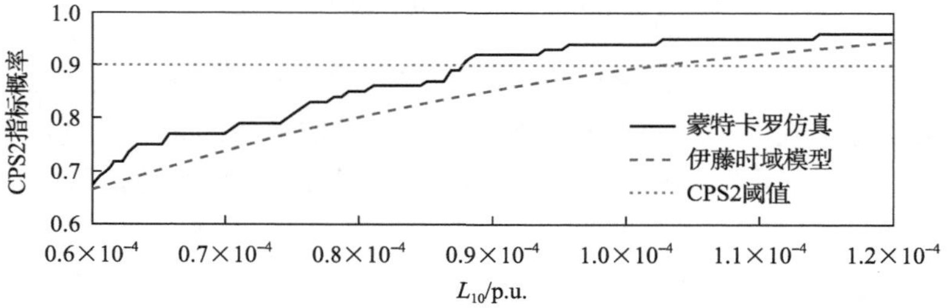

(c) CPS2指标

图 6.5　仿真结果

图 6.5(c)则给出了 CPS2 指标所对应的概率值。可以看出，伊藤时域模型和蒙特卡罗仿真的结果在概率分布上较为接近，但仍有一定的差距。这是因为本书模型提出的方法，主要用于求取期望、方差等统计量，并不涉及随机量的具体概率分布。因此，图 6.5(c)中根据伊藤时域模型计算的累积分布曲线(虚线)是在求得$\langle \mathrm{ACE}\rangle_{T_2}$ 的方差，即$\mathbb{E}\left(\langle \mathrm{ACE}\rangle_{T_2}^2\right)$后，根据高斯分布假设计算出的概率分布曲线。而当随机性满足 Beta 分布时，$\langle \mathrm{ACE}\rangle_{T_2}$ 的分布并非高斯分布，因此理论预测和实际仿真的结果会有一定的偏差。如果希望利用伊藤时域模型求取精确的概率分布，需要求取更高阶的统计量，但在实际应用中，通常求取二阶矩所得到的精度就足够了。

(三)概率分布的影响

值得注意的是，尽管伊藤时域分析的级数逼近方法并不能求出系统变量的概率分布，但该方法依然可以反映出不同的概率分布所带来的影响。表 6.4 中给出了一阶(即 $v \approx \tilde{v}_0 + \tilde{v}_1$)和二阶近似(即 $v \approx \tilde{v}_0 + \tilde{v}_1 + \tilde{v}_2$)的级数逼近方法在不同的新能源功率随机性概率分布下，所得到的频率偏差标准差。可以看出，在高斯分布和 Gamma 分布下，一阶和二阶近似所得到的结果是相同的；而 $\boldsymbol{\sigma}(\xi_t)$ 的二阶导数为正，也需要考虑二阶近似项以提升准确性。这是因为，根据表 5.2，高斯分布和 Gamma 分布的伊藤过程模型为线性模型，在线性模型下，一阶级数展开即可收敛，二阶项 $\tilde{v}_2$ 为零；而在非线性模型下，二阶项则体现了 $\boldsymbol{\sigma}(\xi_t)$ 的二阶导数所带来的影响。对于 Beta 分布来说，$\boldsymbol{\sigma}(\xi_t)$ 的二阶导数为负，即 Beta 分布比高斯分布更集中，因此计算得到的 Δ_f 标准差更小。而对于 Laplace 分布来说，情况则刚好相反。

表 6.4　不同概率分布下的仿真结果

概率分布	概率密度函数	蒙特卡罗仿真	一阶级数逼近	二阶级数逼近
高斯分布	$\mathcal{N}(0,1)$	0.0134	0.0133	0.0133
Beta 分布	Beta(1,1)	0.0113	0.0147	0.0111
Gamma 分布	$\Gamma(1,1)$	0.0276	0.0267	0.0267
Laplace 分布	Laplace(0,1)	0.0200	0.0134	0.0189

在算例 1 中可以了解到，级数展开的零阶项表示了初始状态的影响，而其他项(在算例 1 中只有一阶项)表示了随机量的影响。而在本算例中则可以发现，在非零阶项中，一阶项代表了线性近似(或高斯分布近似)的新能源随机性对电力系统的影响，而二阶项(或更高阶项)则代表了非高斯分布所需要的补偿。

(四)控制周期的影响

与频域模型不同，基于时域的级数逼近方法很容易考虑控制周期的影响，只需在离散化时调整离散化的采样周期即可，图 6.6 给出了不同控制周期下的 CPS1 指标。值得注意的是，尽管整体上来说，控制周期越大，控制效果越差，但这个影响并不是单调的。这是因为在不同的控制周期下采用了相同的 PI 控制器的参数，然而对于不同的控制周期，最优的 PI 参数也不相同。与此相对应，同样的一组 PI 参数，可能在某些控制周期下效果良好，而在另一些控制周期下效果较差。类似的现象在文献[130]中也有提及。

(五)考虑非线性环节

图 6.7 考虑了在非线性条件下的 AGC 效果。此处考查了两类非线性，即限幅和死区环节，并假设所有机组有与容量成比例的限幅和死区环节。图 6.7 中的

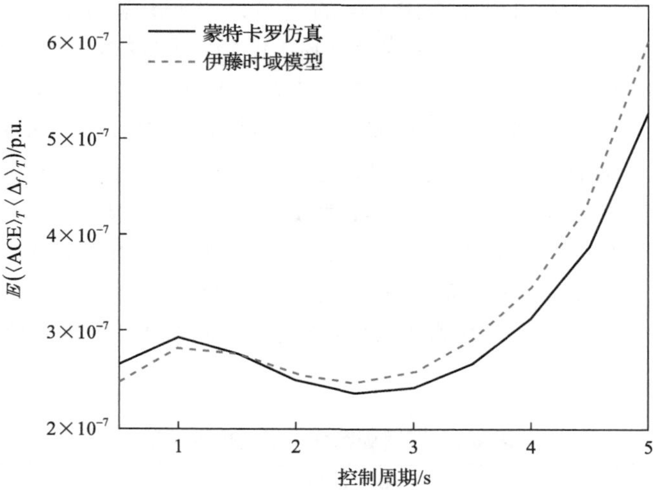

图 6.6　不同控制周期下的 CPS1 指标

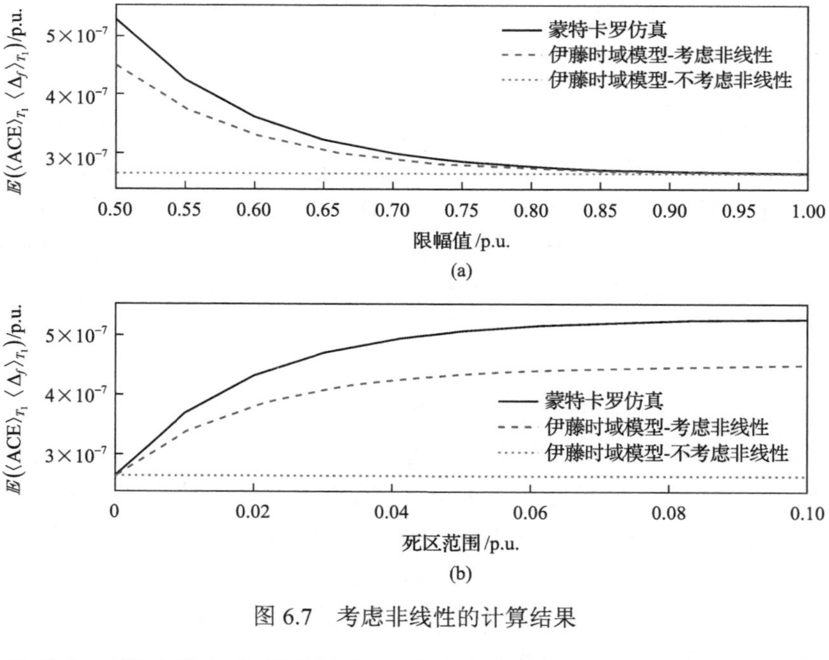

图 6.7　考虑非线性的计算结果

横坐标均为相对发电机组容量的比值。处理非线性的方法可参考本章第三节。可以看出，限幅和死区会对 AGC 的控制效果造成不利影响。同时，考虑非线性的伊藤时域分析方法尽管与仿真结果仍有一定的差距，但是比不考虑非线性的方法更加准确。事实上，由于非线性环节所带来的本质困难，已有的评估方法均难以评估非线性环节的影响，因此伊藤时域方法仍比现有方法具有较大优势。

三、算例 3：配电网调峰问题

(一) 算例设置

本算例考虑式(6.2)所述的配电网的调峰问题，采用 IEEE123 节点系统，如图 6.8 所示。该系统的额定容量为 10MVA，额定电压为 10kV。为便于分析新能源出力对配电网的影响，在本算例中仅考虑一个风电机组，位于节点 62，其容量为 20MVA，同时，节点 62 含有一个储能单元，其容量为 5MW×4h。后续在第七章的算例中，会考虑更多的随机源和可调资源。风电机组出力的随机性和模型与第五章第四节的伊藤过程参数估计算例中所采用的新能源出力数据相同。假设新能源出力的预测值均为比实际出力提前 1h 的数值，即采用保持性预测。本算例所采用的模型可见于本章第一节。

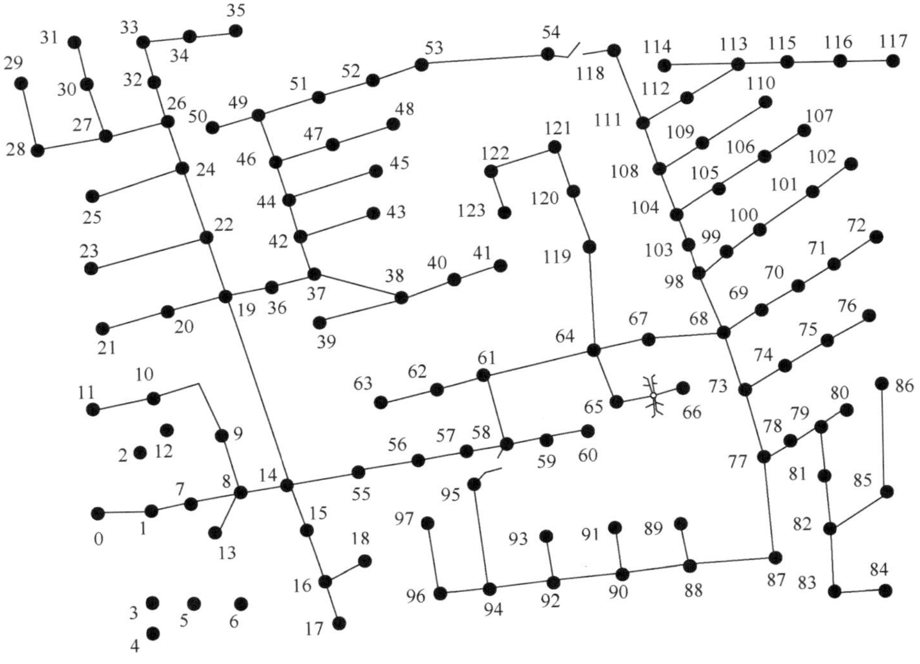

图 6.8　IEEE123 节点系统

(二) 仿真结果

在本算例中，控制变量为风电机组的无功功率 q_t^{W} 和储能机组的有功功率 p_t^{E}，而唯一的随机量为风电机组的预测误差 ξ_t。考虑如下仿射控制律：

$$\begin{aligned} q_t^{\mathrm{W}} &= q_t^{\mathrm{W},0} + k^{\mathrm{W}} \xi_t \\ p_t^{\mathrm{E}} &= p_t^{\mathrm{E},0} + k^{\mathrm{E}} \xi_t \end{aligned} \tag{6.45}$$

其中，$q_t^{\mathrm{W},0}$ 和 $p_t^{\mathrm{E},0}$ 为预测误差为零时的控制量输出；k^{W} 和 k^{E} 为对预测误差的反馈系数。这些决策变量的优化求解方法将在第七章中给出，在本算例中直接给定这些变量的值，即 k^{W} 和 k^{E} 的值分别为 $k^{\mathrm{W}} = -0.2638$，$k^{\mathrm{E}} = -0.4235$。

图 6.9 给出了各个时刻的目标函数值的曲线。其中，无反馈指的是 $k^{\mathrm{W}} = k^{\mathrm{E}} = 0$ 时的情况，而是否含有随机性则是指预测误差是否为零。可以看出：①在系统中不含有随机性时，基于确定性模型计算得到的控制律即可达到较好的控制效果；②当系统中含有随机性时，在无反馈控制律条件下，风电功率波动对系统电压影响显著，而增加了反馈控制律，显著提升了系统电压控制的有效性。

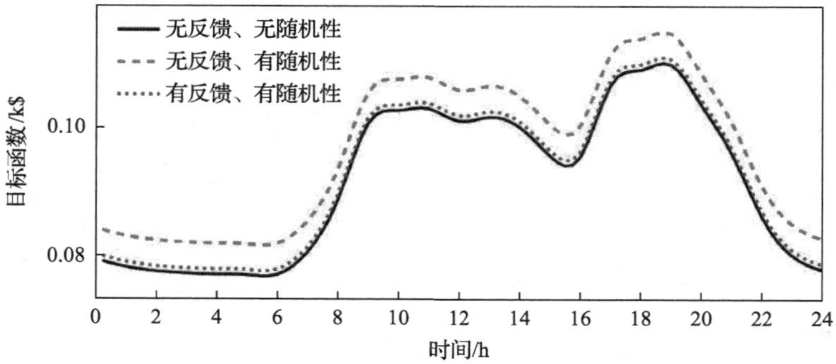

图 6.9 算例 3 的目标函数估计

为了更直观地体现出反馈控制律的影响，图 6.10 给出了其中一个场景下的仿真结果，其中包含了风电出力和节点 62 的电压曲线。可以看出，当风电出力的实际值与预测值有偏差时，在无反馈控制条件下，风电功率波动对系统电压影响显著，而增加了反馈控制，系统电压控制的有效性得到显著提升。

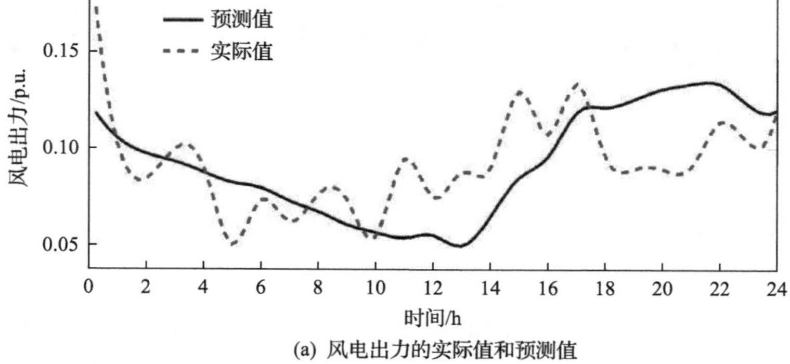

(a) 风电出力的实际值和预测值

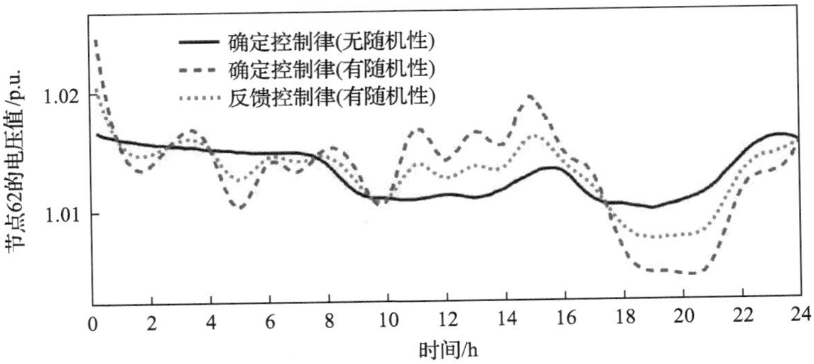

(b) 各种控制律下所对应的电压曲线

图 6.10　算例 3 的仿真结果

图 6.11 给出了固定一个反馈系数，调节另一个反馈系数时的目标函数变化情况。可以看出，不同的控制律对应着不同的目标函数值，此外，存在一个最优的反馈系数，使得目标函数值最低。事实上，控制问题中的目标函数是系统状态和控制成本的加权求和。当反馈系数较大时，系统状态所对应的目标函数较小，但控制成本会上升，因此，存在最优的反馈系数实现两者之间的平衡。最优控制律的求解问题将在第七章进行更深入的探讨。

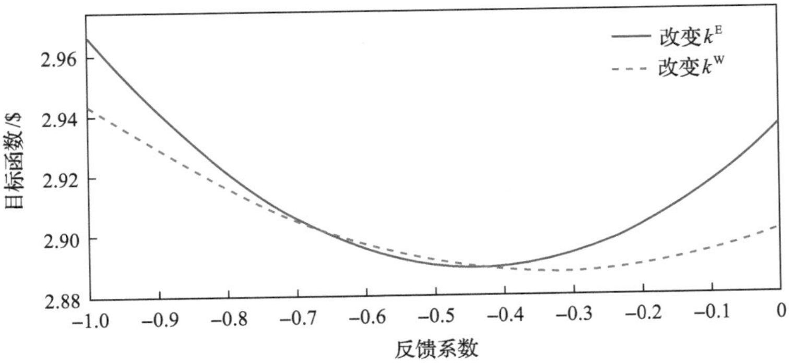

图 6.11　调整反馈系数对目标函数的影响

四、算例 4：输电网调峰问题

(一) 算例设置

本算例考虑式(6.3)所讨论的输电网调峰问题。本算例采用 IEEE24 节点系统，其系统结构如图 6.12 所示。该系统中含有 24 个节点和 12 个发电机组，其中有 8 个机组开启，4 个机组未开启。本算例中不考虑机组的启停问题，并假设所有发电机组的启停状态在仿真中保持不变。本算例采用文献[131]中的参数，包括发电机组的运行成本、启停状态、系统的负荷曲线等。系统中含有 6 个风电场，其位置和容量可见于表 6.5。

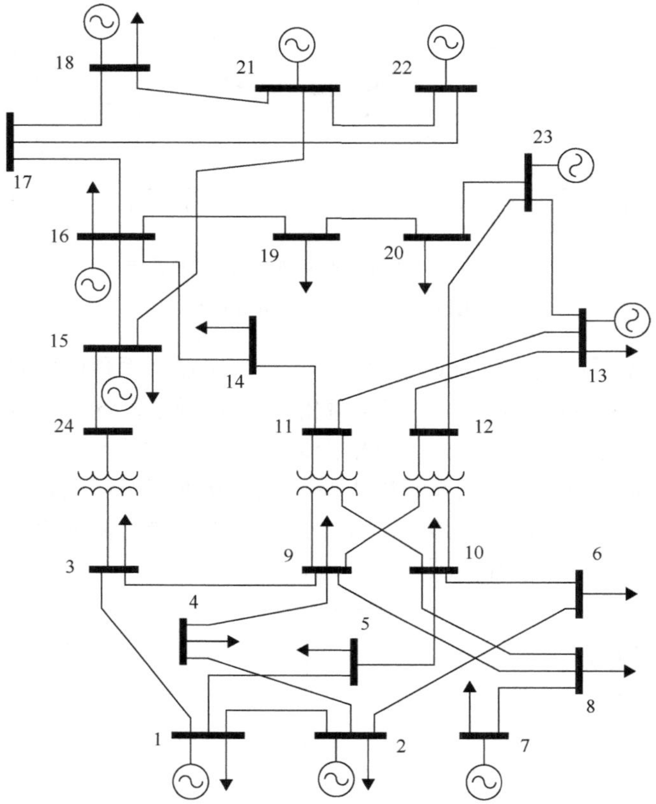

图 6.12　IEEE24 节点系统[131]

表 6.5　算例 4 的风电场数据

位置	容量/MW	位置	容量/MW
节点 3	100	节点 5	100
节点 7	100	节点 16	100
节点 21	100	节点 23	50

此处，假设风电的预测误差满足 Beta 分布：

$$P_{i,t}^{\mathrm{W}} \sim \mathrm{Beta}[50P_{i,t}^{\mathrm{pred}}, 50(1-P_{i,t}^{\mathrm{pred}})] \tag{6.46}$$

其中，系数 50 使得预测的均方误差约为 14%。注意 $P_{i,t}^{\mathrm{W}}$ 和 $P_{i,t}^{\mathrm{pred}}$ 均按照容量值进行了归一化。

本算例的模型可见于本章第一节。与之前的算例的不同之处在于，本算例的目标函数考虑了机组功率的实际输出与计划输出间的偏差，因此含有绝对值项。因为绝对值不满足二次可微的条件，所以此处采用如下近似形式：

$$|x|=\sqrt{x^2+\delta} \tag{6.47}$$

其中，δ 为一个较小的数值，δ 越小，则该近似越精确，但在级数逼近时，该近似式的级数收敛半径为 $\sqrt{\delta}$，因此，δ 的数值设置会影响到精度。本算例中 $\sqrt{\delta}$ 经验性地设置为风电场的平均容量，在本例中，总容量 550MW 的风电装机平均到 6 个风电场，每个风电场的平均容量为 69MW，使得风电场出力的随机性不会超过该范围，将该 δ 值记为 δ_0，以便后续讨论。

(二) 仿真结果

图 6.13 给出了实际的目标函数 v 和利用本章所推出的算法所得到的零阶近似 $\tilde{v}_0$、一阶近似 $\tilde{v}_0+\tilde{v}_1$。对于一阶近似，此处讨论调整 δ 的影响。由图 6.13 (a) 可以

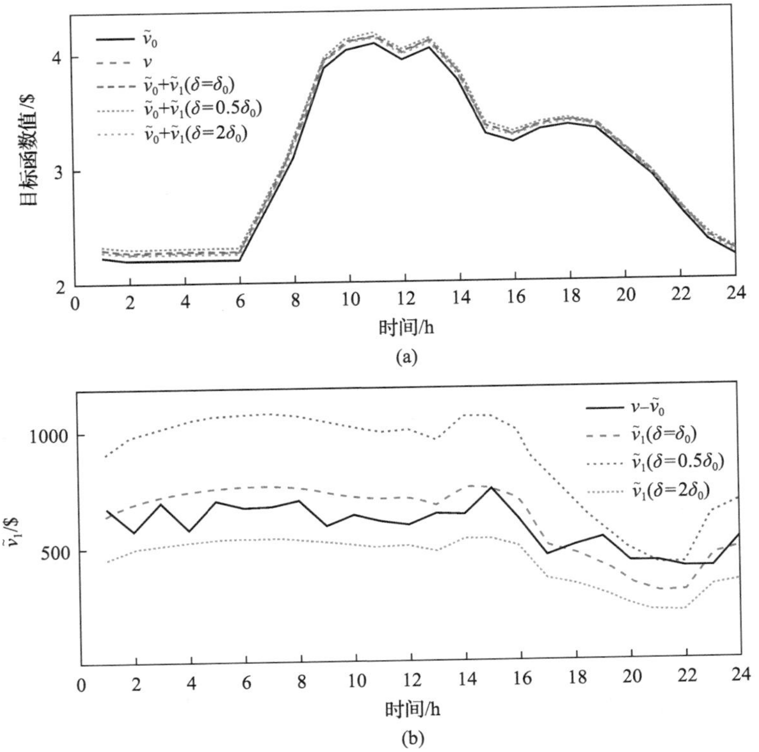

图 6.13　算例 4 的仿真结果

看出，在本算例中，各条曲线均和 $\tilde{v}_0$ 较为接近，这说明风电出力的确定性分量(即预测值)对目标函数的影响更大。这是因为目标函数包括发电成本和日内调整功率输出的成本，而发电成本在总成本中占主要部分。此处，为了更明显地看到随机性的影响，将各条曲线均减去 $\tilde{v}_0$，得到图 6.13(b)。可以明显地看出，在各条曲线中，设置 $\delta=\delta_0$ 所得到的一阶估计值 $\tilde{v}_1$ 和仿真得到的曲线更为接近，这说明了上述经验性的 δ 取值的有效性。同时，可以看出，δ 越小，则估计的 $\tilde{v}_1$ 越大。这是因为式(6.47)在计算 $\tilde{v}_1$ 时需要求二阶导数，所以类似于将其展开为二次函数。而该二次函数只在 $\sqrt{\delta}$ 范围内可以近似表示为绝对值函数，当随机性造成的影响超过 $\sqrt{\delta}$ 时，近似计算所采用的二次函数的增长速度会迅速超过绝对值函数的增长速度。因此，δ 的取值在合适的范围内，对绝对值函数的估计非常重要。

值得注意的是，此处对绝对值的处理方法只是一个经验性的处理方法，而如何更好地考虑目标函数中的绝对值，则是未来的研究方向之一。

第五节　说明与讨论

本章给出了新能源电力系统的伊藤时域模型，并在此基础上对新能源电力系统的典型工程问题进行了分析。首先，本章给出了新能源电力系统的时域分析模型，将新能源电力系统的待评估指标统一用 SAF 描述，以便在后续分析中统一处理。与频域分析中的内容不同，该 SAF 可以考虑非平稳状态的系统特性和初始值的影响。然后，基于 Feynman-Kac 公式，引入了 SAF 的偏微分方程描述，将随机过程期望的求解过程表示为一个等价的偏微分方程的求解过程。该偏微分方程是一个确定性的方程，因此在求解的过程中无须再划分场景。最后，给出了所构造的偏微分方程的级数逼近定理，并进一步给出了基于伊藤时域分析的级数逼近方法，无须划分场景集即可求得新能源电力系统的运行控制效果。

本章所提出的级数逼近方法具有一定的物理意义，其零阶项对应了系统的初值和确定性环节对评估函数的影响，一阶项对应了高斯分布的随机性对评估函数的影响，而更高阶项则对应了一般分布的随机性的修正。同时，在级数逼近方法中，通常只需一阶到二阶的近似即可有效地评估新能源电力系统的运行控制效果。

本章的研究成果解决了现有的蒙特卡罗方法在进行分析评估时计算效率与计算精度难以兼顾的问题；与基于偏微分方程方法相比，解决了其在高维系统中应用时存在的指数爆炸问题；与第四章提出的频域方法相比，本章的方法可以考虑初值和预测值的影响，因此可以推广到更一般的新能源电力系统运行控制问题中。在算例分析中，通过一个解释性算例和三个不同时间、空间尺度下的算例，验证了所提出的伊藤时域分析方法可以快速有效地对新能源电力系统的运行控制效果进行评估，并说明了该模型可以应用于非线性、非高斯分布等场景下，具有较广泛的适用性。

第七章　新能源电力系统随机控制的伊藤时域方法

本章在第六章所提出的伊藤时域分析方法的基础上，进一步研究基于伊藤时域模型的新能源电力系统的随机控制方法。首先，本章给出含有随机性的系统的参数化扰动反馈控制律，并在此基础上，结合第六章所提出的 SAF，建立新能源电力系统的随机控制模型。然后，基于第六章所提出的时域分析算法，本章给出该随机控制问题的级数逼近方法和矩优化方法，将随机控制问题转化为凸优化问题，从而可以用商业化的求解器进行求解。所得到的凸优化模型的规模和不含随机性时的确定性控制问题的规模相近，因此避免了传统的场景集方法计算效率低的问题。最后，通过多个算例验证所提出的随机控制方法的计算效率和计算效果。

本章所讨论的具体工程问题和基础模型已经在第六章第一节进行了详细论述，读者可以参考第六章第一节以便了解这些模型的具体细节，本章将直接沿用这些模型。

第一节　新能源电力系统的随机控制模型

第六章第一节已给出了新能源电力系统的典型工程问题，并将其转化为统一描述的随机控制模型，即式(6.4)。本节在其基础上，对一般的控制律进行简化，采用参数化的扰动反馈控制律，以便后续分析，并说明该控制律的有效性。之后，基于 SAF，给出了新能源电力系统的随机控制模型。

一、控制律及其参数化

新能源出力具有随机性，因此在实时控制时，针对不同的新能源出力场景，控制量的取值也不同。在最一般的意义下，控制方程可以写成

$$\boldsymbol{u}_t = \boldsymbol{U}(t, \boldsymbol{x}_t, \boldsymbol{\xi}_t) \tag{7.1}$$

式(7.1)的意义为根据当前的时刻 t 和系统状态变量 $\boldsymbol{x}_t$、随机变量 $\boldsymbol{\xi}_t$ 的取值，确定当前时刻的控制器输出 $\boldsymbol{u}_t$。其中，$\boldsymbol{U}(\cdot)$ 是具体形式有待求解的函数。此时，把所有可能的函数 $\boldsymbol{U}$ 的集合记作 $\mathcal{U}$，即 $\boldsymbol{U} \in \mathcal{U}$。随机控制问题的目的为从集合 $\mathcal{U}$ 中找到最优的函数 $\boldsymbol{U}$，以降低系统的控制成本。

在最一般的意义下，集合 $\mathcal{U}$ 包含所有的连续函数，因此是无穷维的函数空间，

这对随机控制问题的求解造成了极大的困难。因此，一般需要采用参数化的控制律，例如，式(6.4)中给出的仿射反馈控制律：

$$\boldsymbol{u}_t = \boldsymbol{u}_t^0 + \boldsymbol{K}_x \boldsymbol{x}_t + \boldsymbol{K}_\xi \boldsymbol{\xi}_t \tag{7.2}$$

其中，如果 $\boldsymbol{K}_\xi = \boldsymbol{0}$，即 $\boldsymbol{u}_t = \boldsymbol{u}_t^0 + \boldsymbol{K}_x \boldsymbol{x}_t$，则称为状态反馈控制律；如果 $\boldsymbol{K}_x = \boldsymbol{0}$，即 $\boldsymbol{u}_t = \boldsymbol{u}_t^0 + \boldsymbol{K}_\xi \boldsymbol{\xi}_t$，则称为扰动反馈控制律。尽管在实际应用中，通常状态反馈控制律的应用更广泛，但采用状态反馈时，最优控制问题的凸性难以保证。这是因为 $\boldsymbol{K}_x$ 为决策变量，而 $\boldsymbol{\xi}_t$ 也受到控制律的影响，该控制律在对应的最优控制问题中是双线性约束，也是一个典型的非凸约束。

与此相反，扰动反馈比状态反馈更容易构建凸优化模型[91,98,99]。凸性在最优控制律的求解中非常重要，因此本书将采用扰动反馈控制律，即

$$\boldsymbol{u}_t = \boldsymbol{u}_t^0 + \boldsymbol{K} \boldsymbol{\xi}_t \tag{7.3}$$

式(7.3)中 $\boldsymbol{K}$ 代替了式(7.2)中的 $\boldsymbol{K}_\xi$。决策变量包括 $\boldsymbol{u}_t^0$ 和 $\boldsymbol{K}$，其中，$\boldsymbol{u}_t^0$ 表示随机项 $\boldsymbol{\xi}_t$ 为零时的控制律，而 $\boldsymbol{K}$ 则表示控制律和随机扰动之间的关系。式(7.3)采用了仿射形式的控制律，文献[132]证明了在线性微分方程描述的动力学系统中，仿射扰动反馈控制律和仿射状态反馈控制律可以达到相同的控制效果，并给出了反馈系数之间的等价变换关系。在更一般的情况(如含有非线性时)下，状态反馈控制律和扰动反馈控制律是不等价的，但后续的算例分析将表明，在这些情形下，最优的扰动反馈控制律仍可以达到较好的控制效果。此外，当新能源出力随机性 $\boldsymbol{\xi}_t$ 为伊藤过程时，仿射控制律具有较强的通用性。这是因为根据推论 B.1，伊藤过程的任意多项式函数均为伊藤过程。因此，通过构造辅助的伊藤过程，任意的多项式控制律均可表示为仿射控制律。以一维的情况为例，考虑二次反馈控制律：

$$u_t = u_t^0 + k_1 \xi_t + k_2 \xi_t^2 \tag{7.4}$$

通过式(7.4)则可以构造辅助伊藤过程 $\boldsymbol{\xi}_t' = \left[\xi_t, \xi_t^2\right]^{\mathrm{T}}$，$\boldsymbol{K}' = \left[k_1, k_2\right]$，使得 $u_t = u_t^0 + \boldsymbol{K}'\boldsymbol{\xi}_t'$。

二、随机控制模型的构造

这里首先给出新能源电力系统随机控制问题的一般模型，再将其转化为基于 SAF 的形式。在式(6.4)的基础上，考虑本节第一部分所述的扰动反馈控制律，可以按式(7.5)定义新能源电力系统的随机控制问题。

模型 7.1(基于扰动反馈控制律的随机控制问题)

$$\min_{\boldsymbol{u}_t^0,\boldsymbol{K}} J = \mathbb{E}^{\boldsymbol{x}_0,\boldsymbol{\xi}_0}\left(\int_0^T \boldsymbol{y}_t^{\mathrm{T}}\boldsymbol{Q}\boldsymbol{y}_t\mathrm{d}t + \boldsymbol{y}_T^{\mathrm{T}}\boldsymbol{Q}_g\boldsymbol{y}_T\right) \tag{7.5a}$$

s.t.

$$\mathrm{d}\boldsymbol{\xi}_t = \boldsymbol{\mu}(\boldsymbol{\xi}_t)\mathrm{d}t + \boldsymbol{\sigma}(\boldsymbol{\xi}_t)\mathrm{d}\boldsymbol{W}_t \tag{7.5b}$$

$$\dot{\boldsymbol{x}}_t = \boldsymbol{A}_x\boldsymbol{x}_t + \boldsymbol{A}_u u_t + \boldsymbol{A}_d\boldsymbol{d}_t + \boldsymbol{A}_\xi\boldsymbol{\xi}_t \tag{7.5c}$$

$$\boldsymbol{u}_t = \boldsymbol{u}_t^0 + \boldsymbol{K}\boldsymbol{\xi}_t \tag{7.5d}$$

$$\boldsymbol{y}_t = \boldsymbol{C}_x\boldsymbol{x}_t + \boldsymbol{C}_u\boldsymbol{u}_t + \boldsymbol{C}_\xi\boldsymbol{\xi}_t + \boldsymbol{C}_d\boldsymbol{d}_t + \boldsymbol{y}_t^0 \tag{7.5e}$$

$$\underline{\boldsymbol{y}} \leqslant \boldsymbol{y}_t \leqslant \overline{\boldsymbol{y}} \tag{7.5f}$$

下面考虑式(6.4)所述的随机控制模型的 SAF 形式。根据表 6.2，可以将目标函数写成

$$J = \mathcal{P}_{\boldsymbol{y}_s^{\mathrm{T}}\boldsymbol{Q}\boldsymbol{y}_s,\boldsymbol{y}_t^{\mathrm{T}}\boldsymbol{Q}_g\boldsymbol{y}_t}(T,\boldsymbol{x}_0,\boldsymbol{\xi}_0) \tag{7.6}$$

即 $\alpha(\boldsymbol{y}_s) = \boldsymbol{y}_s^{\mathrm{T}}\boldsymbol{Q}\boldsymbol{y}_s$，$\beta(\boldsymbol{y}_t) = \boldsymbol{y}_t^{\mathrm{T}}\boldsymbol{Q}_g\boldsymbol{y}_t$。

对于约束，此处仍采用第四章第一节的处理方法，利用一阶矩和二阶矩近似表示机会约束:

$$\underline{y}_{i,t} + \kappa_\gamma\sqrt{\mathrm{var}\{y_{i,t}\}} \leqslant \mathbb{E}^{\boldsymbol{x}_0,\boldsymbol{\xi}_0} y_{i,t} \leqslant \overline{y}_{i,t} - \kappa_\gamma\sqrt{\mathrm{var}\{y_{i,t}\}} \tag{7.7}$$

进一步地，可以用 SAF 来表示期望值和方差:

$$\begin{aligned}
&\mathbb{E}^{\boldsymbol{x}_0,\boldsymbol{\xi}_0} y_{i,t} = \mathcal{P}_{0,y_{i,t}}(t,\boldsymbol{x}_0,\boldsymbol{\xi}_0)\\
&\mathrm{var}\{y_{i,t}\} = \mathcal{P}_{0,y_{i,t}^2}(t,\boldsymbol{x}_0,\boldsymbol{\xi}_0) - [\mathcal{P}_{0,y_{i,t}}(t,\boldsymbol{x}_0,\boldsymbol{\xi}_0)]^2
\end{aligned} \tag{7.8}$$

于是，可以得到基于 SAF 的新能源电力系统随机控制模型。

模型 7.2(基于 SAF 的随机控制模型)

$$\min_{\boldsymbol{u}_t^0,\boldsymbol{K}} \mathcal{P}_{\boldsymbol{y}_s^{\mathrm{T}}\boldsymbol{Q}\boldsymbol{y}_s,\boldsymbol{y}_t^{\mathrm{T}}\boldsymbol{Q}_g\boldsymbol{y}_t}(T,\boldsymbol{x}_0,\boldsymbol{\xi}_0) \tag{7.9a}$$

s.t.

$$\mathrm{d}\boldsymbol{\xi}_t = \boldsymbol{\mu}(\boldsymbol{\xi}_t)\mathrm{d}t + \boldsymbol{\sigma}(\boldsymbol{\xi}_t)\mathrm{d}\boldsymbol{W}_t \tag{7.9b}$$

$$\dot{\boldsymbol{x}}_t = \boldsymbol{A}_x \boldsymbol{x}_t + \boldsymbol{A}_u \boldsymbol{u}_t + \boldsymbol{A}_d \boldsymbol{d}_t + \boldsymbol{A}_\xi \boldsymbol{\xi}_t \tag{7.9c}$$

$$\boldsymbol{u}_t = \boldsymbol{u}_t^0 + \boldsymbol{K}\boldsymbol{\xi}_t \tag{7.9d}$$

$$\boldsymbol{y}_t = \boldsymbol{C}_x \boldsymbol{x}_t + \boldsymbol{C}_u \boldsymbol{u}_t + \boldsymbol{C}_\xi \boldsymbol{\xi}_t + \boldsymbol{C}_d \boldsymbol{d}_t + \boldsymbol{y}_t^0 \tag{7.9e}$$

$$\mathcal{P}_{0,y_{i,t}}(t,\boldsymbol{x}_0,\boldsymbol{\xi}_0) \geqslant \underline{y}_{i,t} + \kappa_\gamma \sqrt{\mathcal{P}_{0,y_{i,t}^2}(t,\boldsymbol{x}_0,\boldsymbol{\xi}_0) - [\mathcal{P}_{0,y_{i,t}}(t,\boldsymbol{x}_0,\boldsymbol{\xi}_0)]^2}, \forall i \in C \tag{7.9f}$$

$$\mathcal{P}_{0,y_{i,t}}(t,\boldsymbol{x}_0,\boldsymbol{\xi}_0) \leqslant \overline{y}_{i,t} - \kappa_\gamma \sqrt{\mathcal{P}_{0,y_{i,t}^2}(t,\boldsymbol{x}_0,\boldsymbol{\xi}_0) - [\mathcal{P}_{0,y_{i,t}}(t,\boldsymbol{x}_0,\boldsymbol{\xi}_0)]^2}, \forall i \in C \tag{7.9g}$$

由于 SAF 的存在，该模型是一个随机优化模型。在现有文献中，随机优化问题一般采用基于场景集的方法求解，但该方法相对较为耗时。第六章给出了 SAF 的级数展开求解方法，但该方法针对的是确定性的控制律，需要将其推广到含有参数化控制律的情形。本章第二节和第三节分别给出级数逼近方法和矩优化方法，从不同的角度解决该问题，并将随机控制问题转化为与确定性控制问题规模相似的凸优化问题，从而能够较高效地求解，并得到较好的控制效果。

第二节　随机控制问题的级数展开求解方法

本节给出随机控制问题的级数展开求解方法。该方法直接将第六章所述的给定控制律的级数逼近方法推广到参数化控制律的级数逼近方法，并在此基础上，对目标函数和约束进行级数展开，得到原始的随机控制问题的凸优化模型。最后，该方法的计算复杂度分析表明了级数展开方法相对于现有方法的优势。

一、含有参数化控制律的级数逼近方法

本章的问题与第六章的问题主要区别在于，第六章所讨论问题的控制律是给定的，而本章所讨论的控制律是参数化的控制律。因此，首先给出级数逼近方法的参数化形式。

定理 7.1　由式(6.5)定义的 SAF，即 $v = \mathcal{P}_{\alpha,\beta}$，可以表示为如下 DAF 的收敛级数：

$$v(t,\boldsymbol{x}_0,\boldsymbol{\xi}_0) = \sum_{n=0}^{\infty} \tilde{v}_n(t,\boldsymbol{x}_0,\boldsymbol{\xi}_0) \tag{7.10}$$

其中

$$\tilde{v}_n = \widetilde{\mathcal{P}}_{\alpha_n,\beta_n} = \int_0^t \alpha_n(\tilde{\boldsymbol{y}}_s,\tilde{\boldsymbol{y}}_t)\mathrm{d}s + \beta_n(\tilde{\boldsymbol{y}}_t)$$

$$
\begin{aligned}
&(\alpha_0,\beta_0)=(\alpha,\beta)\\
&(\alpha_{n+1},\beta_{n+1})=\left(\frac{1}{2}\sigma(\tilde{\boldsymbol{\xi}}_s)^{\mathrm{T}}\left[\nabla_{\xi_0}^2\tilde{v}_n\right]\sigma(\tilde{\boldsymbol{\xi}}_s),0\right)\\
&\nabla_{\xi_0}^2\tilde{v}_n=\int_0^t\hat{\boldsymbol{y}}_s^{\mathrm{T}}[\nabla^2\alpha_n]\hat{\boldsymbol{y}}_s\mathrm{d}s+\hat{\boldsymbol{y}}_t^{\mathrm{T}}[\nabla^2\beta_n]\hat{\boldsymbol{y}}_t
\end{aligned}
\tag{7.11}
$$

式中，辅助变量 $\tilde{\boldsymbol{y}}_t$ 为忽略随机性扩散项 $\boldsymbol{\sigma}(\boldsymbol{\xi}_t)$ 的确定性系统，由式(7.12)所描述的常微分方程定义：

$$
\begin{aligned}
&\dot{\tilde{\boldsymbol{\xi}}}_t=\boldsymbol{\mu}(\tilde{\boldsymbol{\xi}}_t)\\
&\dot{\tilde{\boldsymbol{x}}}_t=\boldsymbol{A}_x\tilde{\boldsymbol{x}}_t+(\boldsymbol{A}_\xi+\boldsymbol{A}_u\boldsymbol{K})\tilde{\boldsymbol{\xi}}_t+\boldsymbol{A}_d\boldsymbol{d}_t+\boldsymbol{A}_u u_t^0\\
&\tilde{\boldsymbol{y}}_t=\boldsymbol{C}_x\tilde{\boldsymbol{x}}_t+(\boldsymbol{C}_\xi+\boldsymbol{C}_u\boldsymbol{K})\tilde{\boldsymbol{\xi}}_t+\boldsymbol{C}_d\boldsymbol{d}_t+\boldsymbol{y}_t^0\\
&\tilde{\boldsymbol{\xi}}_0=\boldsymbol{\xi}_0,\tilde{\boldsymbol{x}}_0=\boldsymbol{x}_0
\end{aligned}
\tag{7.12}
$$

而辅助变量 $\hat{\boldsymbol{y}}_t$ 及其对应的 $\hat{\boldsymbol{\xi}}_t$ 和 $\hat{\boldsymbol{x}}_t$ 由式(7.13)的常微分方程定义：

$$
\begin{aligned}
&\dot{\hat{\boldsymbol{\xi}}}_t=\boldsymbol{\mu}_\xi\hat{\boldsymbol{\xi}}_t\\
&\dot{\hat{\boldsymbol{x}}}_t=\boldsymbol{A}_x\hat{\boldsymbol{x}}_t+(\boldsymbol{A}_u\boldsymbol{K}+\boldsymbol{A}_\xi)\hat{\boldsymbol{\xi}}_t\\
&\hat{\boldsymbol{y}}_t=\boldsymbol{C}_x\hat{\boldsymbol{x}}_t+(\boldsymbol{C}_u\boldsymbol{K}+\boldsymbol{C}_\xi)\hat{\boldsymbol{\xi}}_t\\
&\hat{\boldsymbol{\xi}}_0=\boldsymbol{I}_{N_\xi\times N_\xi},\hat{\boldsymbol{x}}_0=\boldsymbol{0}_{N_x\times N_\xi}
\end{aligned}
\tag{7.13}
$$

证明　该证明和定理 6.1、定理 6.2 的证明基本相同，只需要把 $\hat{\boldsymbol{y}}_t$ 的计算方法调整成式(7.13)即可。而该式可以直接由 $\hat{\boldsymbol{y}}_t=\partial\tilde{\boldsymbol{y}}_t/\partial\boldsymbol{\xi}_0$ 得到。该定理与定理 6.2 的主要区别在于其二阶导数 $\nabla_{\xi_0}^2\tilde{v}_n$ 显式考虑了决策变量 $\boldsymbol{u}_t^0$ 和 $\boldsymbol{K}$ 对结果的影响。因此，在参数化控制律下，只需给出 $\tilde{\boldsymbol{\xi}}_t$、$\tilde{\boldsymbol{x}}_t$ 和 $\tilde{\boldsymbol{y}}_t$ 所表征的确定性系统，以及 $\tilde{\boldsymbol{\xi}}_t$、$\tilde{\boldsymbol{x}}_t$ 和 $\tilde{\boldsymbol{y}}_t$ 所构造出的辅助系统与控制参数 $\boldsymbol{u}_t^0$ 和 $\boldsymbol{K}$ 的关系，即可描述 SAF 与控制参数之间的关系，如本节第二部分所述。

二、基于级数展开的凸优化模型及其复杂度

根据级数展开定理 7.1 可以对随机控制问题式(7.9)进行转化，在定理 7.1 中，收敛级数是无穷项，但为了构造可计算的优化问题，需要截取级数展开的前若干项。为了方便，此处仅截取一阶级数展开项，由此造成的模型误差通常可以被反馈控制所消除。

(一)目标函数和机会约束的级数展开

此处首先考虑目标函数。根据式(7.10)和式(7.11)，取一阶级数展开，可以将目标函数写成式(7.14)：

$$J=\tilde{J}_0+\tilde{J}_1 \tag{7.14}$$

其中，$\tilde{J}_0$和$\tilde{J}_1$分别为

$$\tilde{J}_0=\int_0^T \boldsymbol{y}_t^{\mathrm{T}}\boldsymbol{Q}\boldsymbol{y}_t\mathrm{d}t+\boldsymbol{y}_T^{\mathrm{T}}\boldsymbol{Q}_g\boldsymbol{y}_T \tag{7.15}$$

$$\tilde{J}_1=\int_0^T \frac{1}{2}\boldsymbol{\sigma}(\tilde{\boldsymbol{\xi}}_t)^{\mathrm{T}}\boldsymbol{l}_t\boldsymbol{\sigma}(\tilde{\boldsymbol{\xi}}_t)\mathrm{d}t \tag{7.16}$$

其中，$\boldsymbol{l}_t=\nabla_{\boldsymbol{\xi}_0}^2\tilde{J}_0$。根据式(7.11)，可以采用如下方式计算$\boldsymbol{l}_t$：

$$\boldsymbol{l}_t=\int_0^t \hat{\boldsymbol{y}}_s^{\mathrm{T}}\boldsymbol{Q}\hat{\boldsymbol{y}}_s\mathrm{d}s+\hat{\boldsymbol{y}}_t^{\mathrm{T}}\boldsymbol{Q}_g\hat{\boldsymbol{y}}_t \tag{7.17}$$

下面考虑机会约束的一阶级数展开形式。对于一阶矩，显然有$\mathcal{P}_{0,y_{i,t}}(t,\boldsymbol{x}_0,\boldsymbol{\xi}_0)=\mathbb{E}^{\boldsymbol{x}_0,\boldsymbol{\xi}_0}y_{i,t}=\tilde{y}_{i,t}$，因此只需计算出$\tilde{\boldsymbol{y}}_t$，其对应分量为相应约束变量的一阶矩。

下面考虑方差项，根据定理7.1有

$$\mathcal{P}_{0,y_{i,t}^2}(t,\boldsymbol{x}_0,\boldsymbol{\xi}_0)=\tilde{y}_{i,t}^2+\int_0^t\boldsymbol{\sigma}(\tilde{\xi}_s)^{\mathrm{T}}\boldsymbol{\sigma}(\tilde{\xi}_s)\hat{y}_{i,s}^2\mathrm{d}s \tag{7.18}$$

于是，式(7.9f)和式(7.9g)可以写成

$$\begin{aligned}&\tilde{y}_{i,t}\geqslant \underline{y}_{i,t}+\kappa_\gamma\sqrt{\int_0^t\boldsymbol{\sigma}(\tilde{\boldsymbol{\xi}}_s)^{\mathrm{T}}\boldsymbol{\sigma}(\tilde{\boldsymbol{\xi}}_s)\hat{y}_{i,s}^2\mathrm{d}s},\forall i\in C\\&\tilde{y}_{i,t}\leqslant \overline{y}_{i,t}-\kappa_\gamma\sqrt{\int_0^t\boldsymbol{\sigma}(\tilde{\boldsymbol{\xi}}_s)^{\mathrm{T}}\boldsymbol{\sigma}(\tilde{\boldsymbol{\xi}}_s)\hat{y}_{i,s}^2\mathrm{d}s},\forall i\in C\end{aligned} \tag{7.19}$$

(二)凸优化模型

在上述讨论的基础上，可以将目标函数和相应的约束用一阶级数展开后的表达式替代，得到如下的凸优化模型。

模型7.3(基于级数展开的随机控制问题凸优化模型)

SC-series为

$$\min_{\boldsymbol{u}_t^0,\boldsymbol{K}}\tilde{J}_0+\tilde{J}_1 \tag{7.20a}$$

s.t.

$$\tilde{J}_0 \geqslant \int_0^T \boldsymbol{y}_t^{\mathrm{T}} \boldsymbol{Q} \boldsymbol{y}_t \mathrm{d}t + \boldsymbol{y}_T^{\mathrm{T}} \boldsymbol{Q}_g \boldsymbol{y}_T \tag{7.20b}$$

$$\tilde{J}_1 = \int_0^T \frac{1}{2} \boldsymbol{\sigma}(\tilde{\boldsymbol{\xi}}_t)^{\mathrm{T}} \boldsymbol{l}_t \boldsymbol{\sigma}(\tilde{\boldsymbol{\xi}}_t) \mathrm{d}t \tag{7.20c}$$

$$\boldsymbol{l}_t \geqslant \int_0^t \hat{\boldsymbol{y}}_s^{\mathrm{T}} \boldsymbol{Q} \hat{\boldsymbol{y}}_s \mathrm{d}s + \hat{\boldsymbol{y}}_t^{\mathrm{T}} \boldsymbol{Q}_g \hat{\boldsymbol{y}}_t \tag{7.20d}$$

$$\tilde{y}_{i,t} \geqslant \underline{y}_{i,t} + \kappa_\gamma \sqrt{\int_0^t \boldsymbol{\sigma}(\tilde{\boldsymbol{\xi}}_s)^{\mathrm{T}} \boldsymbol{\sigma}(\tilde{\boldsymbol{\xi}}_s) \hat{y}_{i,s}^2 \mathrm{d}s}, \forall i \in C \tag{7.20e}$$

$$\tilde{y}_{i,t} \leqslant \overline{y}_{i,t} - \kappa_\gamma \sqrt{\int_0^t \boldsymbol{\sigma}(\tilde{\boldsymbol{\xi}}_s)^{\mathrm{T}} \boldsymbol{\sigma}(\tilde{\boldsymbol{\xi}}_s) \hat{y}_{i,s}^2 \mathrm{d}s}, \forall i \in C \tag{7.20f}$$

$$\dot{\tilde{\boldsymbol{\xi}}}_t = \boldsymbol{\mu}(\tilde{\boldsymbol{\xi}}_t) \tag{7.20g}$$

$$\dot{\tilde{\boldsymbol{x}}}_t = \boldsymbol{A}_x \tilde{\boldsymbol{x}}_t + (\boldsymbol{A}_\xi + \boldsymbol{A}_u \boldsymbol{K}) \tilde{\xi}_t + \boldsymbol{A}_d \boldsymbol{d}_t + \boldsymbol{A}_u u_t^0 \tag{7.20h}$$

$$\tilde{\boldsymbol{y}}_t = \boldsymbol{C}_x \tilde{\boldsymbol{x}}_t + (\boldsymbol{C}_\xi + \boldsymbol{C}_u \boldsymbol{K}) \tilde{\xi}_t + \boldsymbol{C}_d \boldsymbol{d}_t + \boldsymbol{y}_t^0 \tag{7.20i}$$

$$\tilde{\boldsymbol{\xi}}_0 = \boldsymbol{\xi}_0, \tilde{\boldsymbol{x}}_0 = \boldsymbol{x}_0 \tag{7.20j}$$

$$\dot{\hat{\boldsymbol{\xi}}}_t = \boldsymbol{\mu}_\xi \hat{\boldsymbol{\xi}}_t \tag{7.20k}$$

$$\dot{\hat{\boldsymbol{x}}}_t = \boldsymbol{A}_x \hat{\boldsymbol{x}}_t + (\boldsymbol{A}_u \boldsymbol{K} + \boldsymbol{A}_\xi) \hat{\boldsymbol{\xi}}_t \tag{7.20l}$$

$$\hat{\boldsymbol{y}}_t = \boldsymbol{C}_x \hat{\boldsymbol{x}}_t + (\boldsymbol{C}_u \boldsymbol{K} + \boldsymbol{C}_\xi) \hat{\boldsymbol{\xi}}_t \tag{7.20m}$$

$$\hat{\boldsymbol{\xi}}_0 = \boldsymbol{I}_{N_\xi \times N_\xi}, \quad \hat{\boldsymbol{x}}_0 = \boldsymbol{0}_{N_x \times N_\xi} \tag{7.20n}$$

值得注意的是，在该模型中，式(7.20b)和式(7.20d)是式(7.15)和式(7.17)中的等式松弛后的结果。对于该松弛的精确性，有如下定理成立。

定理 7.2　将式(7.15)和式(7.17)分别替换为式(7.20b)和式(7.20d)，由此得到的优化模型的最优解不变。

证明　只需证明式(7.20)表示的优化问题在最优解处，这两个不等式的等号均成立即可。为此，以式(7.20b)为例，采用反证法，假设在最优解处，目标函数为 J^*，且有 $\tilde{J}_0 > \int_0^T \boldsymbol{y}_t^{\mathrm{T}} \boldsymbol{Q} \boldsymbol{y}_t \mathrm{d}t + \boldsymbol{y}_T^{\mathrm{T}} \boldsymbol{Q}_g \boldsymbol{y}_T$ 成立，则可以构造一组新的解，除变量 $\tilde{J}_0$ 被替换为 $\tilde{J}_0' = \int_0^T \boldsymbol{y}_t^{\mathrm{T}} \boldsymbol{Q} \boldsymbol{y}_t \mathrm{d}t + \boldsymbol{y}_T^{\mathrm{T}} \boldsymbol{Q}_g \boldsymbol{y}_T$ 之外，其他变量均与原最优解的各个变量值

均相同。显然该解仍然为可行解，且 $\tilde{J}_0' < \tilde{J}_0$，因此有 $J' = \tilde{J}_0' + \tilde{J}_1 < J^*$，与 J^* 是最优解矛盾，于是原定理得证。式(7.20d)的等号成立的证明也是类似的。

最后，可以给出式(7.20)的凸性的证明。

定理 7.3　由式(7.20)所给出的以 $\boldsymbol{u}_t^0$ 和 $\boldsymbol{K}$ 为决策变量的优化模型是凸优化模型。

证明　首先，根据式(7.20g)和式(7.20k)可以看出，$\tilde{\boldsymbol{\xi}}_t$ 和 $\hat{\boldsymbol{\xi}}_t$ 的值和决策变量 $\boldsymbol{u}_t^0$、$\boldsymbol{K}$ 无关，因此在优化过程中可以看作已知量。在此基础上，式(7.20b)和式(7.20d)均为凸二次约束，式(7.20e)和式(7.20f)均为二阶锥约束，而其余约束则为线性约束。因此，式(7.20)的所有约束均为凸约束。而式(7.20)的目标函数在式(7.20a)下为线性目标函数，因此该模型是一个凸优化模型。

(三) 复杂度分析

式(7.20)所述的随机控制模型是一个凸优化模型，因此可以使用商业化的求解器，如 CPLEX[133]、MOSEK[134]进行求解。下面讨论该方法的计算复杂度。凸优化问题的求解时间与其变量和约束的数量正相关，例如，线性规划的 KarmarKar 算法的计算复杂度为 $O(n^{3.5}L^2)$，其中，n 为变量数量，L 是把线性规划问题输入计算机所需要的二进制代码长度[135]。因此，这里通过讨论该凸优化模型的变量和约束的数量，来说明其求解的复杂度。

在讨论复杂度的时候，用于对比的算法是确定性控制(deterministic control，DC)方法、模型预测控制(model predictive control，MPC)方法和基于场景集随机优化(scenario-based stochastic programming，SBSP)方法。DC 方法完全不考虑随机性，只根据预测值求出确定性控制律，或者说，DC 方法等价于在本方法中令 $\sigma=0$ 时得到的控制律。此时因为没有随机性，所以无须考虑修正项 $\hat{\boldsymbol{\xi}}_t$、$\hat{\boldsymbol{x}}_t$ 和 $\hat{\boldsymbol{y}}_t$ 等。在 DC 方法中，无须考虑式(7.20d)、式(7.20e)、式(7.20l)～式(7.20n)，只需要考虑式(7.20c)和式(7.20f)～式(7.20j)即可。MPC 方法在每次计算的时候都采用确定性控制的方法，不考虑随机性，但在每个控制周期都会重新计算控制律，利用滚动优化消除随机性带来的影响。SBSP 方法则将随机性分成多个场景，每个场景均可看作一个确定性系统，再将多个场景联合成一个(含有更多变量)确定性优化问题，以便求解。表 7.1 和表 7.2 分别给出了各种方法的变量数量和约束数量。其中 N_x、N_y 和 N_ξ 分别为变量 $\boldsymbol{x}_t$、$\boldsymbol{y}_t$ 和 $\boldsymbol{\xi}_t$ 的维数，N_t 是按时间离散化得到的控制周期的长度，N_p 为 MPC 的预测步长，N_s 为 SBSP 的场景数量，N_c 为优化问题的不等式约束数量。

表 7.1　各种求解方法的变量数量

变量	SC-series	DC	MPC	SBSP
$\tilde{\boldsymbol{x}}_t, \tilde{\boldsymbol{y}}_t$	$(N_x+N_y)N_t$	$(N_x+N_y)N_t$	$(N_x+N_y)N_tN_p$	$(N_x+N_y)N_tN_s$
$\hat{\boldsymbol{x}}_t, \hat{\boldsymbol{y}}_t$	$(N_x+N_y)N_\xi N_t$	0	0	0
$\boldsymbol{l}_t$	N_t	0	0	0
总计	$(N_x+N_y)N_t(N_\xi+1)+N_t$	$(N_x+N_y)N_t$	$(N_x+N_y)N_tN_p$	$(N_x+N_y)N_tN_s$

表 7.2　各种求解方法的约束数量

约束	SC-series	DC
式(7.20i)、式(7.20j)	$(N_x+N_y)N_t$	$(N_x+N_y)N_t$
式(7.20m)、式(7.20n)	$(N_x+N_y)N_\xi N_t$	0
式(7.20f)、式(7.20g)	$2N_cN_t$	$2N_cN_t$
式(7.20e)	N_t	0
总计	$(N_x+N_y)N_t(N_\xi+1)+(2N_c+1)N_t$	$(N_x+N_y+2N_c)N_t$

约束	MPC	SBSP
式(7.20i)、式(7.20j)	$(N_x+N_y)N_tN_p$	$(N_x+N_y)N_tN_s$
式(7.20m)、式(7.20n)	0	0
式(7.20f)、式(7.20g)	$2N_cN_tN_p$	$2N_cN_tN_s$
式(7.20e)	0	0
总计	$(N_x+N_y+2N_c)N_tN_p$	$(N_x+N_y+2N_c)N_tN_s$

可以发现，所提方法的变量数和约束数大约为 DC 方法的 N_ξ 倍。作为对比，MPC 方法和 SBSP 方法的变量数和约束数分别为 DC 方法的 N_p 倍和 N_s 倍。值得注意的是，如果仅考虑新能源电力系统中起主导作用的随机性(如较大规模的集中性新能源出力等)，N_ξ 通常远小于 N_p 和 N_s。因此，本节提出的 SC-series 是一种较为高效的算法。

第三节　随机控制问题的矩优化求解方法

本章第二节给出的级数展开方法虽然能够有效处理式(7.9)所述的随机控制问题，但该模型的构建过程较为复杂，主要体现在展开项 $\tilde{J}_1$ 的式(7.16)中仍然含有决策变量，问题无法最大限度地被解耦。为了解决该问题，本节提出了改进的矩优化求解方法，该方法将含有参数化控制律的 SAF 分解为系统变量的一阶矩和二阶矩的函数，以便将控制律的部分和随机性的部分分离。

基于矩优化方法，可以首先评估随机性的二阶矩，进而评估系统变量的一阶矩和二阶矩，并将随机控制问题转化为针对系统输出变量的一阶矩和二阶矩的凸优化问题。与本章第二节的级数逼近方法的主要区别在于，本节中随机性和控制变量在计算时可以分离，因此无须在级数展开中引入控制变量，而只需利用级数逼近方法评估给定的随机过程的统计信息，从而最大限度地在控制问题求解之前，分离随机性对控制决策的影响，降低优化问题的构建与求解难度。

一、SAF 的矩描述

为了引出 SAF 的一阶矩和二阶矩描述，首先进行如下变换：

$$\mathcal{P}_{\alpha,\beta}(t,\boldsymbol{x}_0,\boldsymbol{\xi}_0)=\mathbb{E}^{\boldsymbol{x}_0,\boldsymbol{\xi}_0}\left[\int_0^t \alpha(\boldsymbol{y}_s)\mathrm{d}s+\beta(\boldsymbol{y}_t)\right]=\int_0^t \mathbb{E}^{\boldsymbol{x}_0,\boldsymbol{\xi}_0}\alpha(\boldsymbol{y}_s)\mathrm{d}s+\mathbb{E}^{\boldsymbol{x}_0,\boldsymbol{\xi}_0}\beta(\boldsymbol{y}_t) \quad (7.21)$$

由此可见，问题的核心在于求函数 $\alpha(\boldsymbol{y}_s)$ 和 $\beta(\boldsymbol{y}_t)$ 的期望值。注意到，SAF 中的 α 和 β 都是 $\boldsymbol{y}_t$ 的二次函数，以目标函数式(7.9a)中的 $\alpha(\boldsymbol{y}_t)=\boldsymbol{y}_t^{\mathrm{T}}\boldsymbol{Q}\boldsymbol{y}_t$ 为例，考虑其期望值的求解。由于 $\boldsymbol{Q}$ 是对角矩阵，显然有如下结果：

$$\mathbb{E}^{\boldsymbol{x}_0,\boldsymbol{\xi}_0}(\boldsymbol{y}_t^{\mathrm{T}}\boldsymbol{Q}\boldsymbol{y}_t)=\tilde{\boldsymbol{y}}_t^{\mathrm{T}}\boldsymbol{Q}\tilde{\boldsymbol{y}}_t+\hat{\boldsymbol{y}}_t^{\mathrm{T}}\boldsymbol{Q}\hat{\boldsymbol{y}}_t \quad (7.22)$$

其中，$\tilde{\boldsymbol{y}}_t=\mathbb{E}\boldsymbol{y}_t$ 为 $\boldsymbol{y}_t$ 的一阶矩，这与本章第二节中相同。而 $\hat{\boldsymbol{y}}_t=\sqrt{\mathrm{var}(\boldsymbol{y}_t)}$ 为 $\boldsymbol{y}_t$ 各项的标准差，取决于 $\boldsymbol{y}_t$ 的方差(即二阶中心矩)。注意此处的 $\hat{\boldsymbol{y}}_t$ 和本章第二节中的 $\hat{\boldsymbol{y}}_t$ 含义并不相同：本节中的 $\hat{\boldsymbol{y}}_t$ 表示 $\boldsymbol{y}_t$ 的方差，具有清晰的统计意义；本章第二节中的 $\hat{\boldsymbol{y}}_t$ 仅是为了方便计算构造出的辅助变量，不可混淆。

矩优化的主要思路是将原始的随机优化问题转化为一阶矩和二阶矩的优化问题，具体来说，转化为只包含 $\tilde{\boldsymbol{x}}_t$、$\tilde{\boldsymbol{y}}_t$ 等一阶矩形式和 $\hat{\boldsymbol{x}}_t$、$\hat{\boldsymbol{y}}_t$ 等标准差形式的优化问题。尽管 $\boldsymbol{x}_t$、$\boldsymbol{y}_t$ 等变量含有随机性，但其一阶矩和二阶矩均为确定性的统计量，因此由一阶矩和二阶矩构造的优化问题为确定性优化问题。

对于 $\tilde{\boldsymbol{y}}_t$，可以根据式(7.12)求解，其结果只和决策变量 $\boldsymbol{u}_t^0$ 和 $\boldsymbol{K}$ 有关，而不含随机性。因此，只要求得 $\tilde{\boldsymbol{y}}_t$ 的表达式，即可得到 SAF 的表达式。然而，$\tilde{\boldsymbol{y}}_t$ 既取决于系统的随机特性 $\boldsymbol{\sigma}(\boldsymbol{\xi}_t)$，又取决于决策变量 $\boldsymbol{u}_t^0$ 和 $\boldsymbol{K}$，因此求解上较为困难。下面考虑如何将 $\hat{\boldsymbol{y}}_t$ 表示成决策变量的线性表达式。

二、标准差项的求解

(一)状态变量的偏差项求解

此处考虑 $\hat{\boldsymbol{y}}_t$ 的求解。由于 $\boldsymbol{y}_t$ 与 $\boldsymbol{x}_t$ 相关，所以首先考虑状态变量 $\boldsymbol{x}_t$。为此，令

$\Delta\boldsymbol{x}_t = \boldsymbol{x}_t - \tilde{\boldsymbol{x}}_t$，由此，根据式(7.9d)、式(7.9e)和式(7.12)可以得到

$$\Delta\dot{\boldsymbol{x}}_t = \boldsymbol{A}_x\Delta\boldsymbol{x}_t + (\boldsymbol{A}_\xi + \boldsymbol{A}_u\boldsymbol{K})\Delta\boldsymbol{\xi}_t \tag{7.23}$$

其中，$\Delta\boldsymbol{\xi}_t = \boldsymbol{\xi}_t - \tilde{\boldsymbol{\xi}}_t$，且有 $\Delta\boldsymbol{x}_0 = \boldsymbol{x}_0 - \tilde{\boldsymbol{x}}_0 = \boldsymbol{0}$。

式(7.23)表明，$\Delta\boldsymbol{x}_t$ 满足一个包含待定决策变量 $\boldsymbol{K}$ 和随机量 $\Delta\boldsymbol{\xi}_t$ 的微分方程。由于微分方程的形式不便于表达 $\Delta\boldsymbol{x}_t$ 和 $\boldsymbol{K}$ 之间的关系，需要将式(7.23)转化为代数形式。为此，注意到非齐次项 $(\boldsymbol{A}_\xi + \boldsymbol{A}_u\boldsymbol{K})\Delta\boldsymbol{\xi}_t$ 与决策变量 $\boldsymbol{K}$ 之间是仿射关系。因此，可以构造辅助的随机过程，以表达 $\Delta\boldsymbol{x}_t$ 和 $\boldsymbol{K}$ 之间的仿射关系。

定理 7.4　针对 $\Delta\boldsymbol{x}_t$，有如下等式成立：

$$\Delta\boldsymbol{x}_t = \boldsymbol{\varepsilon}_t + \sum_{i=1}^{N_\mu}\sum_{j=1}^{N_\xi} K_{ij}\boldsymbol{\eta}_{ij,t} \tag{7.24}$$

其中，$\boldsymbol{\varepsilon}_t$ 和 $\boldsymbol{\eta}_{ij,t}$ 分别由如下微分方程定义：

$$\begin{aligned} \dot{\boldsymbol{\varepsilon}}_t &= \boldsymbol{A}_x\boldsymbol{\varepsilon}_t + \boldsymbol{A}_\xi\Delta\boldsymbol{\xi}_t \\ \dot{\boldsymbol{\eta}}_{ij,t} &= \boldsymbol{A}_x\boldsymbol{\eta}_{ij,t} + \boldsymbol{A}_u\boldsymbol{E}_{ij}\Delta\boldsymbol{\xi}_t \end{aligned} \tag{7.25}$$

式中，$\boldsymbol{\varepsilon}_t$ 和 $\boldsymbol{\eta}_{ij,t}$ 的初值均为零；$\boldsymbol{E}_{ij}$ 为一个 $N_\mu \times N_\xi$ 的矩阵，其第 i 行第 j 列为 1，其余元素均为零。

证明　由叠加原理可知，式(7.24)所表示的 $\Delta\boldsymbol{x}_t$ 满足如下微分方程：

$$\Delta\dot{\boldsymbol{x}}_t = \boldsymbol{A}_x\Delta\boldsymbol{x}_t + \left(\boldsymbol{A}_\xi + \boldsymbol{A}_u\sum_{i=1}^{N_\mu}\sum_{j=1}^{N_\xi} K_{ij}\boldsymbol{E}_{ij}\right)\Delta\boldsymbol{\xi}_t \tag{7.26}$$

显然有 $\boldsymbol{K} = \sum_{i=1}^{N_\mu}\sum_{j=1}^{N_\xi} K_{ij}\boldsymbol{E}_{ij}$，因此 $\Delta\boldsymbol{x}_t$ 满足定义式(7.23)，定理得证。

可以将式(7.24)和式(7.25)写成紧凑的形式，为此，定义 $\boldsymbol{\eta}_t$ 为所有 $\boldsymbol{\eta}_{ij,t}$ 形成的列向量，即

$$\boldsymbol{\eta}_t = \left[\boldsymbol{\eta}_{11,t}^{\mathrm{T}},\cdots,\boldsymbol{\eta}_{1N_\xi,t}^{\mathrm{T}}\boldsymbol{\eta}_{21,t}^{\mathrm{T}},\cdots,\boldsymbol{\eta}_{N_uN_\xi,t}^{\mathrm{T}}\right]^{\mathrm{T}} \tag{7.27}$$

并定义辅助矩阵 $\boldsymbol{A}_x'$、$\boldsymbol{K}'$ 和 $\boldsymbol{A}_u'$ 为

$$\boldsymbol{A}_x' = \begin{bmatrix} \boldsymbol{A}_x & & & \\ & \boldsymbol{A}_x & & \\ & & \ddots & \\ & & & \boldsymbol{A}_x \end{bmatrix}$$

$$\boldsymbol{K}' = \begin{bmatrix} K_{11} & & K_{12} & & \cdots & K_{N_u N_\xi} & \\ & \ddots & & \ddots & \vdots & & \ddots \\ & K_{11} & & K_{12} & \cdots & & K_{N_u N_\xi} \end{bmatrix}$$

$$\boldsymbol{A}_u' = \begin{bmatrix} \boldsymbol{A}_u \boldsymbol{E}_{11} \\ \boldsymbol{A}_u \boldsymbol{E}_{12} \\ \vdots \\ \boldsymbol{A}_u \boldsymbol{E}_{N_x N_\xi} \end{bmatrix} \tag{7.28}$$

由此，可以得到

$$\begin{aligned} \dot{\boldsymbol{\varepsilon}}_t &= \boldsymbol{A}_x \boldsymbol{\varepsilon}_t + \boldsymbol{A}_\xi \Delta \boldsymbol{\xi}_t \\ \dot{\boldsymbol{\eta}}_t &= \boldsymbol{A}_x' \boldsymbol{\eta}_t + \boldsymbol{A}_u' \Delta \boldsymbol{\xi}_t \\ \Delta \boldsymbol{x}_t &= \boldsymbol{\varepsilon}_t + \boldsymbol{K}' \boldsymbol{\eta}_t \end{aligned} \tag{7.29}$$

由此，基于辅助变量 $\boldsymbol{\varepsilon}_t$ 和 $\boldsymbol{\eta}_t$，给出了 $\Delta \boldsymbol{x}_t$ 的代数表达式。在此基础上，可以进一步考虑 $\Delta \boldsymbol{y}_t = \boldsymbol{y}_t - \tilde{\boldsymbol{y}}_t$ 与决策变量 $\boldsymbol{K}$ 的关系，以便给出 $\hat{\boldsymbol{y}}_t$ 的表达式。

(二) 输出变量的偏差和标准差表达式

基于式(7.29)，进一步考虑 $\Delta \boldsymbol{y}_t = \boldsymbol{y}_t - \tilde{\boldsymbol{y}}_t$，即

$$\begin{aligned} \Delta \boldsymbol{y}_t &= \boldsymbol{C}_x \Delta \boldsymbol{x}_t + (\boldsymbol{C}_\xi + \boldsymbol{C}_u \boldsymbol{K}) \Delta \boldsymbol{\xi}_t \\ &= \boldsymbol{C}_x \boldsymbol{\varepsilon}_t + \boldsymbol{C}_x \boldsymbol{K}' \boldsymbol{\eta}_t + (\boldsymbol{C}_\xi + \boldsymbol{C}_u \boldsymbol{K}) \Delta \boldsymbol{\xi}_t \end{aligned} \tag{7.30}$$

上述结果可以写成更紧凑的形式：

$$\Delta \boldsymbol{y}_t = \begin{bmatrix} \boldsymbol{C}_x & \boldsymbol{C}_x \boldsymbol{K}' & \boldsymbol{C}_\xi + \boldsymbol{C}_u \boldsymbol{K} \end{bmatrix} \begin{bmatrix} \boldsymbol{\varepsilon}_t \\ \boldsymbol{\eta}_t \\ \Delta \boldsymbol{\xi}_t \end{bmatrix} \tag{7.31}$$

由式(7.31)可以看出，$\Delta \boldsymbol{y}_t$ 可以拆分成两部分的乘积，第一部分仅和控制律相关，即 $[\boldsymbol{C}_x \quad \boldsymbol{C}_x \boldsymbol{K}' \quad \boldsymbol{C}_\xi + \boldsymbol{C}_u \boldsymbol{K}]$；第二部分仅和随机性相关，即 $[\boldsymbol{\varepsilon}_t \quad \boldsymbol{\eta}_t \quad \Delta \boldsymbol{\xi}_t]^{\mathrm{T}}$。值得注意的是，第二部分的随机量满足如下随机微分方程：

$$\mathrm{d} \begin{bmatrix} \boldsymbol{\varepsilon}_t \\ \boldsymbol{\eta}_t \\ \Delta \boldsymbol{\xi}_t \end{bmatrix} = \begin{bmatrix} \boldsymbol{A}_x & 0 & \boldsymbol{A}_\xi \\ 0 & \boldsymbol{A}_x' & \boldsymbol{A}_u' \\ 0 & 0 & \boldsymbol{\mu}_\xi \end{bmatrix} \begin{bmatrix} \boldsymbol{\varepsilon}_t \\ \boldsymbol{\eta}_t \\ \Delta \boldsymbol{\xi}_t \end{bmatrix} \mathrm{d}t + \begin{bmatrix} 0 \\ 0 \\ \boldsymbol{\sigma}(\boldsymbol{\xi}_t) \end{bmatrix} \mathrm{d} \boldsymbol{W}_t \tag{7.32}$$

因此，这些随机量仍为伊藤过程，可以用第六章所述的级数逼近方法(参考表 6.2 中的表达方式)，或直接通过蒙特卡罗仿真的方法[参考式(5.12)的离散模拟过程]，得到这些随机量的协方差矩阵：

$$\mathcal{M}=\begin{bmatrix}\mathbb{E}\boldsymbol{\varepsilon}_t^{\mathrm{T}}\boldsymbol{\varepsilon}_t & \mathbb{E}\boldsymbol{\varepsilon}_t^{\mathrm{T}}\boldsymbol{\eta}_t & \mathbb{E}\boldsymbol{\varepsilon}_t^{\mathrm{T}}\Delta\boldsymbol{\xi}_t \\ \mathbb{E}\boldsymbol{\eta}_t^{\mathrm{T}}\boldsymbol{\varepsilon}_t & \mathbb{E}\boldsymbol{\eta}_t^{\mathrm{T}}\boldsymbol{\eta}_t & \mathbb{E}\boldsymbol{\eta}_t^{\mathrm{T}}\Delta\boldsymbol{\xi}_t \\ \mathbb{E}\Delta\boldsymbol{\xi}_t^{\mathrm{T}}\boldsymbol{\varepsilon}_t & \mathbb{E}\Delta\boldsymbol{\xi}_t^{\mathrm{T}}\boldsymbol{\eta}_t & \mathbb{E}\Delta\boldsymbol{\xi}_t^{\mathrm{T}}\Delta\boldsymbol{\xi}_t\end{bmatrix} \tag{7.33}$$

特别值得注意的是，该协方差矩阵与决策变量 $\boldsymbol{u}_t^0$ 和 $\boldsymbol{K}$ 均无关，因此可以在求解优化问题之前求解，并在优化问题中作为已知量出现。这和本章第二节的级数逼近方法并不相同，在第二节中，求级数展开项 $\tilde{J}_1$ 的式(7.16)中仍然含有决策变量。因此，本方法可以大幅度地降低优化模型的构建与求解难度。在协方差矩阵的基础上，可以最终给出 $\hat{\boldsymbol{y}}_t$ 的表达式。

定理 7.5　假设协方差矩阵 $\mathcal{M}$ 可以分解为 $\mathcal{M}=\mathcal{R}\mathcal{R}^{\mathrm{T}}$，则 $\boldsymbol{y}_t$ 的标准差为

$$\hat{\boldsymbol{y}}_t=\left|[\boldsymbol{C}_x \quad \boldsymbol{C}_x\boldsymbol{K}' \quad \boldsymbol{C}_\xi+\boldsymbol{C}_u\boldsymbol{K}]\mathcal{R}\right| \tag{7.34}$$

其中，$|\cdot|$ 表示逐项求绝对值。

证明　由式(7.31)可以得到

$$\Delta\boldsymbol{y}_t\Delta\boldsymbol{y}_t^{\mathrm{T}}=\begin{bmatrix}\boldsymbol{C}_x & \boldsymbol{C}_x\boldsymbol{K}' & \boldsymbol{C}_\xi+\boldsymbol{C}_u\boldsymbol{K}\end{bmatrix}\begin{bmatrix}\boldsymbol{\varepsilon}_t\\ \boldsymbol{\eta}_t\\ \Delta\boldsymbol{\xi}_t\end{bmatrix}\begin{bmatrix}\boldsymbol{\varepsilon}_t^{\mathrm{T}} & \boldsymbol{\eta}_t^{\mathrm{T}} & \Delta\boldsymbol{\xi}_t^{\mathrm{T}}\end{bmatrix}\begin{bmatrix}\boldsymbol{C}_x^{\mathrm{T}}\\ (\boldsymbol{C}_x\boldsymbol{K}')^{\mathrm{T}}\\ (\boldsymbol{C}_\xi+\boldsymbol{C}_u\boldsymbol{K})^{\mathrm{T}}\end{bmatrix}^{\mathrm{T}} \tag{7.35}$$

两边同时取期望则有

$$\mathbb{E}\Delta\boldsymbol{y}_t\Delta\boldsymbol{y}_t^{\mathrm{T}}=\begin{bmatrix}\boldsymbol{C}_x & \boldsymbol{C}_x\boldsymbol{K}' & \boldsymbol{C}_\xi+\boldsymbol{C}_u\boldsymbol{K}\end{bmatrix}\mathcal{R}\mathcal{R}^{\mathrm{T}}\begin{bmatrix}\boldsymbol{C}_x^{\mathrm{T}}\\ (\boldsymbol{C}_x\boldsymbol{K}')^{\mathrm{T}}\\ (\boldsymbol{C}_\xi+\boldsymbol{C}_u\boldsymbol{K})^{\mathrm{T}}\end{bmatrix}^{\mathrm{T}} \tag{7.36}$$

式(7.36)为半正定矩阵，其对角元均为平方值，因此，取其对角元的平方根，即可得到式(7.34)。

三、矩优化模型及其复杂度

这里给出新能源电力系统随机控制问题的矩优化模型，并讨论其复杂度。此外，这里还讨论了对于一些非线性环节的处理方法。

由上述讨论，可以得到如下的矩优化模型。

模型 7.4（基于矩优化的随机控制问题凸优化模型）

SC-moment 为

$$\min_{\boldsymbol{u}_t^0, \boldsymbol{K}} \int_0^T \left(\tilde{\boldsymbol{y}}_t^{\mathrm{T}} \boldsymbol{Q} \tilde{\boldsymbol{y}}_t + \hat{\boldsymbol{y}}_t^{\mathrm{T}} \boldsymbol{Q} \hat{\boldsymbol{y}}_t \right) \mathrm{d}t + \tilde{\boldsymbol{y}}_T^{\mathrm{T}} \boldsymbol{Q}_g \tilde{\boldsymbol{y}}_T + \hat{\boldsymbol{y}}_T^{\mathrm{T}} \boldsymbol{Q}_g \hat{\boldsymbol{y}}_T \tag{7.37a}$$

s.t.

$$\underline{\boldsymbol{y}}_t + \kappa_\gamma \hat{\boldsymbol{y}}_t \leqslant \tilde{\boldsymbol{y}}_t \leqslant \overline{\boldsymbol{y}}_t - \kappa_\gamma \hat{\boldsymbol{y}}_t \tag{7.37b}$$

$$\dot{\tilde{\boldsymbol{\xi}}}_t = \boldsymbol{\mu}(\tilde{\boldsymbol{\xi}}_t) \tag{7.37c}$$

$$\dot{\tilde{\boldsymbol{x}}}_t = \boldsymbol{A}_x \tilde{\boldsymbol{x}}_t + (\boldsymbol{A}_\xi + \boldsymbol{A}_u \boldsymbol{K}) \tilde{\boldsymbol{\xi}}_t + \boldsymbol{A}_d \boldsymbol{d}_t + \boldsymbol{A}_u \boldsymbol{u}_t^0 \tag{7.37d}$$

$$\tilde{\boldsymbol{y}}_t = \boldsymbol{C}_x \tilde{\boldsymbol{x}}_t + (\boldsymbol{C}_\xi + \boldsymbol{C}_u \boldsymbol{K}) \tilde{\boldsymbol{\xi}}_t + \boldsymbol{C}_d \boldsymbol{d}_t + \boldsymbol{y}_t^0 \tag{7.37e}$$

$$\tilde{\boldsymbol{\xi}}_0 = \boldsymbol{\xi}_0, \tilde{\boldsymbol{x}}_0 = \boldsymbol{x}_0 \tag{7.37f}$$

$$\hat{\boldsymbol{y}}_t \geqslant \left| [\boldsymbol{C}_x \quad \boldsymbol{C}_x \boldsymbol{K}' \quad \boldsymbol{C}_\xi + \boldsymbol{C}_u \boldsymbol{K}] \mathcal{R} \right| \tag{7.37g}$$

其中，式(7.37a)是目标函数的一阶矩和二阶矩形式，可由式(7.22)得到；式(7.37b)是机会约束的表达式；式(7.37c)～式(7.37f)是一阶矩的表达式，与级数展开方法[式(7.20j)～式(7.20m)]中相同；式(7.37g)是式(7.34)的二阶锥松弛，类似于定理7.2，该松弛也是精确松弛。在该凸优化模型中，不再显式出现各个随机变量，只出现这些变量的一阶矩和二阶矩形式，因此这是一个确定性凸优化问题，可以利用商业化求解器进行求解。

类似于本章第二节的复杂度分析，此处简要分析所提矩优化方法的复杂度。可以看出，与确定性控制的优化模型相比，该矩优化模型多出了 $\hat{\boldsymbol{y}}_t$ 项，然而，该变量的维度与 $\boldsymbol{y}_t$ 相同，因此，该矩优化问题的变量数不会超过确定性控制问题的优化模型的变量数的两倍。与表 7.1 和表 7.2 进行对比，也可以看出本方法的高效性。

四、一些非线性或非凸环节的处理

第六章第三节讨论了如何在时域分析中考虑非线性环节，这里进一步讨论如何在随机控制的矩优化模型中考虑常见的非线性和非凸环节。尽管第六章已经说明了级数逼近方法可以用于非线性系统中，但这里更加关注如何将这些非线性部分构建为凸优化模型。事实上，在确定性优化和控制问题中，一些非线性环节可以进行精确凸松弛，如辐射型电网的交流支路潮流模型。因此，如何将这些非线性环节纳入矩优化模型中，同时保持其凸性，是值得研究的问题。

（一）交流支路潮流模型

文献[119]给出了交流潮流的支路潮流模型（branch flow model），该模型在配电网下可以精确松弛为凸模型。这里讨论在含有随机性时，该模型如何转化为可精确松弛的模型。

支路潮流模型的具体形式可参考式（6.2g）～式（6.2j）。此处复述其唯一的非线性部分[式（6.2j）]：

$$l_{ij,t}v_{i,t}=P_{ij,t}^2+Q_{ij,t}^2 \tag{7.38}$$

对公式两边分别取期望，可以得到

$$\tilde{l}_{ij,t}\tilde{v}_{i,t}+\operatorname{cov}(l_{ij,t},v_{i,t})=\tilde{P}_{ij,t}^2+\tilde{Q}_{ij,t}^2+\hat{P}_{ij,t}^2+\hat{Q}_{ij,t}^2 \tag{7.39}$$

为了得到可以凸松弛的表达式，需要注意到如下关系式：

$$\operatorname{cov}(l_{ij,t},v_{i,t})\leqslant 2\frac{\hat{v}_{i,t}/\tilde{v}_{i,t}}{\hat{P}_{ij,t}/\left|\tilde{P}_{ij,t}\right|}\hat{P}_{ij,t}^2+2\frac{\hat{v}_{i,t}/\tilde{v}_{i,t}}{\hat{Q}_{ij,t}/\left|\tilde{Q}_{ij,t}\right|}\hat{Q}_{ij,t}^2 \tag{7.40}$$

式（7.40）的证明可参考附录 C 第四节。根据式（7.40），其中的$\dfrac{\hat{v}_{i,t}/\tilde{\boldsymbol{v}}_{i,t}}{\hat{P}_{ij,t}/\left|\tilde{P}_{ij,t}\right|}$可以被解释为电压 $v_{i,t}$ 的相对波动对功率 $P_{ij,t}$ 的相对波动的灵敏度。然而，在实际应用中，电压只能在额定值附近波动，而支路功率则取决于负载水平，其取值可能为零到额定值。因此，电压的相对波动范围远小于支路功率的相对波动范围。对于$\dfrac{\hat{v}_{i,t}/\tilde{v}_{i,t}}{\hat{Q}_{ij,t}/\left|\tilde{Q}_{ij,t}\right|}$也有相同的结论成立，因此有

$$\operatorname{cov}(l_{ij,t},v_{i,t})\ll\hat{P}_{ij,t}^2+\hat{Q}_{ij,t}^2 \tag{7.41}$$

于是，式（7.39）可以近似为

$$\tilde{l}_{ij,t}\tilde{v}_{i,t}=\tilde{P}_{ij,t}^2+\tilde{Q}_{ij,t}^2+\hat{P}_{ij,t}^2+\hat{Q}_{ij,t}^2 \tag{7.42}$$

而式（7.42）与式（7.38）在形式上几乎完全相同，因此可以采用和文献[119]相同的松弛技巧，得到如下凸二阶锥约束：

$$\tilde{l}_{ij,t} + \tilde{v}_{i,t} \geqslant \left\| \begin{matrix} 2\tilde{P}_{ij,t} \\ 2\tilde{Q}_{ij,t} \\ 2\hat{P}_{ij,t} \\ 2\hat{Q}_{ij,t} \\ \tilde{l}_{ij,t} - \tilde{v}_{i,t} \end{matrix} \right\|_2 \tag{7.43}$$

此外，采用与文献[115]相同的方法，可以证明该松弛为精确松弛，此处不再赘述。

以上得到了该非线性约束的一阶矩的表达式，下面考虑 $\hat{P}_{ij,t}$ 和 $\hat{Q}_{ij,t}$ 所满足的表达式。由于非线性函数的二阶矩计算较为复杂，为了避免在计算过程中引入更高阶矩，此处采用如下线性化的 DistFlow 模型：

$$\begin{aligned} p_{j,t} &= P_{jk,t} + \sum_{i:i\to j} P_{ij,t} + g_v j,t \\ q_{j,t} &= Q_{jk,t} + \sum_{i:i\to j} Q_{ij,t} + b_v j,t \\ v_{j,t} &= v_{i,t} - 2(r_{ij}P_{ij,t} + x_{ij}Q_{ij,t}) \end{aligned} \tag{7.44}$$

该模型的有效性在文献[136]、[137]中均得到了验证。采用该模型，可以按照定理 7.5 中的方法计算出标准差项 $\hat{P}_{ij,t}$ 和 $\hat{Q}_{ij,t}$。值得注意的是，此处采用了线性的模型对标准差项进行计算，而期望值项仍然是采用原始的非线性模型。该方法的合理性在于，一阶矩表达的是期望值，因此采用原始的非线性模型更为准确；而二阶矩表达的是随机量与期望值的误差，而误差项通常较小，因此可以采用线性模型近似计算。

由此，通过上述处理，交流潮流的 DistFlow 模型即可纳入矩优化模型中，且不会影响到模型的凸性。

(二) 非二次目标函数

在工程应用中，目标函数有可能是非二次函数，如绝对值函数。其中，一部分目标函数尽管不是二次函数，但仍然是凸函数，因此在确定性优化和控制问题中可以采用凸优化的方法进行求解。然而，在随机优化的矩优化方法中，这些非二次目标函数相对难以处理。这里将提供一种近似方法，以便将非二次目标函数纳入矩优化模型中。

具体来说，这里讨论如下目标函数的求解问题：

$$\min J = \mathbb{E}\int_0^T f(\boldsymbol{y}_t)\mathrm{d}t + g(\boldsymbol{y}_T) \tag{7.45}$$

此处以 $f(\boldsymbol{y}_t)$ 为例，讨论其处理方法。将 $f(\boldsymbol{y}_t)$ 在期望值附近做如下二阶泰勒展开：

$$f(\boldsymbol{y}_t) = f(\tilde{\boldsymbol{y}}_t) + (\boldsymbol{y}_t - \tilde{\boldsymbol{y}}_t)^{\mathrm{T}}[\nabla^2 f](\boldsymbol{y}_t - \tilde{\boldsymbol{y}}_t) \tag{7.46}$$

此处希望找到合适的矩阵 $\boldsymbol{Q}$，使得如下近似在期望的意义下成立：

$$\mathbb{E}f(\boldsymbol{y}_t) \approx f(\tilde{\boldsymbol{y}}_t) + \mathbb{E}(\boldsymbol{y}_t - \tilde{\boldsymbol{y}}_t)^{\mathrm{T}}\boldsymbol{Q}(\boldsymbol{y}_t - \tilde{\boldsymbol{y}}_t) \tag{7.47}$$

此时，即可将式(7.47)应用于矩优化模型中。值得注意的是，这并不是函数 $f(\boldsymbol{y}_t)$ 的二次函数近似，因为 $\tilde{\boldsymbol{y}}_t$ 仍为矩优化模型中的变量，而 $f(\tilde{\boldsymbol{y}}_t)$ 并非二次函数。事实上，该表达式与交流潮流的处理方法类似，同样是用原始的精确模型描述期望值 $\tilde{\boldsymbol{y}}_t$ 所对应的目标函数，而将偏差项所对应的目标函数做近似处理。此时，由于 $f(\tilde{\boldsymbol{y}}_t)$ 可以沿用确定性优化中的处理方式(例如，绝对值函数可以引入辅助变量转化为线性函数)，而 $\mathbb{E}(\boldsymbol{y}_t - \tilde{\boldsymbol{y}}_t)^{\mathrm{T}}\boldsymbol{Q}(\boldsymbol{y}_t - \tilde{\boldsymbol{y}}_t)$ 项则可以根据本章所述的矩优化方法处理，因此所得到的模型仍为可求解的凸优化模型。

为此，对式(7.46)取期望，可以得到

$$\mathbb{E}(\boldsymbol{y}_t - \tilde{\boldsymbol{y}}_t)^{\mathrm{T}}[\nabla^2 f](\boldsymbol{y}_t - \tilde{\boldsymbol{y}}_t) = \mathrm{Tr}\left\{\mathbb{E}[\nabla^2 f](\boldsymbol{y}_t - \tilde{\boldsymbol{y}}_t)(\boldsymbol{y}_t - \tilde{\boldsymbol{y}}_t)^{\mathrm{T}}\right\} \tag{7.48}$$

其中，Tr 为待求矩阵的迹。再寻找满足如下方程的 $\boldsymbol{Q}$：

$$\boldsymbol{Q}\mathbb{E}\left\{(\boldsymbol{y}_t - \tilde{\boldsymbol{y}}_t)(\boldsymbol{y}_t - \tilde{\boldsymbol{y}}_t)^{\mathrm{T}}\right\} = \mathbb{E}\left\{[\nabla^2 f](\boldsymbol{y}_t - \tilde{\boldsymbol{y}}_t)(\boldsymbol{y}_t - \tilde{\boldsymbol{y}}_t)^{\mathrm{T}}\right\} \tag{7.49}$$

则根据式(7.48)即可得到

$$\mathbb{E}(\boldsymbol{y}_t - \tilde{\boldsymbol{y}}_t)^{\mathrm{T}}[\nabla^2 f](\boldsymbol{y}_t - \tilde{\boldsymbol{y}}_t) = \mathrm{Tr}\left\{\boldsymbol{Q}\mathbb{E}(\boldsymbol{y}_t - \tilde{\boldsymbol{y}}_t)(\boldsymbol{y}_t - \tilde{\boldsymbol{y}}_t)^{\mathrm{T}}\right\} = \mathbb{E}(\boldsymbol{y}_t - \tilde{\boldsymbol{y}}_t)^{\mathrm{T}}\boldsymbol{Q}(\boldsymbol{y}_t - \tilde{\boldsymbol{y}}_t) \tag{7.50}$$

此处对式(7.49)的求解做一定说明。

一方面，式(7.49)有解的前提是左侧矩阵 $\mathbb{E}\left\{(\boldsymbol{y}_t - \tilde{\boldsymbol{y}}_t)(\boldsymbol{y}_t - \tilde{\boldsymbol{y}}_t)^{\mathrm{T}}\right\}$ 的秩不小于右侧矩阵 $\mathbb{E}\left\{[\nabla^2 f](\boldsymbol{y}_t - \tilde{\boldsymbol{y}}_t)(\boldsymbol{y}_t - \tilde{\boldsymbol{y}}_t)^{\mathrm{T}}\right\}$ 的秩。在现实情形下，两个矩阵通常均为满秩矩阵，因此式(7.49)一般可以求得唯一解。如果该条件不满足，则式(7.49)为超定方程组，可采用最小二乘意义下的解作为近似解。

另一方面，式(7.49)的求解涉及两个期望值的求解，但这些期望值均和 $\boldsymbol{y}_t$ 有关，因此和决策变量 $\boldsymbol{K}$ 有关，难以预先确定。然而，经验表明，尽管式(7.49)左侧和右侧的期望值受到决策变量影响，但它们的变化趋势是相似的，因此在不同的 $\boldsymbol{K}$ 下所求得的 $\boldsymbol{Q}$ 变化并不大。所以，可以采用一些典型策略下的仿真结果近似地求得 $\boldsymbol{Q}$，再将所求得的 $\boldsymbol{Q}$ 应用于矩优化模型中。

值得注意的是，上述方法仅是针对非二次目标函数的一种经验性的方法，而如何更好地处理这类函数，是未来的研究方向之一。

第四节　算 例 分 析

与第六章类似，本节给出不同场景下的算例对所提出的随机控制方法进行验证，分别为 AGC 的控制问题、配电网调峰问题和输电网调峰问题。在 AGC 的控制问题中，采用 SC-series 方法计算最优控制律，而在另外两个算例中，采用 SC-moment 方法计算最优控制律。每个算例的设置与第六章的相应算例基本相同，同时，在每个算例中均从计算时间和计算效果(即目标函数)的角度对比本章所提出的算法和已有的一些经典算法。各个算例的讨论均表明，本章所提出的随机控制方法在计算时间和计算效果方面均具有较明显的优势，即可以在较短的计算时间内得到较好的计算结果。

一、算例 1：AGC 问题

(一)算例设置

这里采用与第六章算例 2 相同的 AGC 系统设置，即采用 IEEE118 节点系统，其额定容量为 100MVA，其一次调频等环节和频率偏差系数均采用与第六章算例 2 相同的参数。为了模拟高比例风电接入的场景，系统中有 6 台风电机组，分别位于节点 6、节点 11、节点 18、节点 32、节点 55 和节点 100，每台风电机组的额定功率为 20MW。与第六章的不同之处在于，本算例的控制变量，即每台发电机组的 P_i^{ref}，并非采用给定控制律，而是通过本章提出的级数逼近方法进行计算。级数逼近方法的目标函数为式(7.51)的二次函数形式：

$$J = \mathbb{E}\int_0^T \left(\lambda_{\text{ACE}}\text{ACE}_t^2 + \boldsymbol{u}_t^{\text{T}}\boldsymbol{\Lambda}\boldsymbol{u}_t\right)\text{d}t + \mu_{\text{ACE}}\text{ACE}_T^2 \tag{7.51}$$

其中，$T=100\text{s}$；$\lambda_{\text{ACE}}=1000$；$\mu_{\text{ACE}}=5000$；$\boldsymbol{\Lambda}=7000\boldsymbol{I}$。这些数值均设置得较大，以保证算法程序的数值收敛性。

本算例系统的控制步长为 1s，并采用仿射控制律，且控制算法的时间窗口为 100s，即每隔 100s 重新计算一次控制律。为了验证控制效果，本算例利用蒙特卡罗仿真产生了 1000 个风电场景，并计算所求出的控制律在这些场景下的目标函数。值得注意的是，这 1000 个场景仅用于验证所求控制律的控制效果，而不会用于控制律的求解，这是本方法和基于场景集的方法的重要区别之一。

作为对比，此处考虑了如下对照算法。

(1) DC 方法：该算法完全不考虑随机性的影响，采用预测值计算相应的控制律，可以看作随机控制方法中 $\boldsymbol{K}=0$ 的特殊情况。与伊藤随机控制算法相同，此处每 100s 重新计算一次控制律。

(2) MPC 方法：该算法在单步计算时不考虑随机性的影响，但是在每个控制周期均重新计算控制律，以通过反馈修正控制律。由于 MPC 方法需要滚动执行，为了保证计算效率，其预测步长设置为 10s。

(3) PI 方法：即通过 ACE 的值进行 PI 控制。

(4) SBSP 方法：即通过场景集方法求解随机控制问题。此处考虑了两种场景数量，分别为 10 个场景和 100 个场景，记作 SBSP(10) 和 SBSP(100)。

(二) 不同控制方法的控制效果

表 7.3 给出了不同方法得到的目标函数值。可以看出，SC-series 和 SBSP(100) 的目标函数值最低，而 PI 方法和 DC 方法的目标函数值则较高。事实上，在控制效果上，SC-series 方法和 SBSP 方法求解的是相同的优化问题，只是求解方法不同(SC-series 采用级数逼近方法求解，SBSP 采用基于场景集的随机优化方法求解)，因此应具有相同的结果。SBSP(10) 方法的控制效果不如 SC-series 方法和 SBSP(100) 方法，说明 10 个场景并不足以刻画风电出力的随机性。MPC 方法的控制效果同样较好，但略差于 SC-series 方法，这是由于 MPC 并未显式考虑随机性的概率分布，且受到滚动优化的计算复杂度限制，其预测步长是有限的。

表 7.3　算例 1 各个控制方法的目标函数值和平均每步计算时间

方法	平均每步计算时间/s	目标函数值
SC-series	0.09	4348.8
DC	0.04	4599.0
PI	—	5087.6
MPC	1.53	4522.8
SBSP(10)	2.16	4489.1
SBSP(100)	10.42	4361.2

图 7.1 给出了在一个风电出力场景下，各个方法的频率偏差和控制器输出。由图 7.1(b) 可知，PI 方法和 DC 方法均存在频率越限的问题，而 SC-series 方法和 MPC 方法则能够较好地控制频率不超过给定的约束。由图 7.1(c) 可知，当风电实

际出力和预测出力有偏差时，SC-series 方法给出的控制器输出和 MPC 方法给出的控制器输出与 DC 方法的输出相比，均会有相应的调整。两者的区别在于，SC-series 方法的控制器输出调整是由预先计算的仿射系数 $\boldsymbol{K}$ 决定，而 MPC 方法的控制器输出调整则由实时的滚动计算决定。

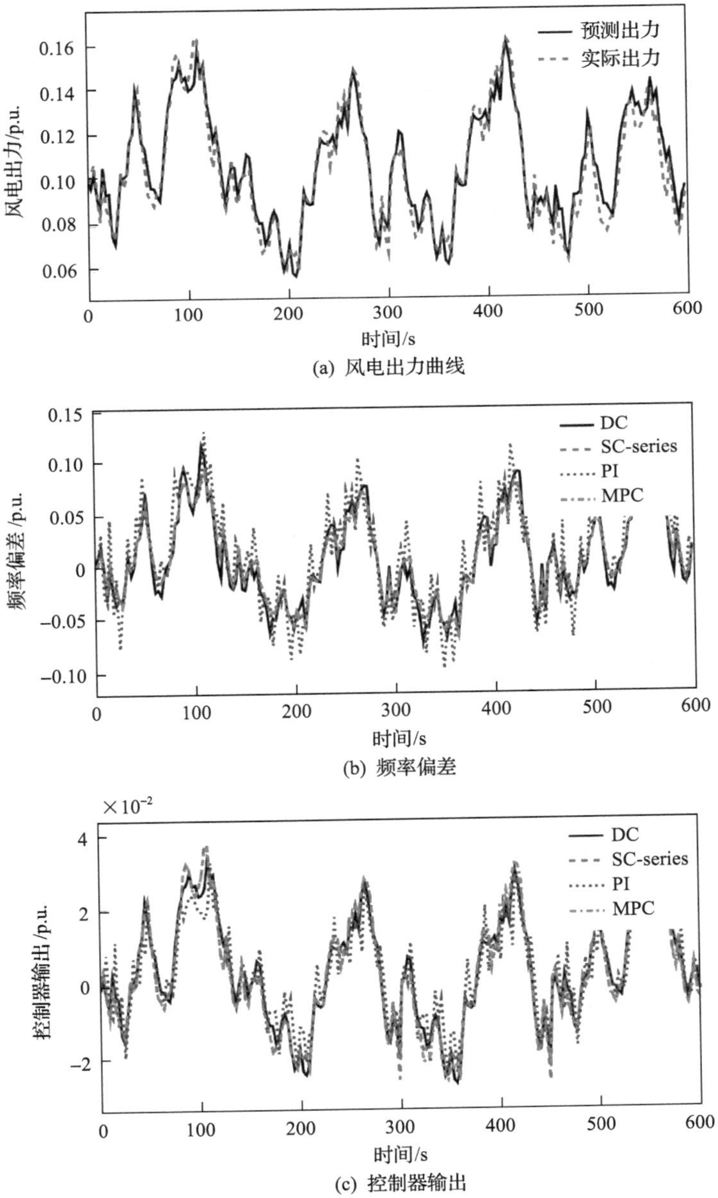

(a) 风电出力曲线

(b) 频率偏差

(c) 控制器输出

图 7.1　算例 1 不同方法的对比

(三)不同控制方法的计算时间

表 7.3 中同样给出了除 PI 方法外各个控制方法的计算时间。由于不同方法的重新计算周期不同，例如，MPC 方法每步均需要重新计算控制律，而其他方法则每 100 步重新计算一次控制律，公平起见，采用“平均每步计算时间”衡量方法的计算效率。可以看出，SC-series 方法的计算时间大约为 DC 方法的 2 倍，而其他方法的计算时间均远高于 SC-series 方法。其中，MPC 方法的计算效率低主要是因为滚动优化计算的成本高，而 SBSP 方法的计算效率低则主要因为其场景集的数量较多，严重影响了其计算效率。由此可知，本章所提出的级数逼近方法能够用与 DC 方法相似的时间求解随机控制问题，且结果的优化程度也超过了 PI、DC、MPC 等方法。

(四)控制器延时的影响

此处讨论控制器延时的影响。这里讨论的控制器延时主要来自通信延迟，其数量级为毫秒级[138]。在控制器参数优化时，并未考虑控制器的延时，此处仅验证各种方法在不同的延时下的控制效果，如图 7.2 所示。可以看出，控制效果随着控制器延时的增加而增大，且随着控制器延时的增加，目标函数的增长均近似呈线性。尽管如此，在含有控制器延时的情况下，本章所提出的级数逼近方法的控制效果仍然优于其他的方法。这也说明，该方法适用于含有控制器延时的实际场景。

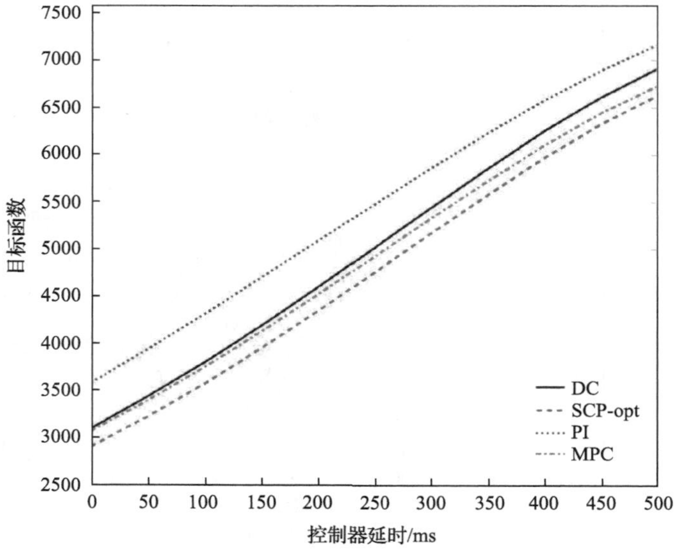

图 7.2　控制器延时的影响

二、算例 2：配电网调峰问题

(一) 算例设置

本算例采用和第六章算例 3 相同的 IEEE123 节点系统。该系统的额定容量为 10MVA，额定电压为 10kV。假设其电压约束为 (10±0.5) kV。与第六章算例 3 不同，为了增加新能源的渗透率，本算例考虑系统中含有 3 个风电机组，分别接入节点 11、节点 62 和节点 66，其容量均为 20MVA；且含有 3 个光伏机组，分别接入节点 72、节点 75 和节点 114，其容量均为 10MVA。同时，每个新能源出力的数据和模型与第五章的伊藤过程参数估计算例 (第五章第四节) 中所采用的新能源出力数据相同。假设新能源出力的预测值均为比实际出力提前 1h 的数值，即采用保持性预测。同时，假设节点 62 和节点 66 的风电出力随机性具有正相关性，接入节点 72 和节点 75 的光伏发电随机性也具有正相关性，其相关系数均为 0.5。考虑相关性的新能源出力模型可参考算法 5.2：

$$\mathrm{d}\boldsymbol{\xi}_t = -\frac{1}{\tau}\boldsymbol{\xi}_t\mathrm{d}t + \frac{1}{\sqrt{\tau}}\boldsymbol{\sigma}\mathrm{d}\boldsymbol{W}_t \tag{7.52}$$

其中，τ=4 h，$\boldsymbol{\sigma}$ 的数值如下：

$$\boldsymbol{\sigma} = \begin{bmatrix} 2.98 & 0 & 0 & 0 & 0 & 0 \\ 0 & 7.52 & 0 & 0 & 0 & 0 \\ 0 & 2.25 & 3.91 & 0 & 0 & 0 \\ 0 & 0 & 0 & 1.42 & 0 & 0 \\ 0 & 0 & 0 & 0 & 3.75 & 0 \\ 0 & 0 & 0 & 0 & 1.46 & 2.35 \end{bmatrix} \tag{7.53}$$

最后，节点 62 含有一个储能元件，其容量为 5MW×4h。

本算例的模型可参考第六章第一节，其中可控变量包括 6 个新能源机组的无功功率和储能单元的有功功率。此处采用矩优化方法计算最优控制律。本算例的控制周期为 15min，控制律每 4h (即 16 个控制周期) 更新一次，仿真的总时长为 1 天。

(二) 仿真结果

矩优化算法求得的仿射控制律 $\boldsymbol{u}_t^0$ 和 $\boldsymbol{K}$，通过仿真验证，得到最优目标函数值为 25k\$。作为对比，如果令 $\boldsymbol{K}=\boldsymbol{0}$，只考虑确定性控制律 $\boldsymbol{u}_t^0$，则得到的结果为 27.2k\$。由此可以看出，扰动反馈控制律有利于配网系统在含有随机性时仍然保持较好的性能。为了进一步看出扰动反馈控制律的意义，此处给出在 12:00 到 18:00 时间段内计算得到的反馈控制系数 $\boldsymbol{K}$。

$$
\boldsymbol{K}=\begin{bmatrix}
-0.068 & -0.087 & -0.096 & -0.001 & -0.002 & -0.001\\
-0.087 & -0.184 & -0.195 & -0.003 & -0.002 & -0.003\\
-0.096 & -0.916 & -0.421 & -0.003 & -0.004 & -0.002\\
-0.001 & -0.003 & -0.002 & -0.085 & -0.069 & -0.025\\
-0.002 & -0.003 & -0.004 & -0.069 & -0.096 & -0.025\\
-0.001 & -0.003 & -0.002 & -0.024 & -0.025 & -0.043\\
-0.102 & -0.203 & -0.184 & -0.014 & -0.017 & -0.006
\end{bmatrix} \tag{7.54}
$$

式(7.54)中，第 i 行第 j 列的含义为第 i 个控制变量对第 j 个扰动变量的反馈系数，其中，$i\in[1,7]$，$j\in[1,6]$。矩阵 7 行的含义从上到下分别为节点 11、节点 62、节点 66、节点 72、节点 75、节点 114 的新能源机组无功功率和节点 62 的储能单元的有功功率。矩阵 6 列的含义从左到右分别为节点 11、节点 62、节点 66、节点 72、节点 75、节点 114 的新能源机组的有功功率。很明显，$\boldsymbol{K}$ 体现了对于扰动的负反馈控制。此外，$\boldsymbol{K}$ 的取值也反映了这些节点之间的相关性，例如，接入节点 62 的储能装置的功率输出就和接入节点 62、节点 66 的风电机组的功率输出相关性较强，和其他的随机量相关性较弱。

图 7.3 给出了节点 62 在某个场景下的各个变量的曲线。其中，图 7.3(a)～图 7.3(c)体现了负反馈控制律对控制变量的影响，可以看出，风电出力较预测值有偏差时，储能的出力和风电机组的无功都会有相应的调整。在图 7.3(d)中，可以看出反馈控制律对系统状态的影响，在风电出力等于预测出力时，$\boldsymbol{u}_t^0$ 即可维持较好的电压波形；而当风电出力与预测出力有偏差时，偏差部分会对电压波形造成一定的影响(如虚线所示)，而通过扰动反馈控制，则可以使电压波形更接近没有随机性时的电压波形。这也说明了扰动反馈控制律可以有效地消除新能源出力随机性对于电力系统的影响。

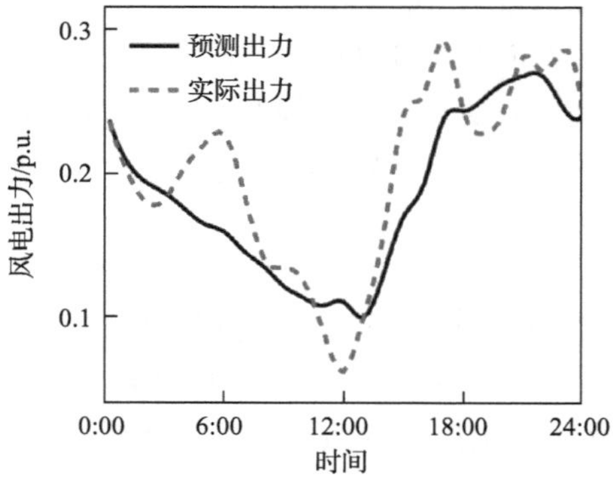

(a)

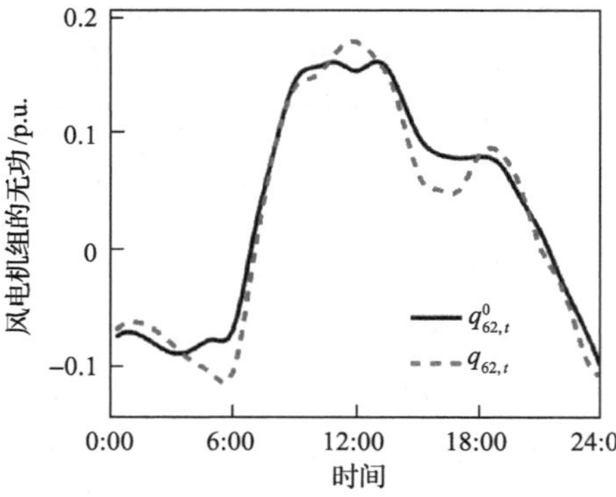

(b)

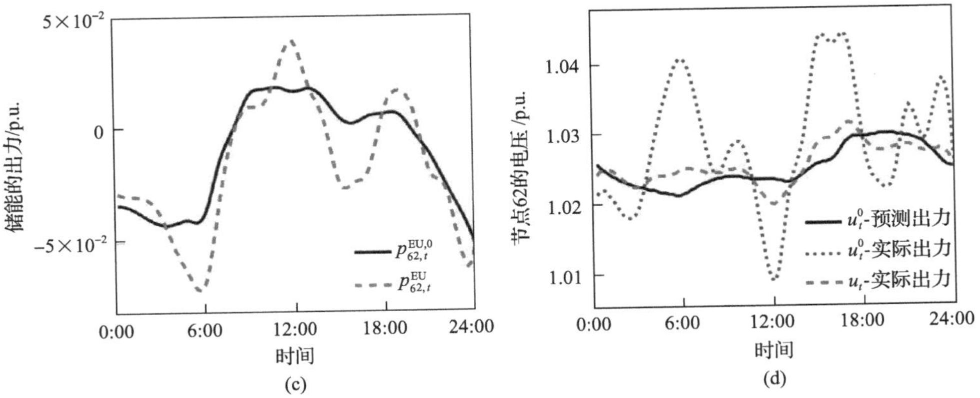

图 7.3　算例 2：在节点 62 的仿真结果

(三) 时间相关性和空间相关性的影响

此处考虑不同的时间相关性和空间相关性对控制效果的影响。对于空间相关性，对比所有的新能源出力随机性之间相互独立的情形，此时的扩散项 $\boldsymbol{\sigma}'$ 为对角矩阵。对于时间相关性，调整式(7.52)中的时间常数 τ，以得到不同的时间相关性。值得注意的是，在本算例所对比的各个不同的随机性参数设置下，每个时刻每台机组的边缘分布并没有发生变化，只有时间相关性和空间相关性具有不同的参数。图 7.4 给出了不同的时间相关性和空间相关性下的目标函数值。

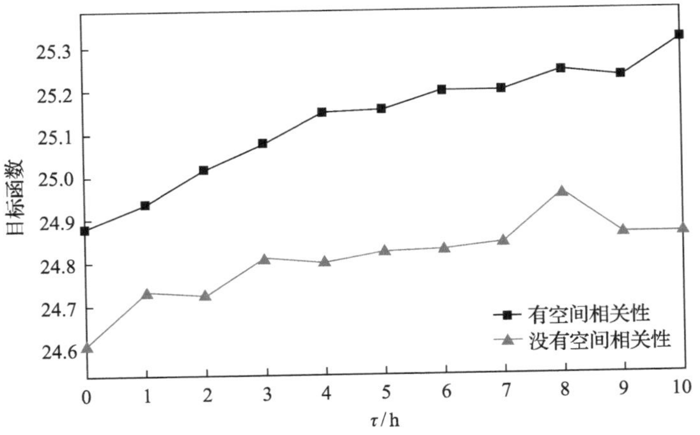

图 7.4　算例 2 时间相关性和空间相关性的影响

由图 7.4 可以看出，总体来说，有相关性的情况下，目标函数值会更大。值得注意的是，尽管在有相关性的情况下，新能源出力的可预测性会更强，但时间和空间上的正相关性也意味着不同时刻的新能源出力随机性带来的影响难以相互抵消，因此会增加控制成本。该特点可以由随机变量之和的方差表达式解释，为此，考虑两个随机变量 ξ_1 和 ξ_2，则 $\xi_1+\xi_2$ 的方差为

$$\mathrm{var}(\xi_1+\xi_2)=\mathrm{var}(\xi_1)+\mathrm{var}(\xi_2)+\mathrm{cov}(\xi_1,\xi_2) \tag{7.55}$$

可以看出，两个随机变量之间的正相关性越强，系统整体的方差就越大。由此可见，新能源出力随机性的时间相关性和空间相关性会影响系统的控制成本，而利用伊藤过程模型，可以有效地考虑这些相关性带来的影响。

（四）计算速度和计算效果对比

将矩优化方法与其他方法的计算时间进行对比，与表 7.3 类似，所对比的方法包括 DC 方法、MPC 方法和 SBSP 方法。表 7.4 给出了不同方法的平均每步计算时间和目标函数，与表 7.3 类似，可以看出本章提出的随机控制问题矩优化方法既可以保证计算效率，又可以得到较好的计算结果。

表 7.4　算例 2 各个控制方法的目标函数值和平均每步计算时间

方法	平均每步计算时间/min	目标函数/k$
SC-moment	0.50	24.96
DC	0.44	27.64
MPC	7.12	25.76
SBSP (20)	6.13	26.24
SBSP (100)	26.43	25.08

三、算例 3：输电网调峰问题

（一）算例设置

本算例沿用第六章算例 4 的设置，采用 IEEE24 节点系统，其中包含 8 个同步发电机组和 6 个风电机组。本算例为两阶段优化算例，第一阶段变量为各个同步发电机组的日前出力计划，而第二阶段变量则是根据风电出力所得到的实时出力。算例的优化目标为最小化期望运行成本，包括发电成本和实时调整出力的成本。

本算例主要讨论各个算法所做出的日前计划的合理性。将上述问题与本章的随机控制模型相比较，仿射控制律中的 $\boldsymbol{u}_t^0$ 为日前计划，而 $\boldsymbol{K}$ 则是实时功率输出与日前计划的差值。与前述算例类似，本算例的仿真对比了 DC 方法和 SBSP 方法。DC 方法仅考虑风电的预测出力，由此进行日前计划的安排，并在实时的每个时间段求解单阶段优化问题，用于调整计划；SBSP 方法在做日前计划时考虑了风电出力的多个场景，以便考虑风电出力的随机性。由于本算例考虑的“日前-实时”两阶段运行问题并不能够使用 MPC 方法解决，本算例未与 MPC 方法进行对比。

（二）仿真结果和计算时间

图 7.5 对比了本算例的方法（SC-moment）和 DC 方法所得到的发电机组日前出力计划方案，图 7.5 中所示的发电机组编号与其所接入的节点编号相同。SBSP 方法得到的结果与 SC-moment 方法类似，因此没有在图中展示，后面将直接对比其目标函数和计算时间等指标。根据图 7.5，对比 DC 方法和 SC-moment 方法所得到的日前计划，可以看出，SC-moment 方法为节点 22 的发电机所分配的功率更低，而为节点 13 的发电机所分配的功率更高。这是因为，节点 22 是水力发电机组，其调峰成本较低，而节点 13 的火电机组的调峰成本更高，因此 SC-moment 方法在考虑次日的风电出力随机性时，会为节点 22 的机组预留更多的余量，以便进行调峰。由此可见，本章所提出的随机控制方法可以有效地考虑随机性的影响。

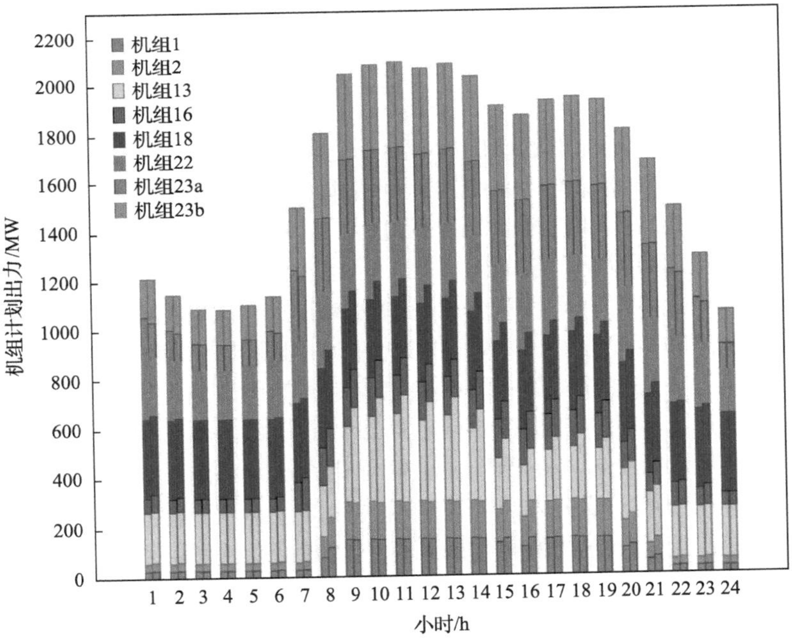

图 7.5　算例 3 仿真结果

与前两个算例类似，表 7.5 给出了各个方法的计算时间和目标函数值。由于本算例所讨论的方法用于日前计划的制定，无须滚动执行，只需对比总计算时间即可。此处的目标函数值是通过随机产生的 1000 个场景验证得到。同时，为了保证结果的合理性，在 SBSP 方法中，制定日前计划所用到的场景集和验证运行成本所用到的场景集是独立产生的。可以看出，在目标函数上，本章所提出的方法明显优于 DC 方法（比 DC 方法的目标函数低 23%），略优于 SBSP（10）方法，略差于 SBSP(100)。而在计算时间上，本章所提出的方法则与 DC 方法的计算时间接近，约为 SBSP(10)的 2%，约为 SBSP(100)的 0.3%。换句话说，SBSP 方法尽管目标函数比本章所提出的方法低约 1%，但代价是计算时间高出约 300 倍。由此可见，基于伊藤时域分析的随机控制方法可以结合 DC 方法和 SBSP 方法的优势，既能保证取得较好的求解结果，又能大幅度提升计算效率。

表 7.5　算例 3 各个方法的目标函数值和总计算时间

方法	总计算时间/s	目标函数/10^5\$
SC-moment	0.28	8.77
DC	0.19	11.44
SBSP(10)	13.27	8.89
SBSP(100)	92.97	8.70

第五节　说明与讨论

本章基于第六章所提出的伊藤时域分析方法，给出了新能源电力系统的随机控制方法，以降低新能源电力系统的运行成本。首先，本章讨论了随机系统的参数化控制律，并指出当随机性满足伊藤过程时，所有的多项式控制律均可转化为仿射控制律，从而可以将一般的随机控制问题转化为含仿射控制律的随机控制问题。在此基础上，本章将第六章所讨论的时域分析方法应用在随机控制中，提出了级数逼近方法和矩优化方法，从而将随机控制问题转化为确定性的凸优化问题。其中，级数逼近方法直接将第六章中给定控制律的级数逼近方法推广到含有参数化控制律的情形，从而将随机控制问题用级数逼近后的不含随机性的模型逼近，并证明了所逼近的优化模型的凸性。而矩优化方法则将随机性的部分和控制律的部分分离，再利用第六章的方法处理随机性的部分，从而得到凸优化模型。经过级数逼近方法或矩优化方法所得到的凸优化问题可以通过商业化的求解器进行求解，且问题规模和不含随机性的确定性控制问题的规模相近，远小于传统的场景集方法的问题规模，从而可以实现快速求解。

本章的算例分析中，通过 AGC、输电网与配电网调峰的算例对所提出的随机控制方法进行了验证。算例验证表明，所提出的随机控制方法能够有效地计算出控制律，可以针对不同的新能源功率随机性给出相应的控制器输出，从而有效降低系统在含有随机性时的运行控制成本。同时，本章在算例中从优化结果和运行时间两个方面对比了所提出的方法和一些典型的随机控制方法，对比结果表明，本章所提出的方法能够同时保证取得的计算时间和较好的运行结果，与已有方法相比具有明显的优势，也具有较好的应用前景。

参考文献

[1] 卢斯煜，周保荣，饶宏，等. 高比例光伏发电并网条件下中国远景电源结构探讨[J]. 中国电机工程学报, 2018, 38(1): 39-44.

[2] 张宁，康重庆，肖晋宇，等. 风电容量可信度研究综述与展望[J]. 中国电机工程学报，2015, 35(1): 82-94.

[3] Papaefthymiou G, Kurowicka D. Using copulas for modeling stochastic dependence in power system uncertainty analysis[J]. IEEE Transactions on Power Systems, 2009, 24(1): 40-49.

[4] Perninge M, Soder L. A stochastic control approach to manage operational risk in power systems[J]. IEEE Transactions on Power Systems, 2012, 27(2): 1021-1031.

[5] Lu S Y, Zhou B R, Rao H, et al. Research of the prospect of China power generation structure with high proportion of photovoltaic generation[J]. Proceedings of the CSEE, 2018, 38(1): 39-44.

[6] Kundur P, Balu N J, Lauby M G. Power System Stability and Control[M]. New York: McGraw-hill, 1994.

[7] Tabone M D, Callaway D S. Modeling variability and uncertainty of photovoltaic generation: A hidden state spatial statistical approach[J]. IEEE Transactions on Power Systems, 2015, 30(6): 2965-2973.

[8] Bludszuweit H, Dominguez-Navarro J A, Llombart A. Statistical analysis of wind power forecast error[J]. IEEE Transactions on Power Systems, 2008, 23(3): 983-991.

[9] Li Z, Wu W, Shahidehpour M, et al. Adaptive robust tie-line scheduling considering wind power uncertainty for interconnected power systems[J]. IEEE Transactions on Power Systems, 2016, 31(4): 2701-2713.

[10] Zhao C, Wang J, Watson J, et al. Multi-stage robust unit commitment considering wind and demand response uncertainties[J]. IEEE Transactions on Power Systems, 2013, 28(3): 2708-2717.

[11] Growe-Kuska N, Heitsch H, Romisch W. Scenario reduction and scenario tree construction for power management problems[C]//2003 IEEE Bologna Power Tech Conference Proceedings, Bologna, 2003, 3: 1-7.

[12] Yang L, He M, Vittal V, et al. Stochastic optimization-based economic dispatch and interruptible load management with increased wind penetration[J]. IEEE Transactions on Smart Grid, 2016, 7(2): 730-739.

[13] Engels J, Claessens B, Deconinck G. Combined stochastic optimization of frequency control and self-consumption with a battery[J]. IEEE Transactions on Smart Grid, 2019, 10(2): 1971-1981.

[14] Lin J, Sun Y Z, Sørensen P, et al. Method for assesing grid frequency deviation due to wind power fluctuation based on "time-frequency transformation"[J].IEEE Transactions on Sustainable Energy, 2012, 3 (1): 65-73.

[15] Chen X, Lin J, Liu F, et al. Optimal control of AGC systems considering non-gaussian wind power uncertainty[J]. IEEE Transactions on Power Systems, 2019, 34 (4): 2730-2743.

[16] Chen X, Lin J, Liu F, et al. Stochastic assessment of AGC systems under non-gaussian uncertainty[J]. IEEE Transactions on Power Systems, 2019, 34 (1): 705-717.

[17] Jiang H, Lin J, Song Y, et al. MPC-based frequency control with demand-side participation: A case study in an isolated wind-aluminum power system[J]. IEEE Transactions on Power Systems, 2015, 30 (6): 3327-3337.

[18] Bevrani H. Robust Power System Frequency Control[M]. Berlin: Springer, 2009.

[19] Ben-Tal A, El Ghaoui L, Nemirovski A. Robust Optimization[M]. Princeton: Princeton University Press, 2009.

[20] Zeng B, Zhao L. Solving two-stage robust optimization problems using a column-and-constraint generation method[J]. Operations Research Letters, 2013, 41 (5): 457-461.

[21] Doostizadeh M, Aminifar F, Ghasemi H, et al. Energy and reserve scheduling under wind power uncertainty: An adjustable interval approach[J]. IEEE Transactions on Smart Grid, 2016, 7 (6): 2943-2952.

[22] Cobos N G, Arroyo J M, Street A. Least-cost reserve offer deliverability in day-ahead generation scheduling under wind uncertainty and generation and network outages[J]. IEEE Transactions on Smart Grid, 2018, 9 (4): 3430-3442.

[23] Wang C, Liu F, Wang J, et al. Robust risk-constrained unit commitment with large-scale wind generation: An adjustable uncertainty set approach[J]. IEEE Transactions on Power Systems, 2017, 32 (1): 723-733.

[24] Abbaspourtorbati F, Zima M. The swiss reserve market: Stochastic programming in practice [J]. IEEE Transactions on Power Systems, 2016, 31 (2): 1188-1194.

[25] Ding H, Pinson P, Hu Z, et al. Integrated bidding and operating strategies for wind-storage systems[J]. IEEE Transactions on Sustainable Energy, 2016, 7 (1): 163-172.

[26] Aghaei J, Barani M, Shafie-khah M, et al. Risk-constrained offering strategy for aggregated hybrid power plant including wind power producer and demand response provider[J]. IEEE Transactions on Sustainable Energy, 2016, 7 (2): 513-525.

[27] Calafiore G C. Random convex programs[J]. SIAM Journal on Optimization, 2010, 20 (6): 3427-3464.

[28] Liu C. Stochastic Processes[M]. Wuhan: Huazhong University of Science and Technology Press, 2001.

[29] Sorensen P, Cutululis N A, Vigueras-Rodriguez A, et al. Power fluctuations from large wind farms[J]. IEEE Transactions on Power Systems, 2007, 22(3): 958-965.

[30] Marcos J, Marroyo L, Lorenzo E, et al. From irradiance to output power fluctuations: The PV plant as a low pass filter[J]. Progress in Photovoltaics Research and Applications, 2011, 19(5): 505-510.

[31] Frisch U, Kolmogorov A N. Turbulence: The Legacy of AN Kolmogorov[M]. Cambridge: Cambridge University Press, 1995.

[32] Banakar H, Luo C, Ooi B T. Impacts of wind power minute-to-minute variations on power system operation[J]. IEEE Transactions on Power Systems, 2008, 23(1): 150-160.

[33] Qin J, Chow Y, Yang J, et al. Online modified greedy algorithm for storage control under uncertainty[J]. IEEE Transactions on Power Systems, 2016, 31(3): 1729-1743.

[34] Sorensen P, Cutululis N A, Hansen A D. Modelling of power fluctuations from large offshore wind farms[J]. Wind Energy, 2008, 11(1): 29-43.

[35] Vigueras-Rodríguez A, Sørensen P, Cutululis N A. Wind model for low frequency power fluctuations in offshore wind farms[J]. Wind Energy, 2010, 13(5): 471-482.

[36] Lave M, Kleissl J, Stein J S. A wavelet-based variability model(WVM) for solar PV power plants[J]. IEEE Transactions on Sustainable Energy, 2013, 4(2): 501-509.

[37] Zhang J, Jin H, Wang M, et al. Risk assessment of grid frequency deviation due to wind farm active power fluctuation[C]. Chinese Control Conference, Wuhan, 2018: 7488-7492.

[38] Jaleeli N, van Slyck L S. NERC's new control performance standards[J]. IEEE Transactions on Power Systems, 1999, 14(3): 1092-1099.

[39] Chen X, Lin J, Wan C, et al.A unified frequency-domain model for automatic generation control assessment under wind power uncertainty[J]. IEEE Transactions on Smart Grid, 2019, 10(3): 2936-2947.

[40] Yuan B, Zhou M, Li G, et al. Stochastic small-signal stability of power systems with wind power generation[J]. IEEE Transactions on Power Systems, 2015, 30(4): 1680-1689.

[41] Li H, Ju P, Gan C, et al. Analytic analysis for dynamic system frequency in power systems under uncertain variability[J]. IEEE Transactions on Power Systems, 2019, 34(2): 982-993.

[42] Li H, Ju P, Yu Y, et al. Quantitative assessment and semi-analytical analysis for system frequency dynamic security under stochastic excitation[J]. Proceedings of the CSEE, 2017, 37(7): 1955-1962.

[43] Ju P, Li H, Gan C, et al. Analytical assessment for transient stability under stochastic continuous disturbances[J]. IEEE Transactions on Power Systems, 2018, 33(2): 2004-2014.

[44] Ju P, Li H, Pan X, et al. Stochastic dynamic analysis for power systems under uncertain variability[J]. IEEE Transactions on Power Systems, 2018, 33(4): 3789-3799.

[45] Øksendal B. Stochastic Differential Equations[M]. Berlin: Springer, 2003.

[46] Shreve S E. Stochastic Calculus for Finance Ⅱ: Continuous-time Models[M]. Berlin: Springer Science & Business Media, 2004.

[47] Cobb L. Stochastic differential equations for the social sciences[J]. Mathematical Frontiers of the Social and Policy Sciences, 1981, (54): 37.

[48] Du X L, Lin J G, Zhou X Q. Parameter estimation for multivariate diffusion processes with the time inhomogeneously positive semidefinite diffusion matrix[J]. Communications in Statistics-Theory and Methods, 2017, 46(22): 11010-11025.

[49] Ait-Sahalia Y. Maximum likelihood estimation of discretely sampled diffusions: A closed-form approximation approach[J]. Econometrica, 2002, 70(1): 223-262.

[50] Ait-Sahalia Y. Closed-form likelihood expansions for multivariate diffusions[J]. The Annals of Statistics, 2008, 36(2): 906-937.

[51] Yoshida N. Estimation for diffusion processes from discrete observation[J]. Journal of Multi-variate Analysis, 1992, 41(2): 220-242.

[52] Risken H. The Fokker-Planck Equation-Methods of Solution and Applications[M]. Berlin: Springer, 1984.

[53] Krylov N V. On the rate of convergence of finite-difference approximations for bellmans equations with variable coefficients[J]. Probability Theory and Related Fields, 2000, 117(1): 1-16.

[54] Sørensen P. Frequency Domain Modelling of Wind Turbine Structures[M]. Denmark: Risø-R749(EN) Roskilde, 1994.

[55] Sørensen P, Mann J, Paulsen U S, et al. Wind farm power fluctuations[C]//Peinke J. Wind Energy Proceedings of the Euromech Colloquium. Berlin: Springer Berlin Heidelberg, 2007: 139-145.

[56] Pillai J R, Bak-Jensen B. Integration of vehicle-to-grid in the western danish power system[J]. IEEE Transactions on Sustainable Energy, 2011, 2(1): 12-19.

[57] 刘次华. 随机过程[M]. 武汉: 华中科技大学出版社, 2001.

[58] Margaris I D, Hansen A D, Cutululis N A, et al. Impact of wind power in autonomous power systems-power fluctuations-modelling and control issues[J]. Wind Energy, 2010, 14(1): 133-153.

[59] 郑君里, 应启珩, 杨为理. 信号与系统(上册)[M]. 北京: 高等教育出版社, 2000.

[60] 林今, 孙元章, Sørensen P, 等. 基于频域的风电功率波动仿真(二)变换算法及简化技术[J]. 电力系统自动化, 2011, 35(5): 71-76.

[61] 林今, 孙元章, Sørensen P, 等. 基于频域的风电功率波动仿真(一)模型及分析技术[J]. 电力系统自动化, 2011, 35(4): 65-69.

[62] Sorensen P, Cutululis N A, Vigueras-Rodriguez A, et al. Power fluctuations from large wind farms[J]. IEEE Transactions on Power Systems, 2007, 22(3): 958-965.

[63] Kaimal J C,Wyngaard J C, Izumi Y, et al. Spetral characteristics of surface-layer turbulence[J]. Quarterly Journal of the Royal Meteorological Society, 1972, 98(417): 563-598.

[64] Courtney M, Troen I. Wind Speed Spectrum from One Year of Continuous 8Hz Measurements[M]. Denmark: Risø, Roskilde, 1990.

[65] Sørensen P, Hansen A D, Rosas P A C. Wind models for simulation of power fluctuations from wind farms[J]. Wind Engineering Industry Aerodynamic, 2002(90): 1381-1402.

[66] Newland D E. An Introduction to Random Vibrations and Spectral Analysis[M]. 2nd ed. New York: Longman Inc, 1984.

[67] Buttler A, Dinkel F, Franz S, et al. Variability of wind and solar power—an assessment of the current situation in the European Union based on the year 2014[J]. Energy, 2016, 106: 147-161.

[68] 孙元章，吴俊，李国杰. 风力发电对电力系统的影响[J]. 电网技术, 2007, 31(20): 55-62.

[69] Akhmatov V. Analysis of dynamic behaviour of electric power systems with large amount of wind power[D]. Copenhagen: Technical University of Denmark, 2003.

[70] Lin J, Sun Y Z, Cheng L, et al. Assessment of the power reduction of wind farms under extreme wind condition by a high resolution simulation model[J]. Applied Energy, 2012, 96: 21-32.

[71] Cheng L, Lin J, Sun Y Z, et al. A model for assessing the power variation of a wind farm considering the outages of wind turbines[J]. IEEE Transactions on Sustainable Energy, 2012, 3(3): 432-444.

[72] Parson B, Milligan M, Zavadil B, et al. Grid impacts of wind power: A summary of recent studies in the united states[J]. Wind Energy, 2004, 7(2): 87-108.

[73] Kundur P. Power System Stability and Control[M]. New York: McGraw-Hill, 1994.

[74] Wood A J, Wollenberg B F. Power Generation, Operation, and Control[M]. 2nd ed. New Jersey: Wiley-Interscience, 1996.

[75] Luo C, Far H G, Banakar H, et al. Estimation of wind penetration as limited by frequency deviation[J]. IEEE Transactions on Energy Conversion, 2007, 22(3): 783-791.

[76] Egido I, Fernández-Bernal F, Centeno P, et al. Maximum frequency deviation calculation in small isolated power systems[J]. IEEE Transactions on Power Systems, 2009, 24(4): 1731-1737.

[77] Siemens. Siemens PSS/E Document BOSL Controlles Standard1. [EB/OL]. [2008-03-13]. https://www.yumpu.com/en/document/read/5177595/bosl-controllers-standard-1-siemens.

[78] Iov F. Wind power plant control and flexible load management workshop, Roskilde, Denmark [EB/OL]. [2010-11-15]. http://www.risoe.dtu.dk/Conferences/VES_Workshop/workshop_four.aspx.

[79] Xu Z, Callaway D S, Hu Z, et al. Hierarchical coordination of heterogeneous flexible loads[J]. IEEE Transactions on Power Systems, 2016, 31(6): 4206-4216.

[80] Calafiore G C, Ghaoui L E. On distributionally robust chance-constrained linear programs[J]. Journal of Optimization Theory and Applications, 2006, 130(1): 1-22.

[81] Delage E, Ye Y. Distributionally robust optimization under moment uncertainty with application to data-driven problems[J]. Operations Research, 2010, 58(3): 595-612.

[82] Li B, Mathieu J L, Jiang R. Distributionally robust chance constrained optimal power flow assuming log-concave distributions[C]. 2018 Power Systems Computation Conference (PSCC), Dublin: 2018: 1-7.

[83] Chang-Chien L R, Sun C C,Yeh Y J. Modeling of wind farm participation in agc[J]. IEEE Transactions on Power Systems, 2014, 29(3): 1204-1211.

[84] Gross G, Lee J W. Analysis of load frequency control performance assessment criteria[J]. IEEE Transactions on Power Systems, 2001, 16(3): 520-525.

[85] Apostolopoulou D, Domínguez-García A D, Sauer P W. An assessment of the impact of uncertainty on automatic generation control systems[J]. IEEE Transactions on Power Systems, 2016, 31(4): 2657-2665.

[86] 施利亚耶夫. 概率(第二卷)[M]. 周概容, 译. 北京: 高等教育出版社, 2008.

[87] Apt J. The spectrum of power from wind turbines[J]. Journal of Power Sources, 2007, 169(2): 369-374.

[88] IEEE 118 bus system[EB/OL]. [2017-12-16]. http://icseg.iti.illinois.edu/ieee-118-bus-system.

[89] 钟开莱. 概率论教程[M]. 上海: 上海科学技术出版社, 1989.

[90] Lee D, Baldick R. Probabilistic wind power forecasting based on the laplace distribution and golden search[C]. 2016 IEEE/PES Transmission and Distribution Conference and Exposition (T D), Dellas, 2016: 1-5.

[91] Hodge B M, Ela E, Milligan M. The distribution of wind power forecast errors from operational systems[C]. 10th International Workshop on Large-scale Integration of Wind Power, Aarhus, 2011.

[92] Ge F, Ju Y, Qi Z, et al. Parameter estimation of a gaussian mixture model for wind power forecast error by riemann l-bfgs optimization[J]. IEEE Access, 2018, 6: 38892-38899.

[93] Sanjari M J, Gooi H B. Probabilistic forecast of pv power generation based on higher order markov chain[J]. IEEE Transactions on Power Systems, 2017, 32(4): 2942-2952.

[94] Conradsen K, Nielsen L, Prahm L. Review of weibull statistics for estimation of wind speed distributions[J]. Journal of Climate and Applied Meteorology, 1984, 23(8): 1173-1183.

[95] Ding H, Pinson P, Hu Z, et al. Optimal offering and operating strategies for wind-storage systems with linear decision rules[J]. IEEE Transactions on Power Systems, 2016, 31(6): 4755-4764.

[96] Wang Y, Zhang N, Kang C, et al. An efficient approach to power system uncertainty analysis with high-dimensional dependencies[J]. IEEE Transactions on Power Systems, 2018, 33(3): 2984-2994.

[97] Seguro J, Lambert T. Modern estimation of the parameters of theweibull wind speed distribution for wind energy analysis[J]. Journal of Wind Engineering and Industrial Aerodynamics, 2000, 85(1): 75-84.

[98] Hadjiyiannis M J, Goulart P J, Kuhn D. An efficient method to estimate the suboptimality of affine controllers[J]. IEEE Transactions on Automatic Control, 2011, 56(12): 2841-2853.

[99] Lin W, Bitar E. Decentralized stochastic control of distributed energy resources[J]. IEEE Transactions on Power Systems, 2018, 33(1): 888-900.

[100] Brown B G, Katz R W, Murphy A H. Time series models to simulate and forecast wind speed and wind power[J]. Journal of Climate and Applied Meteorology, 1984, 23(8): 1184-1195.

[101] Gao Y, Billinton R. Adequacy assessment of generating systems containing wind power considering wind speed correlation[J]. IET Renewable Power Generation, 2009, 3(2): 217-226.

[102] Papaefthymiou G, Klockl B. Mcmc for wind power simulation[J]. IEEE Transactions on Energy Conversion, 2008, 23(1): 234-240.

[103] Zheng K, Liu J, Xin S, et al. Simulation of wind power time series based on the mcmc method [C]. 2015 5th International Conference on Electric Utility Deregulation and Restructuring and Power Technologies (DRPT), Changsha, 2015: 187-191.

[104] 汉密尔顿. 时间序列分析[M]. 刘明志, 译. 北京: 中国社会科学出版社, 1999.

[105] Pappas S S, Ekonomou L, Karamousantas D C, et al. Electricity demand loads modeling using autoregressive moving average (arma) models[J]. Energy, 2008, 33(9): 1353-1360.

[106] Xi X, Sioshansi R, Marano V. A stochastic dynamic programming model for co-optimization of distributed energy storage[J]. Energy Systems, 2014, 5(3): 475-505.

[107] Puterman M L. Markov Decision Processes: Discrete Stochastic Dynamic Programming[M]. Hoboken: John Wiley & Sons, 2014.

[108] Reinsel G C. Elements of Multivariate Time Series Analysis[M]. Berlin: Springer Science & Business Media, 2003.

[109] Pardoux E, Răşcanu A. Stochastic Differential Equations, Backward SDEs, Partial Differential Equations[M]. Berlin: Springer, 2014.

[110] Karatzas I, Shreve S E. Brownian Motion and Stochastic Calculus[M]. 2nd ed. Berlin: Springer, 1987.

[111] Shumway R, Stoffer D. Time Series Analysis and Its Applications[M]. Berlin: Springer, 2000.

[112] Beylkin G, Monzon L. On generalized gaussian quadratures for exponentials and their applications[J]. Applied and Computational Harmonic Analysis, 2002, 12(3): 332-373.

[113] Beylkin G, Monzón L. On approximation of functions by exponential sums[J]. Applied and Computational Harmonic Analysis, 2005, 19(1): 17-48.

[114] Hauer J F, Demeure C J, Scharf L L. Initial results in prony analysis of power system response signals[J]. IEEE Transactions on Power Systems, 1990, 5(1): 80-89.

[115] Stein E M, Shakarchi R. Complex Analysis. Princeton Lectures in Analysis II [M]. Princeton: Princeton University Press, 2003.

[116] Lo A W. Maximum likelihood estimation of generalized itô processes with discretely sampled data[J]. Econometric Theory, 1988, 4(2): 231-247.

[117] Mahmoodi M, Shamsi P, Fahimi B. Economic dispatch of a hybrid microgrid with distributed energy storage[J]. IEEE Transactions on Smart Grid, 2015, 6(6): 2607-2614.

[118] Sandgani M R, Sirouspour S. Coordinated optimal dispatch of energy storage in a network of grid-connected microgrids[J]. IEEE Transactions on Sustainable Energy, 2017, 8(3): 1166-1176.

[119] Farivar M, Low S H. Branch flow model: Relaxations and convexification-part II [J]. IEEE Transactions on Power Systems, 2013, 28(3): 2554-2564.

[120] Xing X, Lin J, Wan C, et al. Model predictive control of lpc-looped active distribution network with high penetration of distributed generation[J]. IEEE Transactions on Sustainable Energy, 2017, 8(3): 1051-1063.

[121] Jafari A M, Zareipour H, Schellenberg A, et al. The value of intra-day markets in power systems with high wind power penetration[J]. IEEE Transactions on Power Systems, 2014, 29(3): 1121-1132.

[122] Wang Z, Shen C, Liu F, et al. An adjustable chance-constrained approach for flexible ramping capacity allocation[J]. IEEE Transactions on Sustainable Energy, 2018, 9(4): 1798-1811.

[123] Zhan Y, Zheng Q P, Wang J, et al. Generation expansion planning with large amounts of wind power via decision-dependent stochastic programming[J]. IEEE Transactions on Power Systems, 2017, 32(4): 3015-3026.

[124] Liu Y, Nair N C. A two-stage stochastic dynamic economic dispatch model considering wind uncertainty[J]. IEEE Transactions on Sustainable Energy, 2016, 7(2): 819-829.

[125] Papavasiliou A, Mou Y, Cambier L, et al. Application of stochastic dual dynamic programming to the real-time dispatch of storage under renewable supply uncertainty[J]. IEEE Transactions on Sustainable Energy, 2018, 9(2): 547-558.

[126] 李洪宇, 鞠平, 余一平, 等. 随机激励下系统频率动态安全性量化评估及半解析分析[J]. 中国电机工程学报, 2017, 37(7): 1955-1962.

[127] Picarelli A. On some stochastic control problems with state constraints[D]. Brest: ENSTA ParisTech, 2015.

[128] 谷超豪. 数学物理方程[M]. 3 版. 北京: 高等教育出版社, 2012.

[129] 陈祖墀. 偏微分方程[M].合肥: 中国科学技术大学出版社, 2002.

[130] Fridman E. Introduction to time-delay and sampled-data systems[C]. 2014 European Control Conference (ECC), Strasbourg, 2014: 1428-1433.

[131] Conejo A J, Carrión M, Morales J M, et al. Decision Making Under Uncertainty in Electricity Markets: Volume 1[M]. Berlin: Springer, 2010.

[132] Skaf J, Boyd S P. Design of affine controllers via convex optimization[J]. IEEE Transactions on Automatic Control, 2010, 55(11): 2476-2487.

[133] CPLEX I I. Ibmilog, user's manual for cplex[EB/OL].[2018-10-30]. https://www.ibm.com/support/knowledgecenter/SSSA5P_12.9.0/ilog.odms.cplex.help/CPLEX/homepages/usrmancplex.html.

[134] Mosek A. The MOSEK optimization software[EB/OL]. (2019-02-19) [2019-02-19]. http://www.mosek.com.

[135] 陈宝林. 最优化理论与算法[M]. 北京: 清华大学出版社, 2005.

[136] Liu H J, Shi W, Zhu H. Decentralized dynamic optimization for power network voltage control[J]. IEEE Transactions on Signal and Information Processing over Networks, 2017, 3(3): 568-579.

[137] Sulc P, Backhaus S, Chertkov M. Optimal distributed control of reactive power via the alternating direction method of multipliers[J]. IEEE Transactions on Energy Conversion, 2014, 29(4): 968-977.

[138] Ganger D, Zhang J, Vittal V. Forecast-based anticipatory frequency control in power systems[J]. IEEE Transactions on Power Systems, 2018, 33(1): 1004-1012.

附录 A　调速控制器模型及参数

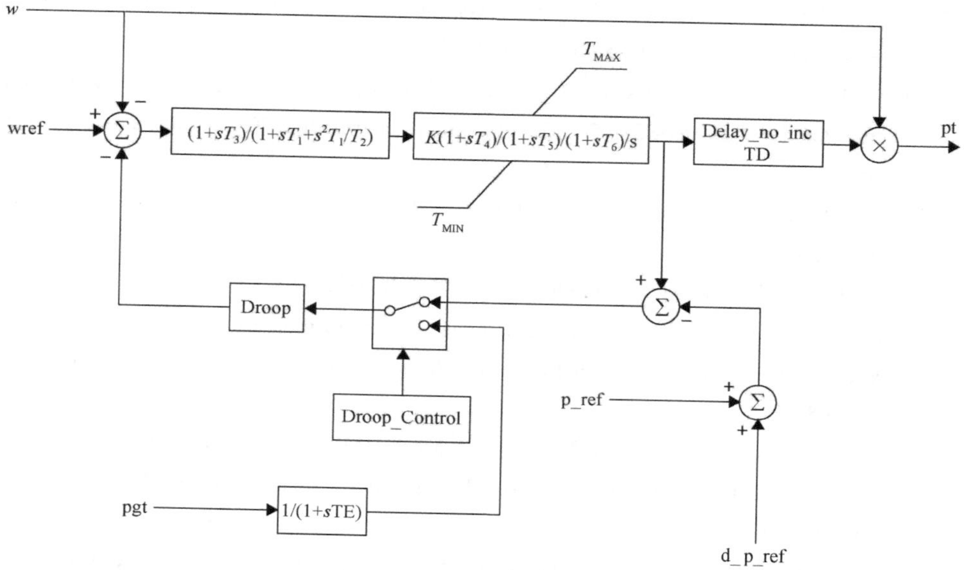

图 A.1　DEGOV1 型调速器模型

表 A.1　DEGOV1 型调速器模型参数

参数名	数值
K(actuator gain)	2
T_4	1.0
T_5	0.1
T_6	0.2
TD(combustion delay)	0.01
Droop	0.05
TE(Time const. Power fdbk)	0.5
T_1	0.2
T_2	0.3
T_3	0.5
Droop_Control(0=Throttle fdbk, 1=Elec. Power fdbk)	0
T_{MIN}(Min. Throttle)	0
T_{MAX}(Max. Throttle)	1

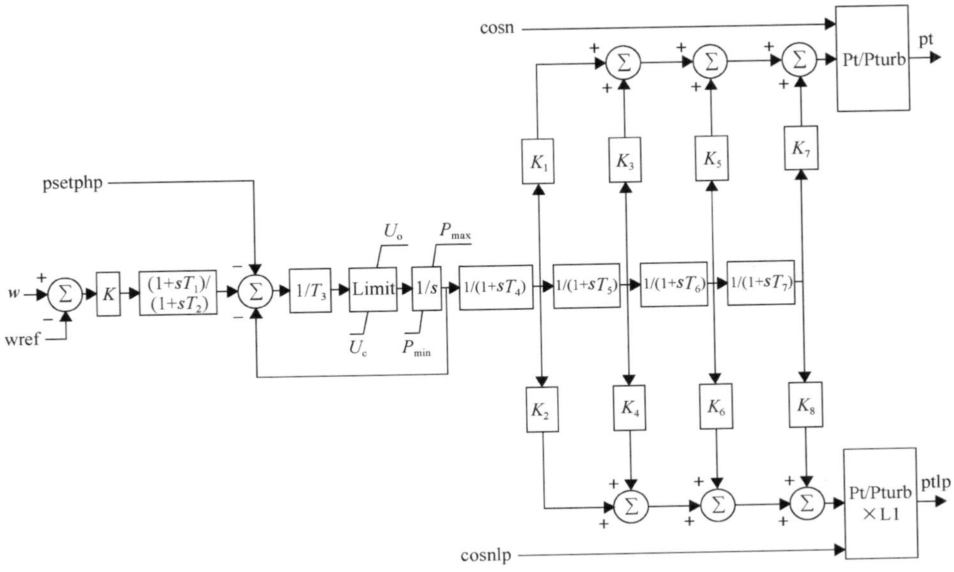

图 A.2　IEEEG1 型调速器模型

表 A.2　IEEEG1 型调速器模型参数

参数名	数值
K(controller gain)	5
T_1(governor time constant)	0.2
T_2(governor derivative time constant)	1
T_3(servo time constant)	0.6
K_1(high pressure turbine factor)	0.3
K_2(high pressure turbine factor)	0
T_5(intermediate pressure turbine time constant)	0.5
K_3(intermediate pressure turbine factor)	0.1
K_4(intermediate pressure turbine factor)	0.15
T_6(medium pressure turbine time constant)	0.8
K_5(medium pressure turbine factor)	0.1
K_6(medium pressure turbine factor)	0.2
T_4(high pressure turbine time constant)	0.6
T_7(low pressure turbine time constant)	1
K_7(low pressure turbine factor)	0.1
K_8(low pressure turbine factor)	0.05
U_c(valve closing time)	−0.3
P_{min}(minimum gate limit)	0
U_o(valve opening time)	0.3
P_{max}(maximum gate limit)	2

附录 B　伊藤过程部分数学定理

本附录给出在本书中所用到的相关数学定理，包括伊藤换元公式、描述概率分布的 Fokker-Planck 公式、描述随机微分方程与偏微分方程关系的 Feynman-Kac 公式、描述偏微分方程级数展开收敛性的 Cauchy-Kovalevskaya 公式等。

第一节　伊藤换元公式

伊藤换元公式是黎曼积分的伊藤换元法在随机积分领域的推广，该公式给出了伊藤过程的函数所满足的随机微分方程，从而使得基于伊藤过程的分析成为可能。

定理 B.1（单变量伊藤换元公式）　假设 ξ_t 为一维的伊藤过程，满足 $\mathrm{d}\xi_t = \mu(\xi_t)\mathrm{d}t + \sigma(\xi_t)\mathrm{d}W_t$，并假设函数 $f(\cdot)$ 为二阶连续可微函数，则 $f(\xi_t)$ 满足如下随机微分方程：

$$\begin{aligned} f(\xi_t) &= f'(\xi_t)\mathrm{d}\xi_t + \frac{1}{2}f''(\xi_t)\sigma^2(\xi_t)\mathrm{d}t \\ &= \left[f'(\xi_t)\mu(\xi_t) + \frac{1}{2}f''(\xi_t)\sigma^2(\xi_t)\right]\mathrm{d}t + \sigma(\xi_t)\mathrm{d}W_t \end{aligned} \tag{B.1}$$

证明　见文献[110]第 3.2 节。

注释 B.1　定理 B.1 给出了伊藤过程 ξ_t 的函数求微分的公式，这是黎曼积分中的换元积分法的推广。事实上，如果 X_t 是一个满足常微分方程的过程（严格来说，应为有界变差过程），那么有 $\mathrm{d}f(X_t) = f'(X_t)\mathrm{d}X_t$，而由式(B.1)第一行的右侧第二项可知，伊藤过程的函数 $f(\xi_t)$ 的微分则多了 f 的二阶导数项。

定理 B.2（多变量的伊藤换元公式）　假设 ξ_t 是一个多维的伊藤过程，满足 $\mathrm{d}\xi_t = \mu(\xi_t)\mathrm{d}t + \sigma(\xi_t)\mathrm{d}W_t$，并假设 $f(\xi_t)$ 是一个二阶连续可微函数（只需考虑 f 是标量的情形，因为矢量只需逐项求微分即可），则有

$$\mathrm{d}f(\xi_t) = \sum_{i=1}^{N_\xi}\frac{\partial f}{\partial \xi_{i,t}}\mathrm{d}\xi_{i,t} + \frac{1}{2}\sum_{i=1}^{N_\xi}\sum_{j=1}^{N_\xi}\frac{\partial^2 f}{\partial \xi_{i,t}^2}\sigma_i(\xi_t)\sigma_j(\xi_t)\mathrm{d}t \tag{B.2}$$

记作向量形式则为

$$\mathrm{d}f(\boldsymbol{\xi}_t)=\nabla f(\boldsymbol{\xi}_t)\mathrm{d}\boldsymbol{\xi}_t+\frac{1}{2}\sigma(\boldsymbol{\xi}_t)^{\mathrm{T}}\left[\nabla^2 f(\boldsymbol{\xi}_t)\right]\sigma(\boldsymbol{\xi}_t)\mathrm{d}t \tag{B.3}$$

证明　见文献[110]第 3.2 节。

推论 B.1　如果 $\boldsymbol{\xi}_t$ 为伊藤过程，f 为二阶连续可微函数，则 $\begin{bmatrix}\boldsymbol{\xi}_t \\ f(\boldsymbol{\xi}_t)\end{bmatrix}$ 仍为伊藤过程。

第二节　伊藤过程的概率分布

Fokker-Planck 公式用偏微分方程的形式给出了伊藤过程的概率分布随时间的变化规律。本节给出单变量和多变量的 Fokker-Planck 公式。

定理 B.3（单变量的 Fokker-Planck 公式）　考虑一维的伊藤过程 ξ_t，满足 $\mathrm{d}\xi_t=\mu(\xi_t)\mathrm{d}t+\sigma(\xi_t)\mathrm{d}W_t$。设其在时刻 t 的概率密度函数为 $p(t,\xi)$，则 $p(t,\xi)$ 满足如下偏微分方程：

$$\frac{\partial p}{\partial t}=-\frac{\partial}{\partial \boldsymbol{\xi}}[\mu(\boldsymbol{\xi}_t)p(t,\boldsymbol{\xi})]+\frac{\partial^2}{\partial \boldsymbol{\xi}^2}[D(\boldsymbol{\xi}_t)p(t,\boldsymbol{\xi})] \tag{B.4}$$

其中，$D=\sigma^2(\boldsymbol{\xi}_t)/2$。该偏微分方程的初值问题由 ξ_0 的分布决定。

证明　见文献[52]第 1 章。

定理 B.4（多变量的 Fokker-Planck 公式）　考虑多维的随机过程 $\boldsymbol{\xi}_t$，满足 $\mathrm{d}\boldsymbol{\xi}_t=\mu(\boldsymbol{\xi}_t)\mathrm{d}t+\sigma(\boldsymbol{\xi}_t)\mathrm{d}W_t$。设其在时刻 t 的概率密度函数为 $p(t,\boldsymbol{\xi})$，则 $p(t,\boldsymbol{\xi})$ 满足如下偏微分方程：

$$\frac{\partial p}{\partial t}=-\sum_{i=1}^{N_\xi}\frac{\partial}{\partial \boldsymbol{\xi}_i}[\mu_i p(t,\boldsymbol{\xi})]+\sum_{i=1}^{N_\xi}\sum_{j=1}^{N_\xi}\frac{\partial^2}{\partial \boldsymbol{\xi}_i\boldsymbol{\xi}_j}[D_{ij}p(t,\boldsymbol{\xi})] \tag{B.5}$$

其中，D_{ij} 是矩阵 $\boldsymbol{D}=\boldsymbol{\sigma\sigma}^{\mathrm{T}}/2$ 的第 i 行第 j 列的元素。

证明　见文献[52]第 1 章。

注释 B.2　在本书中需要用到 Fokker-Planck 方程的稳态解，此时只需令式(B.4)和式(B.5)左侧的 $\partial p/\partial t$ 为零即可。

第三节　随机微分方程与偏微分方程的关系

Feynman-Kac 公式给出了伊藤过程的期望值与偏微分方程之间的联系。

定理 B.5（Feynman-Kac 公式）　假设 $\boldsymbol{\xi}_t$ 为伊藤过程，满足 $\mathrm{d}\boldsymbol{\xi}_t=\mu(t,\boldsymbol{\xi}_t)\mathrm{d}t+$

$\sigma(t,\xi_t)\mathrm{d}W_t$。定义如下期望值表达式：

$$u(t,\xi)=\mathbb{E}\left[\int_t^T \mathrm{e}^{-\int_t^\tau V(\tau',\xi_\tau)\mathrm{d}\tau'}\alpha(\tau,\xi_\tau)\mathrm{d}\tau+\mathrm{e}^{-\int_t^T V(\tau',\xi_\tau)\mathrm{d}\tau'}\beta(\xi_T)\mid \xi_t=\xi\right] \tag{B.6}$$

则 $v(t,\xi)$ 满足如下偏微分方程：

$$\begin{aligned}&\frac{\partial u}{\partial t}=-\left[\nabla_\xi u\cdot\boldsymbol{\mu}(t,\boldsymbol{\xi})+\frac{1}{2}\boldsymbol{\sigma}(t,\boldsymbol{\xi})^{\mathrm{T}}\cdot\nabla_\xi^2 u\cdot\boldsymbol{\sigma}(t,\boldsymbol{\xi})-V(t,\boldsymbol{\xi})u(t,\boldsymbol{\xi})+\alpha(t,\boldsymbol{\xi})\right]\\&u(T,\xi)=\beta(\xi)\end{aligned} \tag{B.7}$$

证明　见文献[109]第 3.8 节。

Feynman-Kac 公式给出了随机微分方程和偏微分方程之间的关系，使得可以采用偏微分方程的工具解决随机微分方程的问题。在式(B.7)中，所有变量均为确定性变量，因此有可能采用完全确定的方式计算求解。

在式(B.7)中，如果令 $V(t,\xi)=0$，可以得到 Kolmogorov 后向方程。

定理 B.6(Kolmogorov 后向方程)　假设 ξ_t 为伊藤过程，满足 $\mathrm{d}\xi_t=\mu(t,\xi_t)\mathrm{d}t+\sigma(t,\xi_t)\mathrm{d}W_t$。定义如下期望值表达式：

$$u(t,\boldsymbol{\xi})=\mathbb{E}\left[\int_t^T\alpha(\tau,\boldsymbol{\xi}_\tau)\mathrm{d}\tau+\beta(\boldsymbol{\xi}_t)\,|_{\xi_t=\xi}\right] \tag{B.8}$$

则 $u(t,\xi)$ 满足如下偏微分方程：

$$\begin{aligned}&\frac{\partial u}{\partial t}=-\left[\nabla_\xi u\cdot\mu(t,\boldsymbol{\xi})+\frac{1}{2}\sigma(t,\boldsymbol{\xi})^{\mathrm{T}}\cdot\nabla_\xi^2 u\cdot\sigma(t,\boldsymbol{\xi})+\alpha(t,\boldsymbol{\xi})\right]\\&u(T,\boldsymbol{\xi})=\beta(\boldsymbol{\xi})\end{aligned} \tag{B.9}$$

在本书的应用中，α 为时不变函数，此时更常用到定理 B.6 的前向形式。

定理 B.7　假设 $\boldsymbol{\xi}_t$ 为伊藤过程，满足 $\mathrm{d}\boldsymbol{\xi}_t=\mu(\boldsymbol{\xi}_t)\mathrm{d}t+\sigma(\boldsymbol{\xi}_t)\mathrm{d}W_t$。定义如下期望值表达式：

$$v(t,\boldsymbol{\xi})=\mathbb{E}\left[\int_0^t\alpha(\boldsymbol{\xi}_\tau)\mathrm{d}\tau+\beta(\boldsymbol{\xi}_t)\,|_{\xi_0=\xi}\right] \tag{B.10}$$

则 $u(t,\xi)$ 满足如下偏微分方程：

$$\begin{aligned}&\frac{\partial v}{\partial t}=\nabla_\xi u\cdot\boldsymbol{\mu}(\boldsymbol{\xi})+\frac{1}{2}\boldsymbol{\sigma}(\boldsymbol{\xi})^{\mathrm{T}}\cdot\nabla_\xi^2 u\cdot\sigma(\boldsymbol{\xi})+\alpha(\boldsymbol{\xi})\\&v(0,\boldsymbol{\xi})=\beta(\boldsymbol{\xi})\end{aligned} \tag{B.11}$$

第四节　Cauchy-Kovalevskaya 定理

定理 B.8 解答了偏微分方程初值问题的解在展开成幂级数时的收敛性问题。

定理 B.8（Cauchy-Kovalevskaya 定理）　考虑如下形式的含 $N+1$ 个自变量、M 个函数的偏微分方程组的初值问题：

$$\frac{\partial u_i}{\partial t} = \sum_{j=1}^{M} \mu_{ij}(t,x)\frac{\partial u_j}{\partial x} + \alpha_i(t,x), i = 1,\cdots,M \tag{B.12}$$
$$u_i(0,x) = \beta_i(x)$$

注意该定理中的 u_i、μ_i、α_i、β_i 等均为一般的标量或矢量函数，无须与本书正文中的变量保持相同的物理意义。

对于该方程组，如果所有的系数函数和初始函数，即 μ_{ij}、α_i、β_i 均为解析函数，那么该方程组关于其系数的泰勒展开是收敛的。

证明　见文献[128]第 5 章。

附录C　本书部分定理的数学推导

第一节　表 6.2 乘积形式指标的 SAF 表示

此处将乘积的指标的定义式(4.22)复述如下：

$$
\begin{aligned}
L_{ij,T} &= \mathbb{E}\left(\left\langle y_{i,t}\right\rangle_T \left\langle y_{j,t}\right\rangle_T\right) \\
&= \frac{1}{T^2}\mathbb{E}\left(\int_0^T y_{i,t}\mathrm{d}t\int_0^T y_{j,s}\mathrm{d}s\right) \\
&= \frac{1}{T^2}\mathbb{E}\left(\int_0^T\int_0^T y_{i,t}y_{j,s}\mathrm{d}t\mathrm{d}s\right)
\end{aligned} \tag{C.1}
$$

应该注意，在时域分析中，不假设 ξ_t 的平稳性，因此用于求均值的长度为 T 的时间区间，如果取不同的区间，可能会得到不同的结果。然而，对于不同的时间区间，计算方法是相似的，因此此处简单地设置求均值的时间区间为 $[0,T]$。

在实际问题中，y_t 通常是连续有界函数，因此式(C.1)的被积函数也具有良好的连续性。根据实际分析中著名的控制收敛定理和富比尼定理①，期望值、积分和求导可以交换顺序，因此有

$$
L_{ij,T} = \frac{1}{T^2}\int_0^T\left[u_{ij,1}(t,x_0,\xi_0)+u_{ij,2}(t,x_0,\xi_0)\right]\mathrm{d}t \tag{C.2}
$$

其中，函数 $u_{ij,1}$ 和 $u_{ij,2}$ 的定义如下：

$$
\begin{aligned}
u_{ij,1}(t,x_0,\xi_0) &= \mathbb{E}^{x_0,\xi_0}\left\{\int_0^t y_{i,s}y_{j,t}\mathrm{d}s\right\} \\
u_{ij,2}(t,x_0,\xi_0) &= \mathbb{E}^{x_0,\xi_0}\left\{\int_0^t y_{i,t}y_{j,s}\mathrm{d}s\right\}
\end{aligned} \tag{C.3}
$$

此处应该注意 s 是积分变量，而 t 是积分上限。

因此，$L_{ij,T}$ 可以表示为 $u_{ij,1}$ 和 $u_{ij,2}$ 的积分，而表 6.2 中给出了 $u_{ij,1}$ 和 $u_{ij,2}$ 的 SAF 形式。按照第六章给出的级数逼近方法求得 $u_{ij,1}$ 和 $u_{ij,2}$ 之后，再积分即可得到 $L_{ij,T}$。

① 资料来源：柯尔莫戈洛夫, 佛明. 函数论与泛函分析初步[M]. 北京：高等教育出版社, 2005.

第二节　级数逼近定理的收敛性证明

命题 C.1　考虑如下偏微分方程所定义的 w_η：

$$\begin{aligned}&\frac{\partial w_\eta}{\partial t}=(A_x'x_0+A_\xi'\boldsymbol{\xi}_0)^{\mathrm{T}}\frac{\partial w_\eta}{\partial x_0}+[\boldsymbol{\mu}(\boldsymbol{\xi}_0)]^{\mathrm{T}}\frac{\partial w_\eta}{\partial \xi_0}+\frac{1}{2}\boldsymbol{\sigma}(\boldsymbol{\xi}_0)^{\mathrm{T}}\left[\frac{\partial w_\eta'}{\partial \xi_0}\right]\boldsymbol{\sigma}(\boldsymbol{\xi}_0)+\alpha(y_0,\tilde{y}_t)\\&\eta\frac{\partial w_\eta'}{\partial t}=w_\eta'-\frac{\partial w_\eta}{\partial \xi_0}\end{aligned}\tag{C.4}$$

可以看出，当 $\eta=0$ 时，有 $w_0=w$ 成立，其中 w 是式(6.21)所定义的函数 $w(t,x_0,\xi_0;\epsilon)$。那么，若 w_η 在 $\eta=0$ 处连续(注：该条件在工程问题中通常成立)，即 $\lim\limits_{\eta\to 0}w_\eta=w_0=w$，则函数 $w(t,x_0,\boldsymbol{\xi}_0;\epsilon)$ 关于 ϵ 的幂级数展开是收敛的。

证明　当 $\eta\neq 0$ 时，$\begin{bmatrix}w_\eta\\ w_\eta'\end{bmatrix}$ 满足偏微分方程式(B.12)，因此，根据 Cauchy-Kovalevskaya 定理，w_η 关于其系数 ϵ 的泰勒展开是收敛的，设该收敛级数为

$$w_\eta(t,x_0,\boldsymbol{\xi}_0;\epsilon)=\sum_{k=0}^{\infty}a_k(t,x_0,\boldsymbol{\xi}_0;\eta)\epsilon^k\tag{C.5}$$

由于 w_η 在 $\eta=0$ 处是连续的，w_η 对于 η 具有一致收敛性。于是，利用级数的逐项收敛，有

$$w=\lim_{\eta\to 0}w_\eta=\sum_{k=0}^{\infty}\lim_{\eta\to 0}a_k(t,x_0,\xi_0;\eta)\epsilon^k\tag{C.6}$$

即函数 w 对 ϵ 的泰勒级数是收敛的。

第三节　含有非线性环节时的级数逼近定理

考虑一般的非线性系统的模型：

$$\begin{aligned}\boldsymbol{\xi}_t&=\boldsymbol{\mu}(\boldsymbol{\xi}_t)\mathrm{d}t+\boldsymbol{\sigma}(\boldsymbol{\xi}_t)\mathrm{d}\boldsymbol{W}_t\\ \dot{\boldsymbol{x}}_t&=f(\boldsymbol{x}_t,\boldsymbol{\xi}_t)\\ \boldsymbol{y}_t&=g(\boldsymbol{x}_t,\boldsymbol{\xi}_t)\end{aligned}\tag{C.7}$$

值得说明的是，在该模型下，引理 6.1、推论 6.1 和定理 6.1 及其证明和模型

是否为线性模型无关，因此这些命题仍然成立，只需将其中的模型系数 $\boldsymbol{A}_x'\boldsymbol{x}_0 + \boldsymbol{A}_\xi'\boldsymbol{\xi}_0$ 用 $f(\boldsymbol{x}_0,\boldsymbol{\xi}_0)$ 替换即可。只有定理 6.2 的证明中利用了该系统为线性系统的前提，因此用如下定理替换定理 6.2。

定理 C.1 当随机系统的模型满足式(C.7)时，二阶导数 $\nabla_{\xi_0}^2 \tilde{v}_n$ 可以用如下方法计算：

$$\nabla_{\xi_0}^2 \tilde{\boldsymbol{v}}_n = \int_0^t \left(\left[\hat{\boldsymbol{y}}_s^{\mathrm{T}}, \hat{\boldsymbol{y}}_t^{\mathrm{T}} \right] \left[\nabla^2 \boldsymbol{\alpha}_n \right] \begin{bmatrix} \hat{\boldsymbol{y}}_s \\ \hat{\boldsymbol{y}}_t \end{bmatrix} + \left[\nabla \boldsymbol{\alpha}_n \right] \begin{bmatrix} \hat{\boldsymbol{y}}_s' \\ \hat{\boldsymbol{y}}_t' \end{bmatrix} \right) \mathrm{d}s + \hat{\boldsymbol{y}}_t^{\mathrm{T}} \left[\nabla^2 \boldsymbol{\beta}_n \right] \hat{\boldsymbol{y}}_t + \left[\nabla \beta_n \right] \hat{\boldsymbol{y}}_t' \tag{C.8}$$

其中，$\hat{\boldsymbol{y}}_t$ 是 $\dim(\tilde{\boldsymbol{y}}_t) \times \dim(\boldsymbol{\xi}_0)$ 矩阵，满足如下方程：

$$\begin{aligned}
\dot{\hat{\boldsymbol{\xi}}}_t &= \frac{\partial \mu}{\partial \tilde{\boldsymbol{\xi}}_t} \hat{\boldsymbol{\xi}}_t \\
\dot{\hat{\boldsymbol{x}}}_t &= \frac{\partial f}{\partial \tilde{\boldsymbol{x}}_t} \hat{\boldsymbol{x}}_t + \frac{\partial f}{\partial \tilde{\boldsymbol{\xi}}_t} \hat{\boldsymbol{\xi}}_t \\
\hat{\boldsymbol{y}}_t &= \frac{\partial g}{\partial \tilde{\boldsymbol{x}}_t} \hat{\boldsymbol{x}}_t + \frac{\partial g}{\partial \tilde{\boldsymbol{\xi}}_t} \hat{\boldsymbol{\xi}}_t \\
\hat{\boldsymbol{\xi}}_0 &= \boldsymbol{I}, \hat{\boldsymbol{x}}_0 = \boldsymbol{0}
\end{aligned} \tag{C.9}$$

而 $\hat{\boldsymbol{y}}_t'$ 为 $\dim(\tilde{\boldsymbol{y}}_t) \times \dim(\boldsymbol{\xi}_0) \times \dim(\boldsymbol{\xi}_0)$ 维的 3 阶张量，满足如下方程：

$$\begin{aligned}
\dot{\hat{\boldsymbol{\xi}}}_t' &= \hat{\boldsymbol{\xi}}_t^{\mathrm{T}} \frac{\partial \boldsymbol{\mu}}{\partial \tilde{\boldsymbol{\xi}}_t} \hat{\boldsymbol{\xi}}_t' + \hat{\boldsymbol{\xi}}_t^{\mathrm{T}} \frac{\partial^2 \boldsymbol{\mu}}{\partial \tilde{\boldsymbol{\xi}}_t^2} \hat{\boldsymbol{\xi}}_t \\
\dot{\hat{\boldsymbol{x}}}_t' &= \frac{\partial f}{\partial \tilde{\boldsymbol{x}}_t} \hat{\boldsymbol{x}}_t' + \frac{\partial f}{\partial \tilde{\boldsymbol{\xi}}_t} \hat{\boldsymbol{\xi}}_t' + \hat{\boldsymbol{x}}_t^{\mathrm{T}} \frac{\partial^2 f}{\partial \tilde{\boldsymbol{x}}_t^2} \hat{x}_t + \hat{\boldsymbol{\xi}}_t^{\mathrm{T}} \frac{\partial^2 f}{\partial \tilde{\boldsymbol{\xi}}_t^2} \hat{\boldsymbol{\xi}}_t \\
\hat{\boldsymbol{y}}_t' &= \frac{\partial g}{\partial \tilde{\boldsymbol{x}}_t} \hat{\boldsymbol{x}}_t' + \frac{\partial g}{\partial \tilde{\boldsymbol{\xi}}_t} \hat{\boldsymbol{\xi}}_t' + \hat{\boldsymbol{x}}_t^{\mathrm{T}} \frac{\partial^2 g}{\partial \tilde{\boldsymbol{x}}_t^2} \hat{x}_t + \hat{\boldsymbol{\xi}}_t^{\mathrm{T}} \frac{\partial^2 g}{\partial \tilde{\boldsymbol{\xi}}_t^2} \hat{\boldsymbol{\xi}}_t \\
\hat{\boldsymbol{\xi}}'_0 &= \boldsymbol{0}, \hat{\boldsymbol{x}}_0' = \boldsymbol{0}
\end{aligned} \tag{C.10}$$

证明 与定理 6.2 的证明类似，只需注意 $\hat{\boldsymbol{y}}_t = \partial \tilde{\boldsymbol{y}}_t / \partial \boldsymbol{\xi}_0$ 和 $\hat{\boldsymbol{y}}_t' = \partial^2 \tilde{\boldsymbol{y}}_t / \partial \boldsymbol{\xi}_0^2$ 即可。

定理 C.1 和定理 6.2 的主要区别在于需要考虑 $\tilde{\boldsymbol{y}}_t$ 对 $\boldsymbol{\xi}_0$ 的二阶偏导数项，即式(C.10)。这是因为，在式(C.10)中各个系数函数是非线性的，所以对其自变量的二阶偏导数不为零，于是所得到的 $\hat{\boldsymbol{y}}_t'$ 也不为零。

利用定理 C.1 替换定理 6.2，仍然利用算法 6.1，即可计算非线性系统的 SAF。

第四节　式(7.40)的证明

证明　首先复述$l_{ij,t}$、$v_{i,t}$、$P_{ij,t}$和$Q_{ij,t}$满足的方程如下：

$$l_{ij,t}v_{i,t}=P_{ij,t}^2+Q_{ij,t}^2 \tag{C.11}$$

在期望值$\tilde{l}_{ij,t}$、$\tilde{v}_{i,t}$、$\tilde{P}_{ij,t}$和$\tilde{Q}_{ij,t}$附近做一阶近似，可以得到

$$\tilde{l}_{ij,t}\Delta v_{i,t}+\tilde{v}_{i,t}\Delta l_{ij,t}=2\tilde{P}_{ij,t}\Delta P_{ij,t}+2\tilde{Q}_{ij,t}\Delta Q_{ij,t} \tag{C.12}$$

两边同时乘以$\Delta v_{i,t}$，并移项得到

$$\tilde{v}_{i,t}\Delta l_{ij,t}\Delta v_{i,t}=2\tilde{P}_{ij,t}\Delta P_{ij,t}\Delta v_{i,t}+2\tilde{Q}_{ij,t}\Delta v_{i,t}\Delta Q_{ij,t}-\tilde{l}_{ij,t}\Delta v_{i,t}^2 \tag{C.13}$$

两边同时取期望，则有

$$\operatorname{cov}(l_{ij,t},v_{ij,t})=2\frac{\tilde{P}_{ij,t}}{\tilde{v}_{i,t}}\operatorname{cov}(P_{ij,t},v_{i,t})+2\frac{\tilde{Q}_{ij,t}}{\tilde{v}_{i,t}}\operatorname{cov}(Q_{ij,t},v_{i,t})-\frac{\tilde{l}_{ij,t}}{\tilde{v}_{i,t}}\hat{v}_{i,t}^2 \tag{C.14}$$

考虑到$\tilde{l}_{ij,t}>0$和$\tilde{v}_{i,t}$，可以得到

$$\operatorname{cov}(l_{ij,t},v_{ij,t})\leqslant 2\frac{\tilde{P}_{ij,t}}{\tilde{v}_{i,t}}\operatorname{cov}(P_{ij,t},v_{i,t})+2\frac{\tilde{Q}_{ij,t}}{\tilde{v}_{i,t}}\operatorname{cov}(Q_{ij,t},v_{i,t}) \tag{C.15}$$

再注意到两个变量的相关系数的绝对值小于 1，则有$\operatorname{cov}(P_{ij,t},v_{i,t})\leqslant\hat{P}_{ij,t}\hat{v}_{i,t}$和$\operatorname{cov}(Q_{ij,t},v_{i,t})\leqslant\hat{Q}_{ij,t}\hat{v}_{i,t}$，于是有

$$\operatorname{cov}(l_{ij,t},v_{i_{j,t}})\leqslant 2\frac{\tilde{P}_{ij,t}}{\tilde{v}_{i,t}}\hat{P}_{ij,t}\hat{v}_{i,t}+2\frac{\tilde{Q}_{ij,t}}{\tilde{v}_{i,t}}\hat{Q}_{ij,t}\hat{v}_{i,t} \tag{C.16}$$

式(C.16)为式(7.40)的简单变形。